国家科学技术学术著作出版基金资助出版

金属粉尘着火爆炸的理论与实验

苑春苗　李　畅　李　刚　著

科 学 出 版 社
北　京

内 容 简 介

本书在综述近年国内外重要研究进展的基础上，以读者相对熟悉的可燃粉尘爆炸特性参数标准测试装置为切入点和理论验证物理模型，重点阐述沸点、PBR值差异较大的镁、钛两种典型金属粉尘在高温表面、电火花两种常见点火源作用下，着火爆炸理论的模型构建、数值求解方法、参数敏感性分析及实验验证结果。同时，也介绍纳米金属、气相介质惰化（氮气、氩气）和粉末惰化（纳米二氧化钛）的相关研究内容。

本书的目的是使读者对金属粉尘爆炸的基本理论有更深入的理解，也希望从事燃烧应用、能源动力等领域的工程师们能从中获益，本书也可作为高等院校相关专业的教师和学生的参考用书。

图书在版编目(CIP)数据

金属粉尘着火爆炸的理论与实验 / 苑春苗，李畅，李刚著. —北京：科学出版社，2017.12

ISBN 978-7-03-054657-9

Ⅰ. ①金… Ⅱ. ①苑… ②李… ③李… Ⅲ. ①金属粉尘-着火-爆炸-试验 Ⅳ. ①TF123.9-44

中国版本图书馆CIP数据核字（2017）第238364号

责任编辑：张 震 杨慎欣 / 责任校对：桂伟利

责任印制：吴兆东 / 封面设计：无极书装

科学出版社 出版

北京东黄城根北街16号

邮政编码：100717

http://www.sciencep.com

北京厚诚则铭印刷科技有限公司印刷

科学出版社发行 各地新华书店经销

*

2017年12月第 一 版 开本：720×1000 1/16

2017年12月第一次印刷 印张：17

字数：343 000

定价：98.00元

（如有印装质量问题，我社负责调换）

前　言

粉尘爆炸是一种较为典型的事故类型，近年来我国粉尘爆炸事故频发，如2014年抛光铝粉“8·2”特别重大爆炸事故，事故后果尤为严重，粉尘爆炸问题也因此受到了前所未有的重视，近年来国内学者对该问题的研究热情也日益高涨。然而，现阶段找到一本系统介绍可燃粉尘着火爆炸基本理论的国内学者所著的学术著作却是一件难事。我国当前严峻的粉尘爆炸事故威胁以及粉尘爆炸相关科学问题的迫切研究需求，促成了本书的产生。

阅读本书，读者可以发现本书作者多次出现在所引用文献中，这是因为本书所述核心内容是作者近10年发表在《中国安全生产科学技术》《东北大学学报》、*Journal of Hazardous Materials*、*Journal of Loss Prevention in the Process Industries*、*Fuel* 等国内外学术刊物上的研究成果。选择金属粉尘作为本书研究对象，昆山铝粉爆炸事故背景是原因之一，主要原因是金属粉尘的物化特性较为典型，作者近年来的研究对象也主要以金属粉尘为主。

本书以读者所熟悉的标准测试装置为物理模型，在此基础上系统介绍粉尘层、粉尘云在高温热板、电火花等常见点火源作用下的着火爆炸理论模型，使得读者对粉尘爆炸的基本理论有更深入的理解，也希望能对从事相关领域的工程师及科研工作者们有所帮助。

本书共6章。第1、2章是基础铺垫；第3～6章是核心理论内容。阐述次序基本为先理论模型，然后参数敏感性分析及实验验证。

第1章介绍粉尘爆炸相关的基本概念，以及与本书后面章节核心内容相关的国内外重要研究进展，以便读者对本书内容在整体上有基本概念和认识。

第2章介绍为验证本书所述理论涉及的实验测试原理、装置、方法等。通过本章实验测试部分的系统描述，使读者对粉尘爆炸特性的标准测试、非标准测试及相关标准有全面的了解。

第3章首先介绍常见点火源之一——高温热表面作用下的粉尘层着火理论。相对于粉尘云而言，粉尘层的存在形式和状态相对简单，更容易理解和掌握。但两者相互关联，着火后的粉尘层在扬起后具有粉尘爆炸的危险。

第4章是在第3章的基础上介绍粉尘云在高温热表面下的着火理论，重点考虑了两种典型情况：第一种是可燃粉尘快速流经高温表面；另一种是可燃粉尘悬浮长时间接触高温表面。希望读者从根本上认识到在粉尘爆炸前期的着火阶段，粉尘云内颗粒的温度变化规律及其对着火过程的影响。

第 5 章介绍另一种常见点火源，即电火花作用下粉尘云的着火理论。重点考虑两部分：第一是电火花的能量属性及其空间温度场的分布；第二是可燃粉尘在电火花作用下的空间温度分布及其对着火及火蔓延过程的影响。

第 6 章介绍粉尘云着火后，爆炸压力的发展过程。重点考虑两种常见的理论模型：第一种是针对低沸点易蒸发的可燃粉尘；第二种是针对高沸点易发生表面燃烧的可燃粉尘。通过模拟可燃粉尘在密闭容器中的爆炸压力发展过程，使读者了解粉尘爆炸发生后影响事故严重程度的本质因素。

本书中所有研究工作都是在国家重点研发计划项目（项目编号：2016YFC0801703）、国家自然科学基金项目（项目编号：51374001、51604175、51474053）、教育部中央高校基本科研业务费项目（项目编号：N150104001）、辽宁省教育厅一般项目（项目编号：L20150181）等资助下进行的。本书撰写过程中研究生郝剑涛、卜亚杰、蔡景治、王富强等做了大量的文献调研及整理工作，著书过程也参考和借鉴了国内外专家学者的相关文献资料，作者在此深表谢意。

作者才疏学浅，加之时间匆促，书中不足之处在所难免，敬请读者批评指正。

苑春苗　李　畅　李　刚

2017 年 9 月

目　录

前言

第 1 章　绪论……1

1.1　粉尘定义与分类……1

1.2　粉尘爆炸……2

1.2.1　粉尘爆炸的特点……2

1.2.2　粉尘爆炸发生的条件……5

1.2.3　粉尘爆炸的表征参数……6

1.2.4　粉尘爆炸的影响因素……8

1.2.5　粉尘爆炸的防护技术……9

1.3　金属粉尘……14

1.3.1　金属粉尘的来源……14

1.3.2　金属粉尘的物化特性……15

1.3.3　金属粉尘颗粒的燃烧特性……15

1.3.4　金属粉尘爆炸的特点……20

1.3.5　金属粉尘爆炸的常见点火源……22

1.4　金属粉尘着火爆炸特性的研究现状……24

1.4.1　粉尘层最低着火温度研究现状……24

1.4.2　粉尘云最低着火温度研究现状……25

1.4.3　粉尘云最小点火能研究现状……29

1.4.4　粉尘云最大爆炸压力、最大压力上升速率研究现状……39

1.4.5　纳米金属粉体燃爆特性的研究现状……44

参考文献……48

第 2 章　粉尘爆炸特性参数测试与标准……55

2.1　粉尘层最低着火温度……55

2.1.1　测试原理……55

2.1.2　测试装置……56

2.1.3　着火判据……59

2.1.4　测试方法……59

2.1.5 数据处理 …… 60
2.1.6 应用 …… 60
2.2 粉尘云最低着火温度 …… 62
2.2.1 测试原理 …… 62
2.2.2 测试装置 …… 63
2.2.3 测试方法 …… 69
2.2.4 数据处理 …… 69
2.2.5 应用 …… 69
2.3 粉尘爆炸下限 …… 70
2.3.1 测试原理 …… 70
2.3.2 测试装置 …… 71
2.3.3 测试方法 …… 71
2.3.4 应用 …… 72
2.4 粉尘云最小点火能 …… 72
2.4.1 测试原理 …… 72
2.4.2 测试装置 …… 73
2.4.3 测试方法 …… 76
2.4.4 应用 …… 76
2.5 最大爆炸压力、最大压力上升速率及爆炸指数 …… 77
2.5.1 测试原理 …… 77
2.5.2 测试装置 …… 78
2.5.3 测试方法 …… 80
2.5.4 应用 …… 80
2.6 测试标准 …… 81
2.6.1 爆炸特性参数的国内外测试标准 …… 81
2.6.2 相关测试标准及行业标准 …… 82
2.7 本书研究所涉及物质 …… 85
2.7.1 镁粉 …… 85
2.7.2 钛粉 …… 87
参考文献 …… 93

第 3 章　热表面作用下粉尘层的着火理论与实验 …… 95

3.1 粉尘层表面受热的抽象物理模型 …… 95
3.2 粉尘层温度分布假设模型 …… 96
3.2.1 Semenov/Frank-Kamenetskii 模型 …… 96

3.2.2 Thomas 假设模型 ……98
3.3 粉尘层内温度分布理论模型……98
3.3.1 理论模型与守恒方程……98
3.3.2 边界条件及初始条件……99
3.4 无量纲处理……99
3.5 计算方法……100
3.5.1 偏微分方程分类形式……100
3.5.2 划分网格 ……101
3.5.3 守恒方程的离散……102
3.5.4 初边值条件的离散 ……102
3.5.5 离散方程的通用形式……103
3.5.6 代数方程组求解……104
3.6 守恒方程的放热源项……104
3.6.1 空气条件下的化学反应放热速率……104
3.6.2 惰化条件下的化学反应放热速率……105
3.7 计算参数及过程……111
3.8 层内温度分布的数值计算与实验验证……113
3.8.1 最高温度限值时的层内温度变化……113
3.8.2 粉尘层着火的临界热板温度……115
3.8.3 层内着火过程分析 ……119
3.8.4 气相惰化条件下的临界热板温度……123
3.8.5 粉体混合物的临界着火温度……127
参考文献……130
第 4 章 金属粉尘云表面受热着火理论……132
4.1 输运状态粉尘云表面受热的着火理论……132
4.1.1 着火模型的构建方法……132
4.1.2 输运状态下的气-粒两相运动 ……133
4.1.3 输运状态下气-粒两相能量守恒……136
4.1.4 粉尘云着火判据……138
4.1.5 能量守恒方程的求解……139
4.2 热爆炸理论模型……141
4.3 瞬时温度模型与热爆炸理论模型对比分析 ……143
4.3.1 粉尘云最低着火温度的计算结果……143
4.3.2 瞬时温度模型的参数敏感性分析……145

4.4 悬浮状态下粉尘云颗粒的着火理论……148
4.4.1 悬浮状态下粉尘云的能量守恒……148
4.4.2 悬浮状态下粉尘云颗粒温度的计算……151
4.4.3 悬浮状态下粉尘云最低着火温度的影响因素分析……154
4.5 微纳米金属粉尘云最低着火温度的差异……156
4.5.1 微纳米颗粒的形态差异……156
4.5.2 纳米钛粉尘云的能量守恒方程式……159
4.5.3 基于云着火理论的纳米团块尺寸估计方法……160
4.6 微纳米钛粉混合物的着火理论……164
4.7 微米钛粉惰化混合物的着火理论……165
4.8 纳米钛粉惰化混合物的着火理论……166
参考文献……167

第 5 章 电火花作用条件下金属粉尘云的着火理论……170

5.1 电火花……170
5.1.1 电火花放电能量的测试……171
5.1.2 火花放电过程对粉尘浓度的影响……172
5.1.3 非电气火花……172
5.2 电火花作用下粉尘云的着火理论模型……174
5.2.1 粉尘云点火过程分析……174
5.2.2 模型假设……175
5.2.3 守恒方程及初边值条件……175
5.2.4 着火判据……177
5.2.5 计算方法……178
5.2.6 模型计算参数的确定……181
5.3 电火花作用下空间温度模拟计算……185
5.3.1 火花放电过程模拟……185
5.3.2 火花作用空间温度分布的影响因素……186
5.3.3 电火花作用下粉尘云的空间温度分布……192
5.4 最小点火能的模拟计算与实验验证……195
5.4.1 粒径对最小点火能的影响……195
5.4.2 粉尘浓度对最小点火能的影响……202
5.4.3 电感对最小点火能的影响……204
5.4.4 惰化介质对最小点火能的影响……207
参考文献……215

第 6 章 密闭容器中金属粉尘云的压力发展 ······217

6.1 低沸点金属粉尘在密闭容器中的爆炸压力发展模型 ······217
6.1.1 模型假设 ······217
6.1.2 爆炸过程的物料衡算······217
6.1.3 能量衡算 ······220
6.1.4 压力发展过程 ······220
6.1.5 压力上升速率的影响因素 ······221
6.1.6 猛度参数计算程序 ······222
6.2 低沸点金属粉尘的爆炸压力发展过程······223
6.2.1 爆炸压力发展过程 ······223
6.2.2 理论猛度参数的敏感性分析······225
6.2.3 气相惰化气氛对猛度参数的影响······227
6.3 高沸点金属粉尘在密闭容器中的爆炸压力发展模型 ······231
6.3.1 模型假设与物料衡算······231
6.3.2 物料平衡 ······232
6.3.3 模型计算参数与计算程序 ······232
6.4 高沸点金属粉尘的爆炸压力发展过程······233
6.4.1 微米金属粉尘的爆炸压力发展过程 ······233
6.4.2 纳米金属粉尘的爆炸压力发展过程 ······236
6.5 高沸点金属爆炸猛度参数的敏感性分析 ······241
6.5.1 粒径对爆炸猛度参数的影响······241
6.5.2 粉尘浓度对钛粉爆炸猛度参数的影响 ······247
6.6 微纳米金属粉尘的可爆性······247
6.6.1 微纳米金属粉尘的最低可爆浓度······247
6.6.2 粉末惰化介质对可爆性的影响 ······249
参考文献······252

附录······254

附录 A 粉尘云能量守恒方程的无量纲化······254
附录 B BAM 炉喷吹分散压力估算 ······256
附录 C 密闭容器内爆炸物质转化率的计算······257

索引······258

第1章　绪　　论

1.1　粉尘定义与分类

粉尘（dust）是指悬浮在空气中的固体微粒，国际标准化组织定义粉尘为粒径小于 75μm 的固体悬浮物。粉尘有许多类似名称，如颗粒、粉末等，一般不予明确区分。不同职业规范对粉尘的定义通常都是根据粉尘颗粒的大小来划分的。例如，日本防火协会对粉尘的定义：任何直径小于 420μm 的固体颗粒且分散在空气中时能被点燃并发生爆炸。英国标准BS 2955:1993、英国标准BS EN 1127-1:2011将直径小于 1000μm 的颗粒定义为粉体，而将直径小于 76μm 的颗粒称为粉尘[1,2]。美国消防协会（NFPA 654—2013）将直径小于 420μm 的颗粒称为粉尘。国际电工委员会标准 IEC 80079-20-2:2016 将可燃性粉尘定义为公称直径小于或等于 500 μm 的细小固体颗粒，在大气条件下能与空气形成爆炸性混合物。美国矿务局根据颗粒的大小对粉尘进行了定义，如表 1.1 所示。

表 1.1　不同行业中粉尘的定义

不同行业粉尘	颗粒直径/μm
粉尘（表面加工业）	＜425
悬浮煤粉（煤矿业）	＜75
矿井粉尘（非煤矿业）	＜850，且有 20%的颗粒直径＜75
粉尘（煤矿业）	＜850

粉尘按照性质一般分为无机粉尘、有机粉尘和混合性粉尘。金属粉尘属于无机粉尘，如铁粉、锡粉、铝粉、锰粉、铅粉、锌粉等；玉米淀粉等属于有机粉尘；混合性粉尘是两种以上有机和无机粉体物质混合形成的粉尘，在生产中最为多见。Eckhoff 根据物理特性将可燃性粉尘分为 12 种，具体如表 1.2 所示[3]。

表 1.2　可燃性粉尘的分类

粉尘类别	举例
粮食粉尘 农产品粉尘 食品粉尘	玉米淀粉、小麦面粉、咖啡、食糖、奶粉、豆粉、鱼骨粉、混合饲料等，以及粮食加工与储运过程产生的粉尘（粮食表皮和泥土粉尘的混合物）
木材粉尘	木材加工产生的副产品粉尘、生产木质素的木粉等
金属粉尘	金属加工产生的副产品粉尘、作为产品的金属粉，例如铝粉、镁粉、锌粉、锆粉、铁粉、钴粉等
纺织纤维	天然纤维如棉、毛、麻等，化学纤维如涤纶、氨纶、腈纶等
石油化工粉尘	聚乙烯、聚丙烯、聚氯乙烯、ABS 等各种聚合物塑料和树脂
单质状态的化工原料或产品	硫黄、磷粉、硅粉等
制药工业粉尘	克拉维酸钾
农药粉尘	环嗪酮（杀虫剂）、恶唑酰草胺（除草剂）等
植物制品	烟草
其他化工粉尘	抗氧化剂、缓释剂

Geldart 等根据图 1.1 中气粒密度差与颗粒粒径的关系，将颗粒分为 A、B、C、D 四个类别，用于描述粉体颗粒的流化特性。A 类颗粒粒度较细，粒径一般为 30～100μm，表观密度小于 1400kg/m^3。B 类颗粒具有中等粒度，粒径一般为 100～600μm，其表观密度为 1400～4000kg/m^3，沙粒是典型的 B 类颗粒。C 类颗粒属超细颗粒或黏性颗粒，一般平均粒径小于 30μm。此类颗粒由于粒径很小，颗粒间的相互作用力相对较大，极易导致颗粒黏聚，所以很难分散。D 类颗粒粒度最大，平均粒径一般在 0.6mm 以上，大部分流化床锅炉用煤、玉米、小麦颗粒等属于这类颗粒[4]。

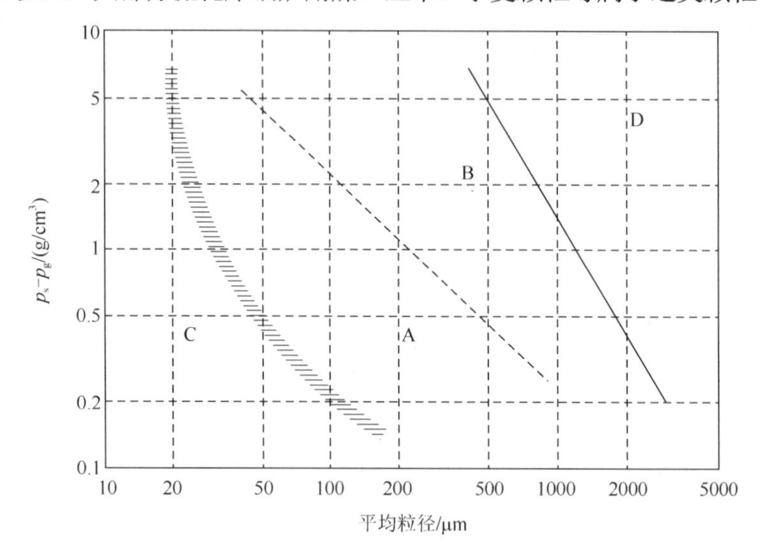

图 1.1 气粒密度差与颗粒粒径的关系

1.2 粉 尘 爆 炸

粉尘危害性主要体现在两个方面：空气污染和粉尘爆炸。空气污染对人的健康影响与粉尘的粒径、颗粒成分有关。粉尘常含有许多有毒的重金属成分，如铬、锰、镉、铅等。对于粒径小于 10μm 的可吸入颗粒物，能较长期地在大气中漂浮，被人体吸入后，极易深入肺部，引起中毒性肺炎或硅肺病，甚至肺癌。本书重点阐述粉尘的第二个方面的危害，即粉尘爆炸。

1.2.1 粉尘爆炸的特点

世界上第一次有记录的粉尘爆炸事故发生在 1785 年 12 月，在意大利都灵（Turin）的一个面包作坊。尽管粉尘爆炸防护理论与技术的研究已经历了 100 多年，但随着近代工业中可燃粉体的多样化、生产工艺的复杂化，粉尘爆炸事故仍然是目前较为严峻的现实威胁[5]。如图 1.2 所示，以发达国家中的美国为例，近年来的粉尘

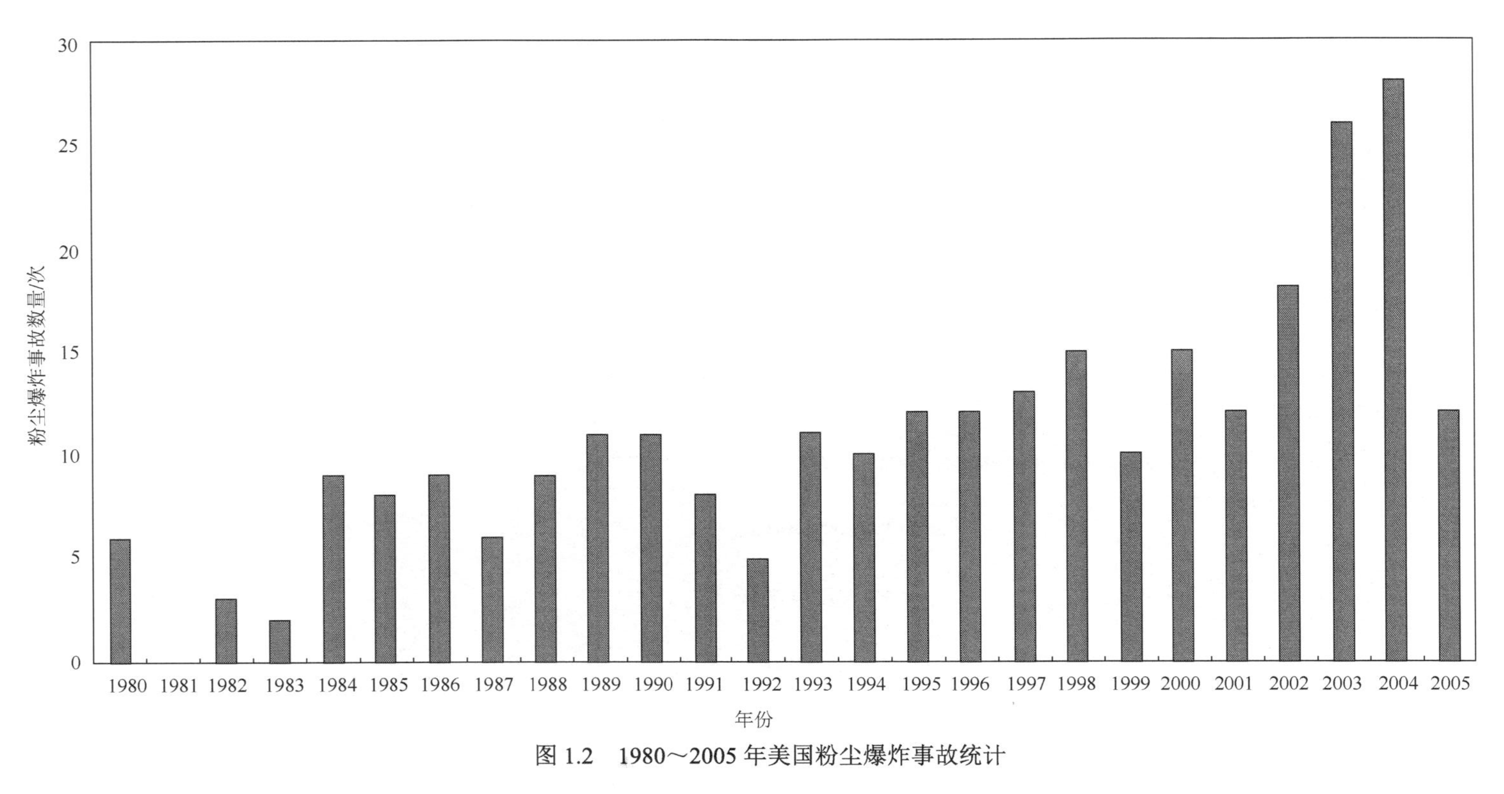

图 1.2　1980～2005 年美国粉尘爆炸事故统计

1981 年数据暂缺

爆炸事故基本呈上升趋势，1980～2005年共发生了280起粉尘引起的火灾爆炸事故，共造成119人死亡、700人受伤。

根据图1.3所示的事故统计结果，2003～2012年，中国的粉尘爆炸事故总数随着工业产值的增加也呈逐渐上升趋势。而2014年一年公开报道的导致伤亡的粉尘爆炸事故就有7起，其中昆山中荣金属制品有限公司重大铝粉爆炸事故，造成75人死亡、185人受伤，直接经济损失达3.51亿元[6]。

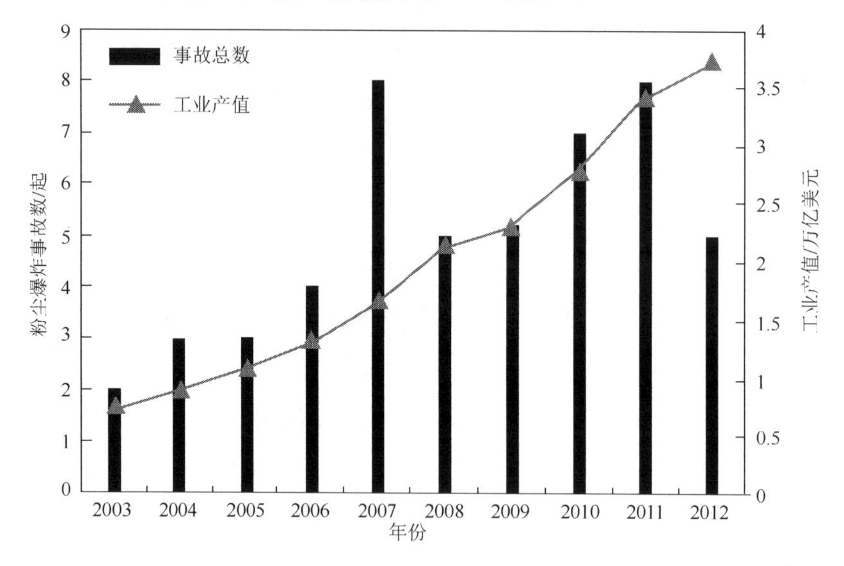

图1.3　2003～2012年中国粉尘爆炸事故数与工业产值[5]

粉尘爆炸是一个极其复杂的过程，它伴随着物理性质、化学性质的变化，同时也受各种外界条件的影响。与可燃气体相比，可燃粉尘爆炸涉及的因素更多，使得粉尘爆炸事故危险源的辨识、评价与控制更为困难[7,8]，导致粉尘爆炸事故频发。与可燃气体相比，粉尘爆炸的复杂性主要体现在以下几个方面。

1. 形成爆炸性混合物的机制不同

可燃气体通过浓度梯度向空间扩散，在很短时间内可形成均匀的爆炸性混合物，通过监控浓度进行爆炸预警。由于重力沉降，可燃粉尘颗粒需要借助外部作用力才能分散成云状，形成爆炸性混合物。粉尘分散程度与多种因素有关，如粒径、密度、工艺条件等。通常粉尘在空间的浓度分布是不均匀的，很难通过局部点的粉尘浓度预警来预防粉尘爆炸的发生，使粉尘爆炸的危险具有隐蔽性。气体爆炸一般可以通过监控浓度预警，而粉尘爆炸一般无法通过粉尘浓度预警。

2. 点燃需要的能量和引燃诱导时间不同

可燃粉尘点燃能量的范围很大，可低至1mJ以下，也可高达1J。大部分可燃性粉尘的点燃能量小于100mJ。气体点燃能量相对较低，通常小于1mJ，着火诱导时间相对于可燃粉尘较短。

3. 爆炸能量大、有二次爆炸特性

粉尘空气混合物的能量密度比气体空气混合物大。粉尘颗粒着火后，燃烧速度慢、燃尽时间长。粉尘云一旦点燃后，爆炸产生的能量很高。若按产生能量的最高值进行比较，粉尘爆炸是气体爆炸的好几倍，温度可达2000℃以上，最大爆炸压力为345～1690kPa。初始爆炸产生的冲击波可扬起生产环境中大量沉积的未燃粉尘，使其悬浮补充到当前的爆炸进程中，引发更猛烈的二次爆炸。

4. 中毒、烧伤

与可燃气体不同，粉尘爆炸可产生有毒气体。如碳不完全燃烧产生一氧化碳，塑料、树脂、农药等燃烧产物或分解产物为有毒气体。同时，由于粉尘爆炸持续时间短、颗粒燃尽时间长，常存在未燃尽的炽热粉体颗粒，导致更严重的烧伤。昆山中荣金属制品有限公司重大铝粉爆炸事故中，现场收治的大部分伤者的烧伤面积超过90%，伤势最轻的烧伤面积也超过50%，几乎所有人都是深度烧伤。

1.2.2 粉尘爆炸发生的条件

可燃粉尘通常呈粉尘层、粉尘云两种状态，分别对应粉尘层火灾和粉尘云爆炸两种事故后果，具体如图1.4所示。可以看出，粉尘发生爆炸必须具备以下五个条件[9]。

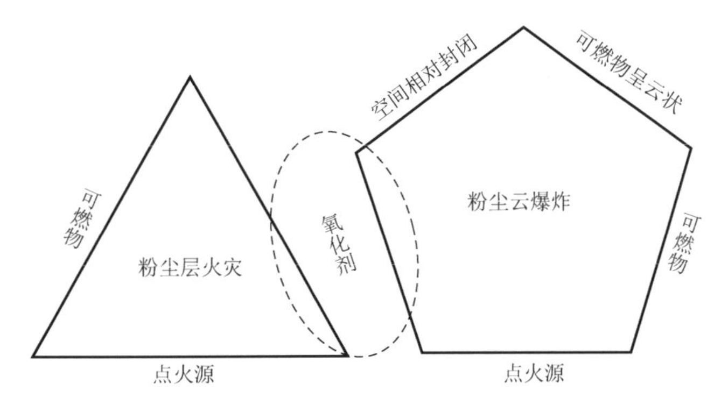

图1.4 火灾三角形与爆炸五边形

1. 可燃粉尘

粉尘是可燃的，且粉尘浓度要在爆炸范围内。浓度太低，粉尘颗粒间距离过大，火焰不能传播；浓度太高，因为氧气缺乏和不参与反应粉尘的吸热作用，火焰也不能传播。可燃粉尘的氧化反应需要一定的接触面积，即比表面积。粉尘粒径小到一定程度才能发生爆炸，一般粉尘的粒径小于 420μm 才具有爆炸性。

2. 足够的氧含量

一定氧含量是粉尘燃烧的基础，当空气中的氧含量减少到一定浓度时，粉尘氧化反应速率太低，放热速率不足以维持火焰传播。

3. 点火源

存在点火源，且点火能量大于粉尘的最小点燃能量，或点火热表面温度超过粉尘的最低着火温度。在一定散热条件下，粉尘必须具有足够的氧化放热速率才可能着火。不同种类粉尘的热力学常数和化学反应动力学常数不同，氧化反应放热速率也不同。不论何种粉尘，要使反应速率增高，必须提高温度。粉尘点燃的方式包括热表面、电火花、静电和粉尘自热等。

4. 粉尘与空气混合

只有粉尘与空气混合处于悬浮粉尘云状态，才能使粉尘与氧气有足够的氧化反应接触面积。如果粉尘层不被分散或扰动形成粉尘云，则粉尘层只能着火而不会发生爆炸。

5. 足够的空间密闭程度

必须在密闭或部分密闭的包围体内粉尘燃烧才能产生较高的压力。

1.2.3 粉尘爆炸的表征参数

粉体物质的爆炸危险性通常用以下参数进行表征[3,5,9]。

1. 最大爆炸压力 p_{max} 和最大压力上升速率 $(dp/dt)_{max}$

粉尘云最大爆炸压力（maximum explosion pressure）指在某一爆炸容器下测试所得的最大爆炸压力（普遍使用 20L 球形爆炸测试装置测试），单位 MPa 或 bar①。粉尘云最大压力上升速率（maximum rate of explosion pressure rise）指在某一爆炸

① $1bar=10^5Pa$。

容器下测试所得的最大压力上升速率，单位 MPa/s 或 bar/s。可燃性粉尘爆炸时出现的最大爆炸特性值就是最大爆炸压力和最大压力上升速率。就密闭容器内的粉尘爆炸过程而言，压力上升速率是衡量爆炸强度的尺度。它们随粉尘的种类、粒度、浓度和着火源的种类，以及容器大小、初压、氧含量、挥发组分和可燃气体浓度、灰分的含量等变化而变化。

2. 爆炸指数 K_m

爆炸指数（explosion index）是最大压力上升速率和容器体积归一化处理后的结果，单位 MPa·m/s 或 bar·m/s。爆炸指数值越大爆炸越猛烈，即烈度越高。爆炸指数值必须在国际标准规定的爆炸容器或与之等效的爆炸装置中测定，一般是在特定的 20L 球形爆炸测试装置中测定。

3. 爆炸下限

粉尘云最低可爆浓度（minimum explosible concentration，MEC）也称爆炸下限（lower explosion limit，LEL），单位 g/m^3。粉尘/空气混合物只有在爆炸上限和下限之间一定的浓度范围内，才具有爆炸性。一般工业可燃粉尘的爆炸下限为 20～60g/m^3，掌握爆炸下限的数据对于保障工业生产安全具有非常重要的意义。

4. 极限氧浓度

当氧浓度低于某一极限浓度时，无论粉尘浓度为多大，粉尘云均不能发生爆炸，该浓度称为该种粉尘的极限氧浓度（limiting oxygen concentration，LOC）。如果浓度稍大于此含量，则粉尘会发生爆炸。预防粉尘爆炸的气体惰化措施是控制系统中氧含量，使其小于极限氧浓度。

5. 最低着火温度

粉尘最低着火温度（minimum ignition temperature，MIT）包括粉尘层最低着火温度（minimum ignition temperature of dust layer，MITL）和粉尘云最低着火温度（minimum ignition temperature of dust cloud，MITC）两个方面。粉尘层最低着火温度是指特定热表面上一定厚度粉尘层能发生着火的最低热表面温度，而粉尘云最低着火温度则是指粉尘云通过特定加热炉管内壁被点燃的最低温度。粉尘的最低着火温度取决于粉尘粒度、挥发组分的含量、周围气体的氧含量等。粉尘最低着火温度是防爆电气设备设计与选型及防爆工艺设计的重要依据之一。

6. 最小点火能

最小点火能（minimum ignition energy，MIE）是指在标准测试装置中点燃粉尘云并维持火焰自行传播所需的最小能量。最小点火能的大小与粉尘浓度、粉尘粒度及其分布、温度以及粉尘的性质等因素有关。可燃粉尘的最小点火能是防爆方法选择的依据。

7. 比电阻

粉尘层比电阻（dust volume resistivity，DR）是指加在粉尘层两端的电场强度与所产生的电流密度之比，单位为$\Omega \cdot cm$。粉尘层比电阻是描述沉积态粉尘层导电性能的参数，是粉尘爆炸危险场所电气设备选型和静电防护的重要依据。

上述参数中，最大爆炸压力、最大压力上升速率和爆炸指数通常用来衡量粉尘爆炸的猛烈程度，参数值越大，说明粉尘爆炸越猛烈，破坏力越大；爆炸下限、最小点火能、最低着火温度、极限氧浓度通常用来衡量粉尘爆炸难易程度，即敏感度，参数值越小，说明粉尘爆炸越容易发生，越危险。

1.2.4 粉尘爆炸的影响因素

可燃性粉尘的着火敏感度及爆炸猛度受到各种因素的影响[9]，具体如下。

1. 粉体性质

粉体性质包括物理和化学两个方面。物理性质是指粉尘粒度、形状、表面致密或多孔性等特性；化学性质是指化学组成，粉尘化学组成不同，燃烧热、表面燃烧速率也不同。

（1）物理性质。粉体粒径、形状和表面形貌等都会影响颗粒表面反应速率，其中又以粒径影响显著。粒径影响主要表现在爆炸指数方面。一方面，微粒表面积及其与氧气的接触面积随粉尘粒径增大而减小，颗粒表面燃烧放热速率随之减小；另一方面，颗粒与周围气体对流换热速率随粒径增大而减小，导致粉尘颗粒点火延迟时间加长。

（2）化学性质。包括反应放热及反应动力学性质。燃烧热是燃烧单位质量的可燃粉体或消耗每摩尔氧气所产生的热量。燃烧热越大，粉尘爆炸越猛烈。因此，根据粉体燃烧热值大小，可粗略预测粉尘猛烈程度。不同粉体反应机理和反应动力学性质不同，如频率因子和活化能等。频率因子值越大反应速率越大；活化能越大反应越难进行，粉体越稳定。反应放热量与反应动力学参数共同决定了粉体物质的化学反应放热速率。

2. 粉尘云特征

（1）粉尘浓度。粉尘爆炸指数随粉尘云浓度增大而增大，当浓度增大到某一值，即最佳爆炸浓度后，粉尘爆炸指数又随浓度增大而下降。这主要是因为，当粉尘浓度小于最佳爆炸浓度时，燃烧过程放热速率及放热量随粉尘浓度增大而增加，导致粉尘爆炸指数随粉尘浓度增大而增大；当粉尘浓度超过最佳爆炸浓度后，由于氧含量不足，颗粒表面燃烧速度减慢，粉尘燃烧不完全，粉尘爆炸指数随粉尘浓度增大而下降。

（2）氧含量。粉尘爆炸指数随氧含量减小而降低。粉尘云中氧含量降低，爆炸下限增大，爆炸上限减小，可爆浓度范围变窄，最小点火能增大。这主要是因为，随着氧含量减小，一方面，颗粒之间因供氧不足而出现争夺氧气的情况，使已燃颗粒表面燃烧速率及放热速率减小，导致粒径较大的颗粒不能完全燃烧；另一方面，未燃粉尘颗粒则因升温较慢而变得更难被点燃，甚至不能着火。

（3）粉尘湿度。增大粉尘湿度，不仅会消耗更多的点火能量，使粉尘活性降低，同时还会使粉体颗粒变大。因此，粉尘湿度的增大会导致爆炸敏感度和猛度的降低，即最低着火温度、最小点火能和爆炸下限都会升高，而爆炸指数则下降。

（4）初始湍流。粉尘云湍流度增大，可增大已燃和未燃粉尘之间接触面积，致使反应速度加快，最大压力上升速率增大；另外，湍流度增大又会使热损失加快，使最小点火能增大。

（5）粉尘分散状态。一般说来，粉尘浓度只是一种理论平均值，在绝大多数情况下，容器中粉尘云浓度分布并不均匀，理论平均浓度往往低于某区域内粉尘的实际浓度。

3. 外界条件

（1）初始压力。粉尘爆炸指数与初始压力呈正比关系，最佳爆炸浓度与初始压力也大致呈正比关系。

（2）初始温度。一般来说，粉尘爆炸指数随初始温度升高而减小，粉尘燃烧速率则随初始温度升高而增大。

（3）点火源。在容积小于 $1m^3$ 的爆炸容器内，粉尘爆炸指数随点火能量增加而增大，但这种影响在大尺寸容器中并不显著。当点火源位于包围体集合中心或管道封闭端时，爆炸最猛烈。当爆燃火焰通过管道传播到另一包围体时，则会成为后者的强点火源。

（4）包围体形状及尺寸。包围体形状一般分为长径比（L/D）小于 5 和大于 5 两类。对于大长径比包围体，由于火焰前沿湍流对未燃粉尘云的扰动，致使火焰传播发生加速，在一定管径条件下，如果管道足够长，甚至有可能发展成为爆轰。

1.2.5 粉尘爆炸的防护技术

粉尘爆炸的防护技术措施分为两大类：一类是预防性措施，即通过控制和消除爆炸事故的发生条件，避免或减少粉尘爆炸事故发生；另一类是防护性措施，即爆炸一旦发生，通过控制爆炸破坏力形成，降低爆炸事故发生时造成的危害程度，使爆炸后果控制在可接受范围内。在许多情况下，预防性措施不能提供充分的防护，爆炸过程及破坏力的形成将会在极短时间内完成，爆炸事故一旦发生便会造成严重后果。因此，预防性和防护性措施通常要联合起来运用。常见的预防性和防护性措施如表 1.3 所示[10]。

表 1.3　粉尘火灾、爆炸的常用预防性、防护性措施

预防性措施		防护性措施
防止点火源的产生	防止形成可燃物	
明火	惰化	惰化
热区、热表面	使粉尘浓度在爆炸极限以外	抗爆、泄爆、抑爆
摩擦/撞击火花、电火花、电弧	替代可燃物	隔爆

1.2.5.1　粉尘爆炸的预防性措施

粉尘爆炸是可以预防的。在采取预防措施之前，必须了解哪些生产工艺和设备容易发生粉尘爆炸事故。容易发生粉尘爆炸事故的生产工艺有物料研磨和破碎过程、气固分离过程、除尘过程、干燥过程、气力输送过程、粉料清（吹）扫过程等。这些工艺过程使粉尘呈云状，只要有合适的点火源极易发生爆炸事故。集尘器、除尘器、气力输送机、磨粉机、干燥机、筒仓、连锁提升机等生产设备也特别容易发生爆炸。粉尘爆炸的预防性措施包括控制点火源、控制粉尘云的形成和惰化等。

1. 控制有效的点火源

控制与消除点火源是有效预防爆炸危险性物质发生火灾、爆炸事故的重要技术措施。现代工业生产过程中，点火源种类繁多，如静电火花、机械火花、摩擦、绝热压缩、热表面、热辐射、明火、自燃等，实际中有时甚至几种点火源共同存在。各种可燃性物质的着火敏感性也不相同，因此，应根据点火源种类及实际作用情况采取相应的措施以有效控制或消除粉尘爆炸的有效点火源，如消除点燃能量大于粉尘最小点火能的点火源，从而到达安全生产的目的。

2. 控制可爆粉尘云的形成

在操作区域要避免粉尘沉积、扬起，防止悬浮的粉尘达到爆炸浓度极限范围。具体措施如改善生产工艺及技术、减少生产过程中产生的粉尘量；保持生产设备的良好密闭性；生产场所要安装有效的除尘通风系统，要及时清理设备、墙壁和地面等处的落尘。

3. 惰化

由于工艺条件的实际生产需要，粉尘云的形成往往很难避免，惰化技术是控制可爆性粉尘出现的常用技术手段[11]。常见的惰化技术分为两类，即气体惰化技术和粉末惰化技术。气体惰化是指在可燃粉尘所处环境中充入氮气、二氧化碳、卤代烃、热风炉尾气、水蒸气、氩气或氦气等惰性气体，以降低环境中的氧含量，使粉尘爆炸性能丧失，使爆炸压力和爆炸强度显著降低；粉末惰化技术是把碳酸钙、硅藻土、硅胶、氧化钙、氧化镁等耐燃惰性粉体混入可燃粉尘中，使可燃粉体冷却、抑制粉体悬浮，并通过隔热和吸热来阻止爆炸的发生。

1.2.5.2 粉尘爆炸的保护性措施

在很多情况下爆炸是不能完全避免的，为保证工作人员不受伤、设备在爆炸后能迅速恢复操作，使爆炸的影响能控制在一定的安全层次范围内，就必须采取爆炸防护性措施。常用控制粉尘爆炸后果的措施有抗爆、泄爆、抑爆、隔爆技术，如图 1.5、图 1.6 所示。

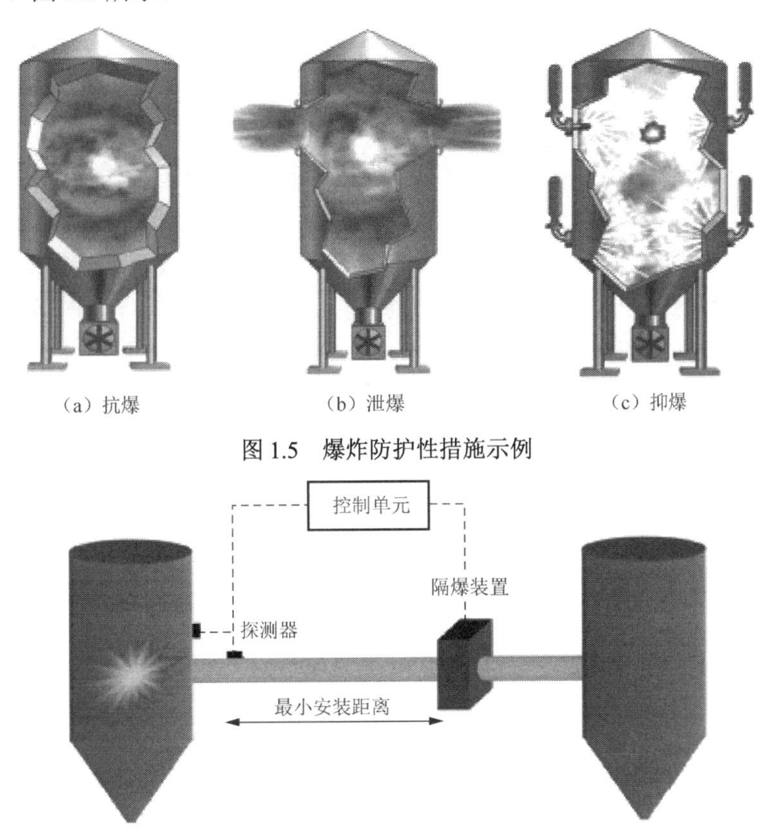

(a) 抗爆　(b) 泄爆　(c) 抑爆

图 1.5 爆炸防护性措施示例

图 1.6 隔爆措施示意图

1. 抗爆

抗爆是一种最基本的也是最有效的防爆措施，即用容器和设备的抗压能力抵抗住最大爆炸压力。抗爆设计可分为抗爆炸压力设计和抗爆炸冲击设计。

2. 泄爆

爆炸泄压（即泄爆）技术是缓解粉尘爆炸危害的方法之一，是应用于可燃粉尘处理设备的一种保护性措施。泄爆技术是使爆炸发生后能在极短的时间内将原来封闭的容器和设备短暂或永久性地向无危险方向开启的措施。泄爆可能会带来火焰和压力的危害，并可能对环境造成不同程度的影响。此外泄爆设计要考虑泄出物质的腐蚀性或毒性。

3. 抑爆

抑爆是指在具有粉尘爆炸危险的环境中安装传感器，在爆炸发生时及时喷射灭火剂，使在爆炸初期就约束和限制爆炸燃烧的范围，从而在无法避免粉尘沉积的房间里，在设备没有保护措施的情况下，可协助避免发生大规模爆炸。

4. 隔爆

隔爆的目的是防止爆炸从初始位置向其他设备、房间等相连的工艺系统内传播。工业生产中遭受粉尘爆炸威胁的容器和设备几乎都通过管道输送设备连接到其他的设备或场所，在这些可能被波及的地方也许会有粉尘爆炸传播的威胁，或者使某些设备遭受冲击火焰点火导致的更加严重的爆炸后果，或者导致原来无危险的地方变为危险区域，结果可能导致更加严重的二次爆炸。所以必须在可能遭受粉尘爆炸危险的设备（即使已经采取了防护措施）之间或设备与未采取防护措施的场所之间采取隔爆措施。常用隔爆措施和装置主要有换向阀、旋转锁气阀、隔爆阀、带阻料的螺旋输送器等。

1.2.5.3 惰化防护技术

惰化是现在常用的防止爆炸方法之一，既是预防性的技术措施，同时也是防护性的技术措施。在实际工业生产中通常采用三种惰化方式，即反复加压惰化、反复抽真空惰化和常压通流惰化。惰化是通过降低氧浓度防止爆炸，或者减少点燃的可能性并降低爆炸猛烈程度的方法。惰化常用于煤粉、金属粉尘和塑料类粉尘等粉体的处理过程。最常用的惰化气体为氮气和二氧化碳。不同粉体采用氮气和二氧化碳时的极限氧浓度见 NFPA 69—2014（表 1.4）[12]。气氛环境中加入惰化介质后，可使气氛中的氧化剂组分被稀释，减少可燃物与氧化剂的作用机会。若燃烧反应已经发生，可减弱氧化剂的活性，降低燃烧反应速率。同时，惰化介质也可大量吸收燃烧反应放出的热量，对燃烧反应起抑制作用。

表 1.4 常见可燃粉尘的极限氧浓度

粉尘名称	中位径/μm	极限氧浓度/%	
		氮气	二氧化碳
玉米淀粉 1	—	—	11
玉米淀粉 2	17	9	—
大豆粉	—	—	15
麦芽粉尘	25	11	—
小麦粉	60	11	—
烟煤 1	—	—	17
烟煤 2	17	14	—
铝	—	—	2
树脂	<63	10	—
聚酰胺	—	—	15
聚乙烯 1	—	—	12
聚乙烯 2	26	10	—
纸	—	—	13
木粉 1	—	—	16
木粉 2	27	10	—

惰化技术在中国现行防爆标准中均有所应用。《粉尘防爆安全规程》（GB 15577—2007）中规定：“在生产或处理易燃粉末的工艺设备中，采取上述措施后仍不能保证安全时，应采用惰化技术。”针对镁粉的《铝镁粉加工粉尘防爆安全规程》（GB 17269—2003）中规定：“系统内应充氮气保护。设备启动时保护气体的含氧量为 2%～5%。经一段时间进入正常运转后，保护气体中含氧量对于铝镁合金粉为 2%～6%。当多次调整仍不能达到此数值时，应立即停车处理。”

控制气氛浓度在极限氧浓度以下的惰化称为完全惰化。通过往气氛中加入惰性气体，但氧浓度仍在极限氧浓度之上的方法称为部分惰化。不论是完全惰化还是部分惰化，其原理都是氧浓度的降低使粉尘的着火敏感性明显降低。一般认为点火能量小于 10mJ，须考虑惰化措施。

工业爆炸防护中，仅采取一种防爆技术措施是不经济或者不切实际的，如采用完全惰化，成本高且很难实现。在实际情形下，抑爆、隔爆等常用防护措施通常与部分惰化联合使用，以提高综合防护措施的适用性和有效性。当粉尘的爆炸指数 $K_{m} > 30\mathrm{MPa \cdot m/s}$ 时，抑爆作用就会受到限制。隔爆是利用爆炸时产生的前驱压力波使隔爆阀关闭，以切断后来的火焰阵面。如果火焰的燃烧速度很快，就会导致隔爆阀来不及关闭而使隔爆失效；如果压力上升速率较快，无疑将增加泄爆的泄压面积，从而增加爆炸后的事故损失。同时，国际上关于泄爆的最新研究表明，当压力上升速率超过 60 MPa · m / s 时，泄爆技术已不适用。当采用部分惰化技术后，粉尘的爆炸猛度可以降低至上述防护措施的有效适用范围。

1.3　金 属 粉 尘

1.3.1　金属粉尘的来源

金属粉尘是无机粉尘的一种，常存在于金属粉末生产、金属制品加工（切削、粉碎、打磨、抛光等）等生产过程中。

1. 金属粉末生产过程

金属粉末生产制造的方法有很多，以金属镁粉为例，包括铣削（粉碎）法、球磨法、乳化法、涡流粉碎法和雾化法。具体说明如下。

（1）铣削（粉碎）法。将一定品级的镁锭经过表面处理，以去除表面氧化皮和夹渣，然后利用专用铣床进行铣削加工。铣削后的粉末经筛分制成不同规格的镁粉成品。铣削镁粒呈菱形或无规则形状，特征粒径为 833～1651μm，松装密度为 350～1000kg/m^3，此类产品主要用于烟火剂和炼钢脱硫剂。

（2）球磨法。球磨法也称研磨法，利用球磨机，通过调控研磨时间、研磨介质来控制粉末粒径、表面积和松装密度。球磨镁粉粒径在 147μm 以上，松装密度为 450～600kg/m^3。

（3）乳化法。乳化法生产工艺是将含硼的液态溶剂与熔体镁搅拌均匀，使镁在溶剂中乳化为细小的球形状，凝固后经磨碎与筛分，成为包覆有盐的镁粉粒，特征粒径一般在 280～833μm。

（4）涡流粉碎法。加工时先由专用铣床将镁锭铣成一定尺寸的碎屑，再经涡流镁粉机进行涡流粉碎，粉碎后的镁粉送入旋振筛，得到不同粒径的镁粉成品，特征粒径一般为 175～833μm。

（5）雾化法。雾化法是中国的专利技术。其工艺是将精炼后的镁液利用压缩惰性气体喷吹雾化进入雾化筒中，经冷却形成镁粉。镁粉从雾化筒底部直接落入振动筛，可选出各种粒径的镁粉。雾化法生产的镁粉粒径一般在 43～1651μm，甚至更细可达微米以下。此法生产镁粉的活性大于等于 98.5%，松装密度为 700～800 kg/m^3。

2. 机械加工过程

汽车轮毂等金属制品加工、废弃金属的回收等过程中，所涉及的切削、钻孔、破碎、抛光等作业过程中可产生大量金属粉尘。

3. 冶金熔铸过程

金属熔炼、焊接、浇铸等场所。

1.3.2　金属粉尘的物化特性

金属粉尘相对于其他可燃性非金属粉体而言，在受热过程中不存在热分解，熔点、沸点相对较高。颗粒着火后，放热量较大，能量密度较高，燃烧时通常可产生明亮的火焰。常见金属粉尘的物化特性，如表 1.5 所示。

表 1.5　几种常见金属元素物化特性

属性	钛	镁	铝	铁	钨	锆	钽
熔点/K	1941	923	933.52	1808	3683	2125	3273
沸点/K	3560	1361	2740	3023	5933	3850	5702
密度/(g/cm^3)	4.506	1.738	2.7	7.874	19.35	6.49	16.6
熔解热/(kJ/mol)	14.15	8.48	10.67	14.9	33.7	—	—
蒸发热/(kJ/mol)	425	128	284	351	823.85	—	—
比热容/[J/(mol·K)]	25.06	24.869	24.20	25.14	23.897	—	—
燃烧热/(kJ/mol)	944.75	601.6	837.85	—	—	—	—
火焰温度/K	3343	3373	3200	—	—	—	—

金属粉尘具有上述特殊的物理化学性质，使其在工业、航空航天、民用、军工等领域有着广泛应用。如钛粉在工业生产中常用于表面涂覆剂、铝合金添加剂、电真空吸气剂，同时其也是粉末冶金、金属陶瓷等高新领域的重要原材料。航空航天领域中，金属粉尘燃料比传统燃料更具有竞争性。在火箭的固体推进剂制备过程中加入金属粉末，不仅可降低火箭制造成本，也可提高燃料燃烧效率、燃烧热及稳定性。金属粉尘在民用和军工行业中也得到了广泛的应用。例如，将纳米金属添加到烟花中，可以提高烟花燃烧的持久性和稳定性。在军事工业中，微米金属常用于制造照明弹、闪光弹、燃烧弹等。纳米金属添加剂可提高弹药的爆破力和冲击敏感性。

1.3.3　金属粉尘颗粒的燃烧特性

1.3.3.1　金属粉尘颗粒的粒径表示

粉尘的来源不同，其所对应的粒度分布和颗粒形态是不同的。粒度分布

（particle size distribution，PSD）通常由激光粒度分析仪测试确定，而颗粒形态则通过扫描电镜样图（scanning electron microscope，SEM）来观测获得。以雾化技术生产的 50～100 目镁粉为例，光学显微镜下该粉体颗粒为球形（图 1.7）。扫描电镜样图如图 1.8 所示，显示为不同粒度分布的球形颗粒，颗粒粒度分布结果如图 1.9 所示，中位粒径为 173μm。随着科学技术的进步，纳米粒径的金属粉体颗粒也不断涌现，纳米钛粉则是可燃纳米材料中较为常见的一种，其扫描电镜样图如图 1.10 所示。纳米钛粉与传统微米颗粒在外观特征方面具有明显的不同，纳米颗粒是以凝结团块出现的，且团块尺寸远大于初始纳米粒径。出现凝结的原因主要为纳米颗粒之间较强的相互作用力，如范德瓦耳斯力、静电引力等。

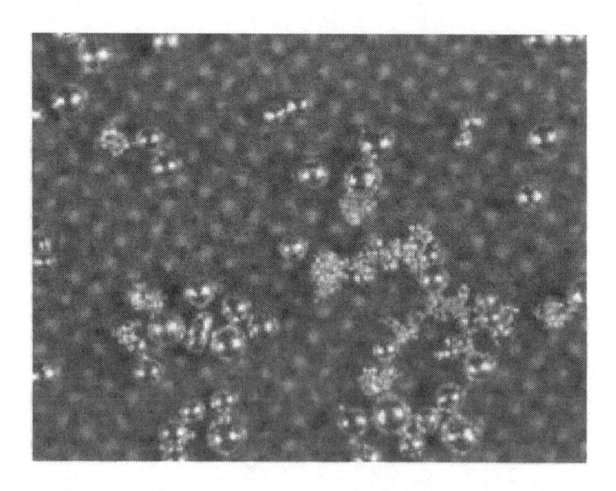

图 1.7　光学显微镜下 50～100 目雾化镁粉的外观图

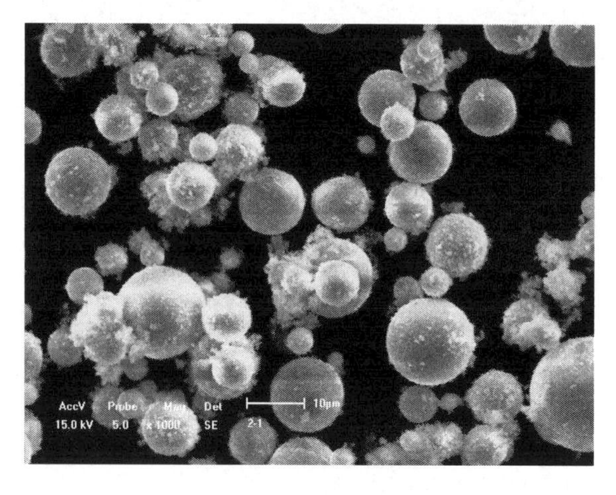

图 1.8　50～100 目雾化镁粉的扫描电镜样图

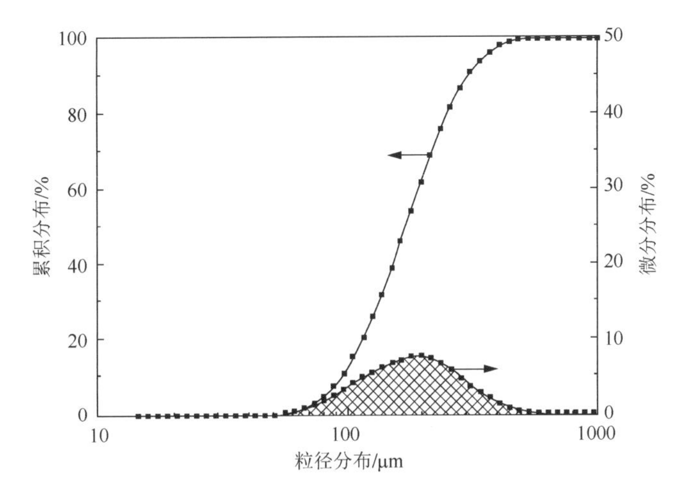

图 1.9　50～100 目雾化镁粉的粒度分布

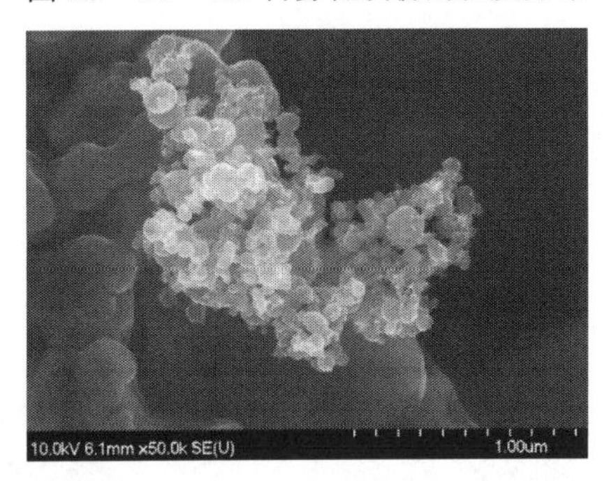

图 1.10　40～60 nm 钛粉扫描电镜样图

对于非球形的粉尘粒径，在分析絮状或纤维状等不规则的粉尘火灾爆炸危险性时，尤其是研究粉尘粒径对粉尘爆炸性参数的影响时，通常以非球形颗粒物的当量直径来近似表示颗粒物的直径，表 1.6 是前人基于四种几何等效模型提出的非球形颗粒物当量直径的经验计算公式[13]。

表 1.6　基于几何等效模型的纤维状颗粒当量直径与纤维直径和长度的关系式

几何等效模型	解析当量直径	近似当量直径（L_F>>d_F）
径向等效	$d_{E,R}=d_F$	—
体积等效	$d_{E,V}=\left[\frac{3}{2}d_F^2L_F\right]^{1/3}$	—
表面积等效	$d_{E,SA}=\sqrt{\frac{d_F^2}{2}+d_FL_F}$	$d_{E,SA}=\sqrt{d_FL_F}$
比表面积等效	$d_{E,SSA}=\frac{6d_FL_F}{2d_F+4L_F}$	—

注：$d_{E,R}$、$d_{E,V}$、$d_{E,SA}$和$d_{E,SSA}$为各种几何模型中的当量直径；d_F为纤维直径；L_F为纤维长度

1.3.3.2　粒径对颗粒燃烧特性的影响

粒径对单个金属粉尘颗粒的着火温度具有明显影响[14-16]。以铝粉为例，粒径不同，单个金属颗粒的着火温度不同。粒径为 1～100μm 的铝粉颗粒着火温度可在 100～2300K 的范围内变化。当颗粒粒径较大时（>100μm），其着火温度较高，接近氧化铝的熔点（2350K），在该温度下颗粒表面质密的氧化铝薄膜出现熔解或破损，失去保护作用，使铝粉开始着火燃烧。如果颗粒粒径较小，如纳米铝粉颗粒，着火温度较低，为 900K。

同时，燃尽时间 t_b 也与粒径有关，$t_b \propto d^n$，实验数据与拟合结果如图 1.11 所示。对于微米级较大的金属颗粒，n 的范围为 1.5～2.0，常用的经验关系式如下所示：

$$t_b = C_1 d^{1.8} / \left(T_0^{0.2} p^{0.1} X_{\mathrm{eff}}\right) \tag{1.1}$$

式中，X_{eff} 为有效的氧化摩尔分数，$X_{\mathrm{eff}} = C_{\mathrm{O_2}} + 0.6C_{\mathrm{H_2O}} + 0.22C_{\mathrm{CO_2}}$；$p$ 为环境压力；T_0 为初始温度，单位 K；d 为颗粒直径，单位 μm；C_1 为常数，C_1=0.007 35。

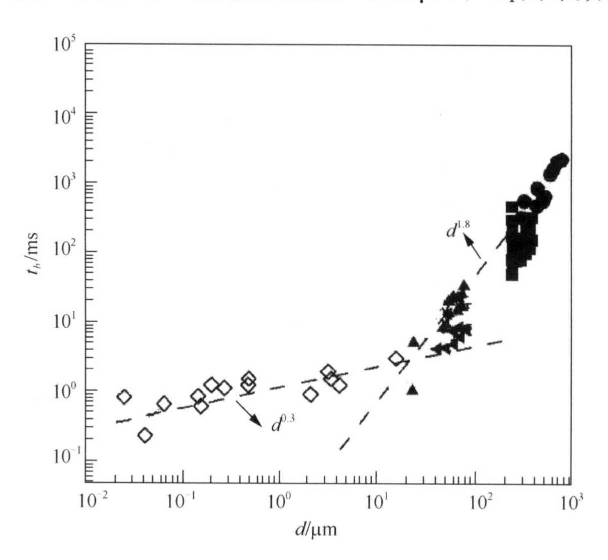

图 1.11　铝粉颗粒燃烧时间与粒径的关系

对于空气条件下粒径在 15～280μm 范围内的钛粉颗粒，其颗粒燃烧时间与初始粒径大致的函数关系如下式和图 1.12 所示：

$$t_b = 3.14 \times 10^3 d^{1.85} \tag{1.2}$$

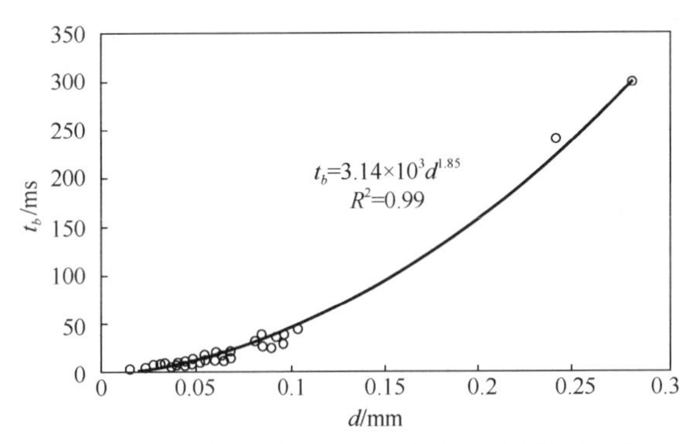

图 1.12 钛粉颗粒燃烧时间与初始粒径的关系

颗粒粒径较小，甚至低至纳米量级时，其燃烧时间与粒径关系如下式所示：

$$t_b = \frac{d^{0.3}}{C_2 e^{-E_b/RT} \cdot X_{\text{eff}}} \tag{1.3}$$

式中，d 为颗粒直径，单位 cm；$C_2 = 5.5\times10^4$；$E_b = 73.6\text{kJ/mol}$；R 为普适气体常数；T 为颗粒周围气氛环境温度。与微米颗粒不同，当颗粒粒径很小时，颗粒燃烧时间不仅与粒径有关，同时也受环境温度的影响。另外，从图 1.11 可以看出，微米铝粉所适用的 $d^{1.8}$ 模型与 $d^{0.3}$ 模型在粒径为 20μm、温度为 2000K 时相交，表明对于粒径在几十微米范围内的金属粉尘，两种模型都适用。

对于颗粒粒径 d_p 为 0.1～5μm 的微细铝粉颗粒，粒径与火焰传播速度、燃烧温度及燃烧时间的关系如图 1.13 所示。燃烧时间 $t_{b(95\%)}$ 与颗粒粒径的关系同样符合 d^n 模型。颗粒越大，层流火焰传播速度越低。对于微米量级的粉体颗粒，燃烧温度随颗粒粒径增加而降低，纳米粉体颗粒则相反。

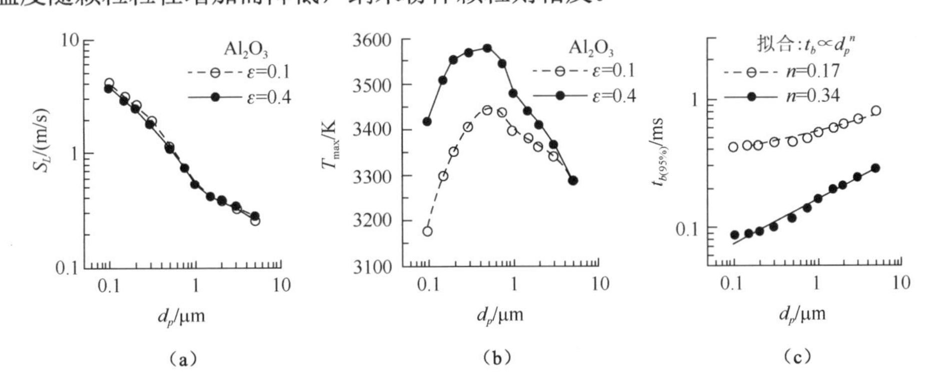

图 1.13 火焰传播速度、燃烧温度、燃烧时间与粒径的关系

1.3.3.3 粒径对爆炸特性参数的影响

除粉尘自身特性外，粒径对粉尘爆炸特性参数的影响也很大。在微米粒径范

围内，粉体粒径变小将大大增加颗粒的比表面积，使化学反应速度加快、最大压力上升速率增加（图 1.14）、最小点火能降低（图 1.15）等。当粉体粒径从微米尺度进一步降低至纳米尺度时，将可能导致新的粉尘爆炸风险。

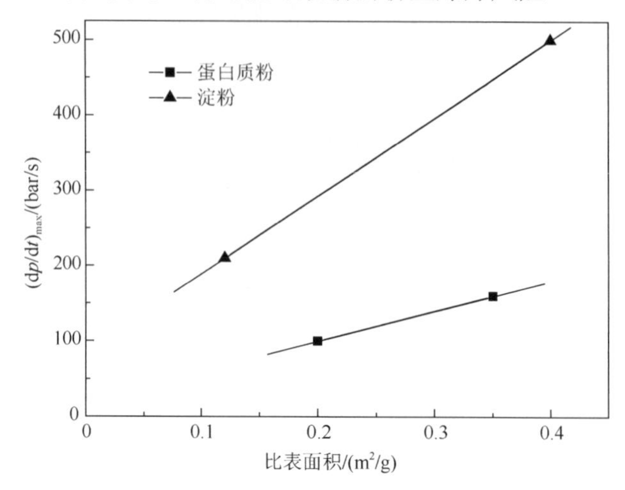

图 1.14　比表面积对最大压力上升速率的影响

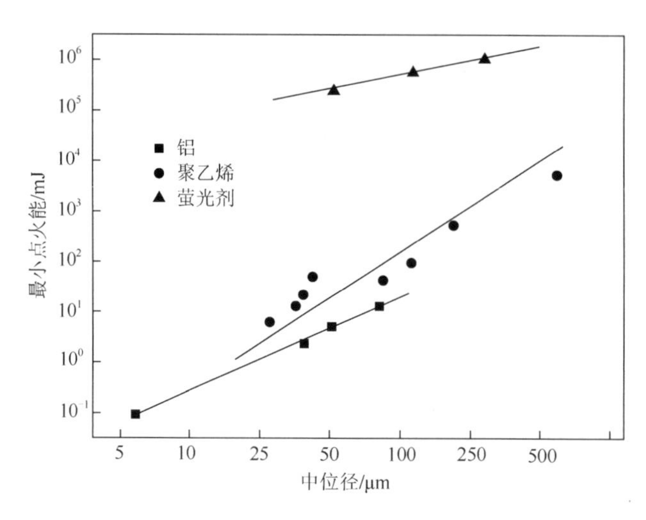

图 1.15　粒径对最小点火能的影响

1.3.4　金属粉尘爆炸的特点

美国化工安全调查委员会调查结果表明，在导致粉尘爆炸事故的可燃性粉尘种类当中，金属粉体引发粉尘爆炸所占的比例高达 24%（图 1.16），远高于煤尘对应的爆炸事故比例 10%[17,18]，仅金属制品加工一个行业所发生的粉尘爆炸事故的比例就达 12%（图 1.17）。在中国大陆，金属粉尘爆炸事故发生率也排在首位，事故所占比例高达 21.53%[19]，中国台湾地区高达 30%[20]。

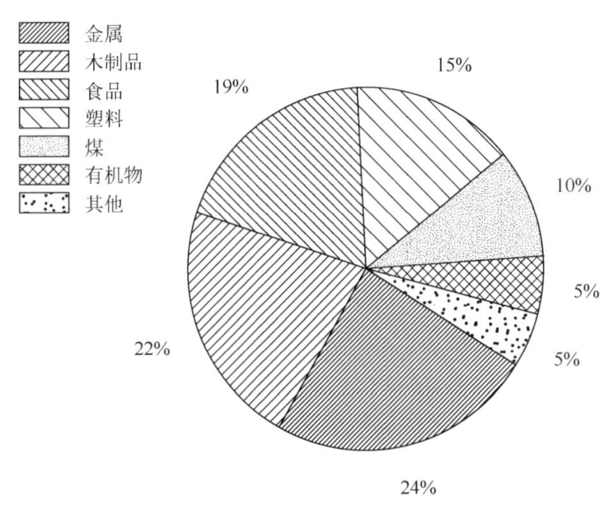

图 1.16 美国粉尘爆炸事故统计中的粉体种类

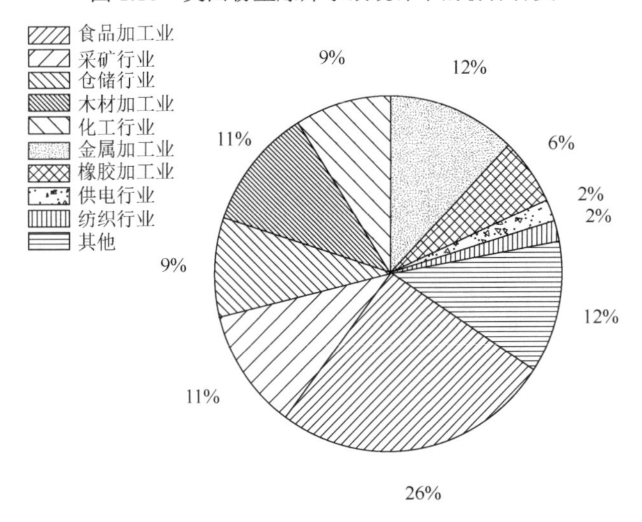

图 1.17 各行业粉尘爆炸事故所占的比例

金属粉尘爆炸的频发特性主要与下面的两个因素有关：

（1）金属粉尘着火敏感性高。大多数金属粉体的最小点火能小于 10mJ。对于超细金属粉体，最小点火能低于 1mJ，具有较强的着火敏感性[1,3,21,22]。据统计，高温表面、冲击或摩擦，以及静电火花是引发粉尘爆炸事故的常见点火源。着火敏感性较高的金属粉尘很容易在静电火花等火源作用下着火引发粉尘爆炸事故。

（2）爆炸后事故后果严重。可燃粉尘云相对于可燃气体能量密度较高，而金属颗粒又是可燃粉尘中能量密度较高的。金属粉尘消耗 1mol 氧气时放出的热量通常是煤尘的 3 倍，如表 1.7 所示。正是由此特性，金属粉尘通常作为固体燃料用于火箭推进剂等航空航天领域[23-32]。高能量密度的金属粉尘发生着火爆炸后，瞬间产生的巨大爆炸压力、较高的压力上升速率，可导致较为严重的事故后果。

表 1.7　消耗 1mol 氧气时各物质的热值

物质	金属氧化物	热值/kJ（消耗 1mol 氧气时）
钙	CaO	1270
镁	MgO	1240
铝	Al_2O_3	1100
硅	SiO_2	830
铬	Cr_2O_3	750
锌	ZnO	700
铁	Fe_2O_3	530
铜	CuO	300
糖粉	CO_2, H_2O	470
淀粉	CO_2, H_2O	470
聚乙烯	CO_2, H_2O	390
碳	CO_2	400
煤粉	CO_2, H_2O	400
硫	SO_2	300

1.3.5　金属粉尘爆炸的常见点火源

BS EN 1127-1:2011 标准将点火源分为 12 类，其中最常见点火源主要为表 1.8 中的 6 类。

表 1.8　粉尘爆炸常见的点火源

点火源类型	工业情形
机械摩擦与碰撞	粉碎设备（各种破碎机、磨粉机） 斗式提升机跑偏、打滑、断带 皮带辊摩擦、刮板机摩擦、螺旋输送机堵料摩擦 旋转下料阀堵料摩擦 风机叶轮与壳体或外物摩擦或碰撞 石子、铁钉等物质进入磨机 产生火花的维修工具等
电气火花	非粉尘防爆型电气设备、电缆老化或因环境原因被破坏，非防爆电气设备启停或运行过程产生的火花、过载与短路
热表面	加热设备、非防爆电气设备
静电放电	气流输运、物料堆积
粉尘自燃	煤矿、煤粉制备、硫黄矿、金属粉尘遇湿自燃
明火	各种火灾、抽烟、工业动火、其他明火（例如加热炉）

由于金属粉尘的点火能量较低，静电火花、高温表面、摩擦-撞击火花等常见火源均可能成为引燃粉尘爆炸的有效火源。几种典型点火源引燃条件下的金属粉尘火灾、爆炸事故列举如表1.9所示。

表1.9 典型火源引燃条件下的金属粉尘爆炸事故

事故发生时间	事故类型	发生过程	点火源辨识	事故后果
1963年6月16日	铝粉尘云爆炸	天津铝制品厂，铝制品的抛光过程	叶片轴上螺丝松动导致鼓风机轮叶片与鼓风机罩发生摩擦	19人死亡，24人受伤；车间（678m^2）被摧毁
1965年6月8日	铝镁合金粉尘云爆炸	东北某轻合金加工厂，停机清扫过程	铁管撞击料仓内壁	一人手和面部被烧伤，料仓盖被炸毁
1966年9月8日	铝镁合金粉尘云爆炸	东北某轻合金加工厂，改装设备切割排氮管	排氮管切割火花	11名工人负伤住院，鼓风机和集尘器全部炸毁，厂房盖被崩坏
1967年4月24日	铝粉尘云爆炸	北京冶炼厂，铝粉筛分过程	回转筛内的摩擦	3人死亡，3人受伤，车间被摧毁，其周围的树林被点燃
1978年1月31日	铝粉尘云爆炸	济南向阳化工一厂，铝粉生产过程	金属撞击打火产生火灾继而引燃扬起粉尘	死亡17人，重伤17人，轻伤33人
1980年8月4日	铝粉尘云爆炸	北京蒸压加气混凝土厂，气力输送铝粉过程	袋式除尘器内的铝粉摩擦	筒仓上部的袋式除尘器发生爆炸，筒仓被损坏，窗户被点燃，玻璃被摧毁，二楼的计量秤被破坏，整个三层楼的车间被损坏
1994年5月13日	铝粉尘云爆炸	江西萍乡泸溪铝粉厂，铝粉雾化过程	含水分铝粉的自燃	2人死亡，3人重伤，3面墙体和混凝土屋顶坍塌，工厂被摧毁
2003年10月29日	铝合金粉尘云爆炸	美国西弗吉尼亚州亨廷顿，废料回收重熔车间	风机风叶打火	1死6伤，厂房被炸毁
2009年3月11日	铝粉尘云爆炸	江苏，沪宁城际铁路施工人员宿舍，清扫房屋过程	抽烟明火	11人死亡，20人受伤，房屋炸毁
2010年1月13日	铝粉尘云爆炸	瑞安市塘下镇花园村万田路1号一抛光加工厂，铝制品的抛光过程	排风机产生电火花	2死6伤，100m^{2}厂房倒塌
2010年12月9日	钛粉和锆粉混合粉尘云爆炸	美国西弗吉尼亚州新坎伯兰市的AL Solutions公司，调和挤压作业	调合器设备问题发生的摩擦热或火花	事故造成该公司3名员工死亡，1名承包商受伤。爆炸及引发的火灾将厂房损毁，最终导致工厂关闭
2011年3月29日	铁粉尘云爆炸	海格纳斯公司，更换作业	退火炉高温热表面	作业人员受伤

续表

事故发生时间	事故类型	生产类型	点火源辨识	事故后果
2011 年 5 月 20 日	铝粉尘云爆炸	成都富士康集团鸿富锦成都公司，铝粉打磨过程	电器开关产生电火花	3 人死亡，15 人不同程度受伤
2012 年 3 月 30 日	锌粉爆炸	青岛马士基集装箱工业有限公司，喷锌车间组织箱体喷锌作业	锌粉受潮，发生氧化放热反应自燃	14 名工人不同程度受伤，其中 8 名工人严重烧伤
2012 年 8 月 5 日	铝粉尘云爆炸	温州市瓯海区，铝粉抛光作业	抛光机电机控制开关产生的电火花	造成 13 人死亡、15 人受伤，其中 6 人重伤
2012 年 11 月 20 日	铝粉尘云爆炸	深圳松岗一五金厂，打磨抛光作业	静电火花	7 人被烧伤
2014 年 8 月 2 日	铝粉尘云爆炸	江苏昆山中荣金属制品有限公司，汽车轮毂抛光	铝粉受潮，发生氧化放热反应自燃	共造成 75 人死亡、185 人受伤，直接经济损失 3.51 亿元

1.4　金属粉尘着火爆炸特性的研究现状

金属粉尘爆炸事故发生率高、危险性大，爆炸特性参数是评价其着火敏感性、爆炸猛度的重要指标。近年来，以金属粉尘为实验对象的爆炸特性参数研究一直是粉尘爆炸领域研究的热点。现以镁粉、铝粉、钛粉为例，说明金属粉尘爆炸特性的研究现状。

1.4.1　粉尘层最低着火温度研究现状

1.4.1.1　实验研究

现有关于金属粉尘层最低着火温度的实验研究大致可分为两类。一类是早期非标准测试条件下的相关实验研究。1986 年，Karpova 等以中位粒径 50μm 的镁粉为实验介质，研究了薄镁粉层（镁粉尘层厚度小于 5cm，堆积密度 0.58g/cm^3）的最低着火温度与厚度的关系。研究结果表明，粉尘层的最低着火温度随厚度的增加而降低，并得出虽然厚度的增加使氧化性气体向粉尘内部的扩散受到抑制，但扩散的量足以维持颗粒表面的氧化反应的结论[33]。另一类是标准测试条件的相关实验研究。国际上为了保持测试数据的统一性，便于工业应用，可燃粉尘的粉尘层最低着火温度主要是根据 IEC61241-2-1:1994（Part 1）[34]、GB/T 16430—1996[35]等标准进行测定的[3]，该标准的测试条件为恒温热板加热。根据现有研究结果，在标准中规定的最高热板温度（400℃）条件下，金属粉尘层没有发生着火现象，即认为该粉尘层不会发生着火，也就没有该实验条件下的着火温度测量值[36]。

但是，上述标准测试条件下的实验研究结果并不说明金属粉尘层在热表面上堆积时不能着火。2006 年，Ward 等对细合金丝上中位径 9.7μm 的镁粉尘层进行了最低着火温度的实验研究。结果表明，热源的升温速率为 100℃/s 时，镁粉尘层的最低着火温度为 577℃[37]。随着热源升温速率的增加，测得的最低着火温度值也升高。Ward 等实验研究的目的主要是获得镁粉尘层的化学动力学参数，其所采用的实验物理模型较为理想化，与工业生产中粉尘在热板条件下受热着火的实际情形不同，应用时具有一定的局限性。同时，实验时粉尘层的受热方式为恒热功率加热，即为非标准测试，实验结果无法直接与其他标准测试中的相关实验数据进行对比研究。

层状金属粉尘着火后，粒径大小对着火后层火灾的蔓延速率影响较大。铍等稀土金属的加入对镁具有阻燃效果，粉末惰化可从本质上降低镁粉着火的敏感性。

1.4.1.2 理论研究

粉尘层最低着火温度的理论模型主要有两种：一种是稳态热爆炸理论模型；另一种是非稳态着火理论模型。

1994 年，Krause 和 Hensel 提出了恒温热表面加热时粉尘层非稳态着火的边界条件[38]。1996 年，Kim 和 Hwang 利用该边界条件，从理论上研究了恒温热板加热时煤粉尘层内部热解导致的层收缩问题[39]。1998 年，Reddy 等采用稳态热爆炸模型研究了煤粉尘层在恒温热板加热条件下的最低着火温度[40]。理论研究结果认为，粉尘层在热板加热条件下临界着火时层内部存在温度极大值点。该点不在粉尘层的几何中心，与热板的无量纲距离为 0～0.5。由于该理论是基于热爆炸临界条件建立的，仅可定性分析临界着火时粉尘层内部的温度分布，但无法定量计算粉尘层受热过程中，粉尘层内部的温度分布及变化规律。2004 年，Eckhoff 也指出，经典的热爆炸理论很难处理粉尘层实际受热板加热着火的非稳态问题[41]。

1.4.2 粉尘云最低着火温度研究现状

金属粉尘云最低着火温度的研究大致分为两个部分：一种为非标准测试；一种为标准测试。

1.4.2.1 非标准测试条件下的研究

早期关于粉尘云着火相关的研究可分为两种：一种是以获得金属混合燃料的燃烧性能为目的，如 1971 年 Breiter 等研究了铝镁合金燃料中镁含量对燃尽程度的影响[42]；另一种是以获得金属粉尘安全生产的工艺参数为目的。以镁粉为例，

1978 年，Ryzhik 为获得镁粉安全生产所需的极限氧浓度，研究了四种氮-氧环境下环境温度对粉尘云（镁粉中位粒径小于 100μm）着火延迟时间的影响，如图 1.18 所示。运用准稳态模型对实验数据的分析结果表明，τ_α 随着爆炸环境中氧浓度增加而减少，且 $\tau \propto \tau_\alpha$（τ 为实际着火延迟时间，τ_α 为绝热热爆炸延迟时间）。为比较氮、氩对镁粉尘云最低着火环境温度的影响，实验研究了两种气氛环境中激波诱导镁粉着火的延迟时间，得出空气条件下为 1.1ms，同氧浓度的氧-氩气氛环境下为 1.3ms。环境温度越高，氮化反应对镁粉尘云热爆炸的贡献越大[43]。1989 年，Boiko 等研究了纯氧气氛中镁粉粒径对激波诱导着火延迟时间的影响[44]。在 Boiko 研究的基础上，Ryzhik 研究了氮气对铝镁合金粉最低着火环境温度的影响。四种不同浓度的氮-氧气氛中，铝镁合金粉的粉尘云最低着火环境温度如图 1.19 所示。研究结果表明，铝镁合金粉的着火过程主要由氧化反应控制。氧浓度较低、镁含量较高时，氮化反应才明显发挥作用[45]。根据实验结果得出的氧浓度与最低着火环境温度之间的经验关系式如下所示：

$$1/T_0 = \frac{mR}{E} \cdot \ln C_{\mathrm{OX}} + \frac{R}{E} \cdot \ln K - \frac{R}{E} \cdot \ln \Omega_{\mathrm{cr}} \tag{1.4}$$

式中，m 为氧化反应级数；C_{OX} 为氧气体积分数；T_0 为最低着火温度；Ω_{cr} 为临界着火时的谢苗诺夫数；K 为化学反应速率常数；R 为普适气体常数；E 为活化能。

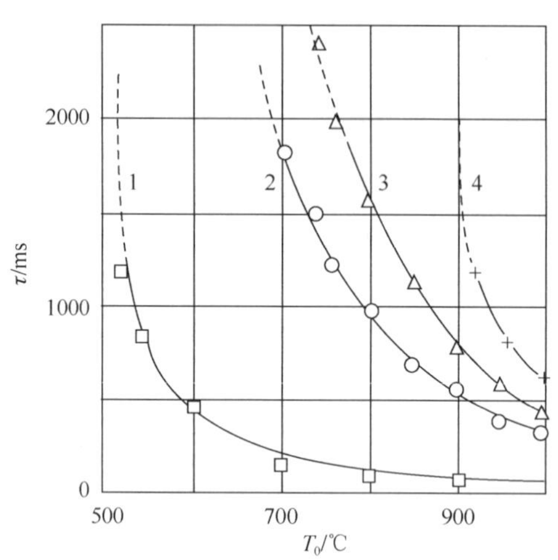

1．空气；2．氧浓度 0.7%；3．氧浓度 0.43%；4．氮气

图 1.18　镁粉尘云着火延迟时间随最低着火温度的变化

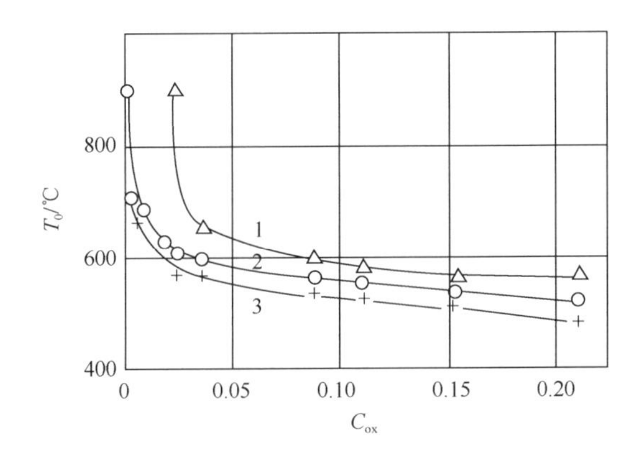

1. 50%Mg，50%Al 合金粉；2. 镁粉；3. 90%Mg，10%Al 合金粉

图 1.19 不同氮-氧环境下金属粉体的最低着火温度

综上所述，Ryzhik 和 Breiter 等一定程度地研究了氩气、氮气对镁粉尘云着火的影响。通过比较激波诱导着火的延迟时间定性地分析了氮气、氩气的惰化效果，即氩气略优于氮气。以上研究均是基于实验数据的定性分析，Breiter 等所得出的经验式也仅反映了氮气对镁粉着火环境温度的影响，无法准确反映实际中惰化剂对最低热区壁面温度的影响。鉴于这一问题，1979 年，Ezhovskii 等根据图 1.20 所示的实验装置，建立了镁粉尘云受恒壁温热区着火的理论计算模型[46]。Khaikin 等以中位粒径为 30μm 和 8μm 的镁粉为例，进行了实验与理论计算结果对比，结果如图 1.21 所示[47]。由对比结果可以看出，Ezhovskii 等的理论模型为粉尘云在恒壁温热区中最低着火温度的计算提供了一个途径，但该模型仍有待于进一步完善，原因如下：

（1）没有考虑喷吹压力对最低着火温度的影响。Krause 的研究结果表明喷吹压力对最低着火温度有明显的影响[48]。喷吹压力的大小直接影响粉尘云中气-粒两相在热区的运动速度，从而对镁粉颗粒、输运气流和热区壁面之间的能量交换产生影响。

（2）仅考虑镁粉与氧气的化学反应，没有考虑与氮气的化学反应，也没有在惰化情况下进行相应的研究。

（3）由热爆炸临界条件判断粉尘云是否发生着火，体现不出具体装置条件对最低着火温度的影响。Krause 对粉尘云最低着火温度测试装置的研究结果表明，不同的装置测试条件下，最低着火温度值明显不同[48]。

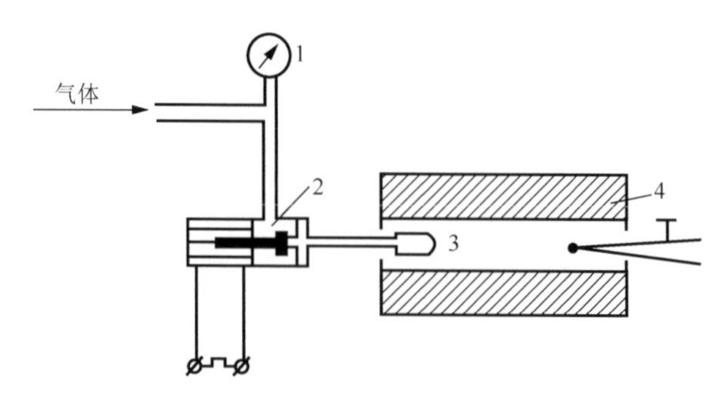

1．压力表；2．电磁阀；3．粉尘盒；4．炉体（热区内径 40mm）

图 1.20　粉尘云受热着火实验装置示意图

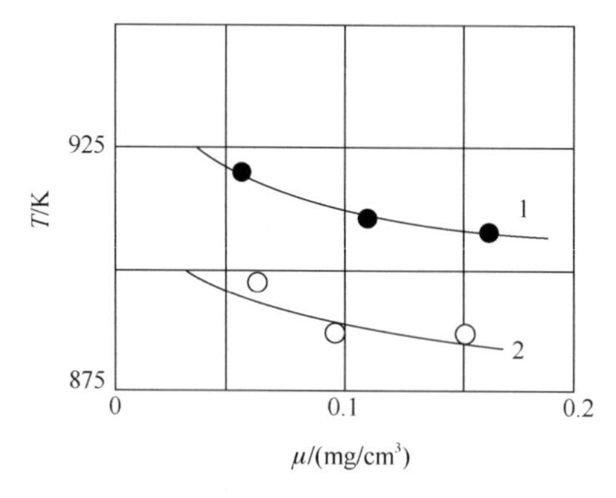

1．中位径 30μm；2．中位径 8μm

图 1.21　镁粉尘云的最低着火温度与粉尘浓度的关系

1.4.2.2　标准测试条件下的研究

为了保证测试数据的统一性，以便于工业应用，目前可燃粉尘的粉尘云最低着火温度主要是根据 IEC61241-2-1:1994（Part2）[49]、GB/T 16429—1996[50]进行的[51]。实验装置为 Godbert-Greenwald（G-G）炉（热区长度为 260mm）、改进的 G-G 炉（加热区的长度为 432mm）和 Bundesanstal für Materialforschung undprüfung（BAM）炉。以镁粉为例，早期采用 G-G 炉测得的镁粉尘云最低着火温度如表 1.10 所示，其中各粒径下的粉尘云最低着火温度研究数据较为零散，缺乏系统性。2006 年，Nifuku 对镁粉尘云最低着火温度进行了较为全面的实验研究[52]，得出了镁粉粒度对粉尘云最低着火温度的影响规律。实验装置为改进的 G-G 炉，测试结果如表 1.11 所示。

表 1.10 早期镁粉尘云最低着火温度研究结果

序号	年份	研究者	中位径/μm	实验结果/℃	测试标准	文献
1	1991	Eckhoff	240	760	IEC 61241-2-1:1994	[3]
2	2003	周豪，吴长海	44，149	600，720		[51]

表 1.11 Nifuku 镁粉尘云最低着火温度的实验结果

粒径/μm	MIT-DC/℃	粒径/μm	MIT-DC/℃
0～20	515	74～105	570
20～37	529	105～125	573
37～45	547	125～149	582
45～74	558	149～177	620

虽然上述测试均是在测试标准条件下进行的，但标准之间的装置条件是存在差异的，这种差异导致测试时喷吹压力、粉尘浓度、气-粒两相在热区中的运动速度及滞留时间等参数存在差异，从而导致实验结果不同，具体如表 1.12 所示。这种差异性需要采用理论手段进行系统的分析，以根据具体工业情形获得较为准确的粉尘云最低着火温度。

表 1.12 各粉体粉尘云最低着火温度 （单位：℃）

粉尘	G-G 炉	BAM 炉	1.2L 炉	6.8L 炉
无烟煤	>900	>600	740	730
蒽醌	670	>600	620	680
Pocahontas 烟煤	640	580	610	600
Pittsburgh 烟煤	600	570	540	530
石松粉	460	410	440	380
硫黄	260	240	290	260

1.4.3 粉尘云最小点火能研究现状

1.4.3.1 理论研究的历史与发展

云状粉尘的可燃性研究可追溯至 1891 年，人们首先以褐煤为实验介质，采用金属铂电极产生的电火花在 50L 玻璃制容器里尝试引燃煤粉尘云[3]。引燃成功后，人们发现电火花也可以引燃其他介质的可燃粉尘，如铝粉尘。

最小点火能这一概念是由 Lewis 和 von Elbe 在 1961 年提出的，主要是针对可燃气体电火花点火而言，他们将最小点火能与气体燃烧速度相联系，建立了最小点火能简易计算模型[53]。随着研究的不断深入，最小点火能这一概念也逐渐应用到了粉尘云电火花点火的研究中，并成为了粉尘爆炸中的一个重要特性参数。在早期测试金属粉尘爆炸特性参数的实验中，Jacobson 等系统地给出了几十种金属粉尘的爆炸特性参数，其中部分粉尘的最小点火能在表 1.13 中列出[54]。

表 1.13　金属粉尘最小点火能值

序号	金属材料	最小点火能/mJ	粉尘粒径/μm
1	铝	50	<44
2	镁	40	<74
3	钛	25	<104（94%）
4	铀	45	—
5	铁（99%Fe）	20	<53（99%）
6	锆（极细）	15	—
7	钍	5	—
8	铬	140	<44（98%）
9	锰	305	<74
10	钼	120	<44
11	锡（96%Sn）	80	<53（96%）
12	锌（97%Zn）	960	<149
13	钒（86.4%V）	60	<104
14	锑（96%Sb）	1920	<74（91%）
15	镉（98%Cd）	4000	<53（82%）
16	铝镁合金	80	<44
17	铝硅合金（12%Si）	60	<44（93%）
18	铝镍合金（42%Ni）	80	<44（85%）
19	铝锂合金（15%Li）	140	<149
20	铝钴合金（40%Co）	100	<44（89%）
21	铝铜合金（50%Cu）	100	<44
22	铝铁合金（50%Fe）	720	<44（80%）
23	铁硅合金（88%Si）	400	<44（92%）
24	铁钛合金（19%Ti）	80	<74
25	铁钒合金（40.4%V）	400	<104
26	锆合金	30	<74（50%）

早期对粉尘云最小点火能的理论研究，主要通过建立简易计算模型估算[55]。模型假定如下：在半径为 r_1 的球形体积内至少有一个粉尘粒子，如果球形体积的温度在时刻 τ 超过绝热火焰温度 T_f，则粉尘云点火成功。粉尘粒子的热平衡方程如下所示：

$$\rho_p \cdot c_p \cdot V_p \cdot \left(\mathrm{d}T / \mathrm{d}t\right) = \alpha \cdot F \cdot \left(T_0 - T\right) \tag{1.5}$$

在雷诺数较小时，球形粒子与炽热气体的换热系数 α 由 Nusselt 数 $N_u = \alpha \cdot d / \lambda = 2$ 估计，最小点火能按下式估算：

$$E_{\min} = \left(4\pi D\right)^{3/2} \cdot \rho \cdot c \cdot \left[\frac{\ln 2}{12} \cdot \frac{\rho_p \cdot c_p}{\lambda}\right] \cdot T_f \cdot d_p^3 \tag{1.6}$$

上式表明最小点火能与粉尘粒子直径的立方成正比，它随着粉尘粒径的增加急剧升高。然而此模型并没有考虑粉尘通过化学反应释放的热量，忽略了点火过程中火花能量的热辐射损失以及热辐射对粉尘粒子的加热。模型中给出的最小点火能，相当于使一个粉尘粒子周围的温度上升到1000℃所需的能量。

Kurdyumov 等[56]在粉尘云电火花点火实验基础上，也给出了粉尘云电火花点火最小点火能的近似计算公式（A 为常数），如下式所示：

$$E_{\min} = AS_u^{-3.56} \tag{1.7}$$

20 世纪 80 年代以来，国内外学者建立了一系列粉尘云着火模型。Krishna 和 Berlad 在单颗粒点火模型的基础上，考虑了颗粒之间的相互影响，建立了粉尘云自点火模型[57]。模型中假设粉尘云是均匀的系统，并忽略了点火之前诱导期颗粒的反应。Gubin 和 Dik 通过描述粉尘颗粒的表面反应，并以电火花放电后形成的高温火花球作为初始条件，分别建立了颗粒和气相能量守恒方程，采用隐式差分方法和自适应网格技术，计算了颗粒和气相温度、燃尽率等参数随时间的变化情况[58]。但该模型忽略了辐射的作用，同时还忽略了电火花在放电过程中对粉尘颗粒的加热。Higuera 等在对煤粉尘云的非均相点火分析中认为，能量方程中除了热传导和对流换热外，对粉尘颗粒的点火过程来说，粉尘颗粒之间的辐射换热也是非常重要的，在一定条件下，粉尘颗粒之间的辐射换热决定了粉尘颗粒的点火过程[59]。Zhang 和 Wall 在对煤粉尘云点火的分析中认为，粉尘颗粒的点火可以同时发生颗粒的表面燃烧和挥发分的气相燃烧，并在模型分析中分别考虑了相应的极限情况。计算中分析了粉尘云的点火温度与粉尘浓度、颗粒直径大小的关系，在低粉尘浓度时，点火温度随颗粒直径的增加而减小，但在高粉尘浓度时则与颗粒直径关系很小，并认为氧浓度是决定颗粒反应机理的关键[60]。Baek 等在对密闭空间内碳颗粒群点火与爆炸的研究中考虑了粉尘颗粒内部温度不相等的情况对点火与爆炸的影响，并与颗粒内部温度相同的计算结果进行了比较。尽管颗粒内部的温度变化很小，但当颗粒直径较大时对点火延迟时间有很明显的影响，尤其是气相初始温度较低时[61]。Manju 和 Guha 对现有的一些粉尘云点火模型进行了比较分析，认为现有的这些模型都是建立在特定的反应机理基础之上的，在具体应用时都有一定的限制。对金属粉尘和无挥发分的粉尘颗粒的模拟结果与实验结果比较相符，而对含有挥发分的粉尘颗粒的模拟偏差较大，原因是大多数模型采用的都是粉尘颗粒的非均相表面反应机理[62]。

金属粉尘与有机粉尘、煤尘的着火燃烧机理不同。有机粉尘或煤粉燃烧过程可分成三部分：挥发分析出、气相混合、气相燃烧[63-66]。镁粉的热分析实验结果表明，低温时镁粉表面将发生缓慢氧化，生成具有部分钝化作用的氧化膜，当环境温度较高时，将发生颗粒熔融导致氧化膜发生破裂，使氧化反应加剧。因此，铝镁等金属粉尘不存在挥发或热解过程，通常作为离散体发生非均相的表面燃烧[67-73]。为阐明金属粉尘云的着火及爆炸机制，很多学者建立了气-粒两相理论模型，以理论与实验相结合的方法研究了镁粉、铝粉等金属粉尘云的最大爆炸压力及最大压力上升速率[74-79]、最低着火温度[80,81]、最小点火能[82]等爆炸特性参数。

与可燃气体爆炸不同，目前的可燃粉尘爆炸的理论研究主要集中于单个颗粒的燃烧特性以及可燃粉尘云在有限空间内的爆炸发展过程。单个颗粒燃烧特性的研究对象一般是作为火箭推进剂的金属粉尘，以铝粉为主。但是，目前对恒温热表面、电气火花等常见点火源诱发粉尘云着火的机制研究尚不多见，尤其是针对纳米可燃粉尘云着火特性的理论研究。任纯力[83]采用 MIKE3 装置实验与理论研究了玉米淀粉、小麦粉和石松子粉等有机粉尘的最小点火能，通过确定挥发分及析出浓度等参数，研究了有机粉尘在电气火花作用条件下的着火及火焰传播过程。由于火花放电过程短至微秒量级，现有实验测试手段很难捕捉火花放电瞬间空间温度场分布，故该模型为从理论上获得瞬间火源作用下的粉尘云着火过程提供了一条实现途径。尽管如此，现有理论研究仍有待于进一步深入，目前虽通过理论计算可以获得不同火花持续时间、湍流和火花能量密度下的最小点火能，但需要量化分析各因素导致最小点火能发生改变的根本原因，即火花空间温度场的变化。

本书第 5 章中将建立电火花作用下粉尘云温度分布理论模型并与 MIEIII装置中的实验结果进行验证。该理论优点在于从影响粉尘云最小点火能的核心因素火花温度场入手，分析了放电火花能量、持续时间、尺寸、湍流度等敏感因素对粉尘云温度分布的影响规律，弥补了目前实验手段无法测试放电瞬间短至微秒量级火花能量的缺陷。该点火能量模型得到的微米粒径对最小点火能的影响规律与现有 Kalkert & Schecker 理论一致，并将该规律性扩充到纳米尺度。

1.4.3.2 微米尺度到纳米尺度

引燃粉尘云的火花类型多种多样，其性质各不相同。Gibson 和 Lloyd 引入了等效能量 E_{eq} 的概念，并用等效能量评估了刷形放电的点火能力，等效能量成为研究各种形式放电火花时的重要依据[84]。所谓等效能量是指：如果电火花放电的能量刚好能点燃最小点火能为 XmJ 的粉尘云，则此电火花不能够点燃最小点火能超过 XmJ 的粉尘云，并定义等效能量 $E_{eq}=X$mJ。

Glor 介绍了静电放电的六种类型，分别为火花放电（包括人体放电）、刷形放电、电晕放电、传播型刷形放电、料仓堆表面放电以及闪电放电[85]。Schwenzfeuer 和 Glor 在 2001 年用刷形放电火花成功引燃了可燃气体，却无法引燃可燃粉尘，指出放电火花的能量并不是影响粉尘云着火与否的唯一因素[86]。他们在 2005 年的进一步研究中指出粉尘颗粒对电场的影响以及刷形放电与火花放电间波形的差异，导致了在刷形放电点处粉尘云无法着火，而当刷形放电穿过粉尘云转化为火花放电时，成功引燃了粉尘云[87]。Larsen 等的研究认为，当气氛环境中缺少溶剂蒸汽时，刷形放电甚至无法引燃 MIE 极低的可燃粉尘[88]。

周本谋等[89]认为不同类型的静电放电火花点燃可燃物过程的能量耦合特性不同，即使是同类的静电放电火花，放电强度不同时能量耦合特性也有差异，下式为能量耦合效率：

$$\eta_{\infty}=\left(\frac{E_{\text{ef}}}{E_{\text{eq}}}\right)\cdot 100\% \tag{1.8}$$

式中，E_{eq} 是放电等效能量；E_{ef} 是放电有效点燃能量，即放电火花能量中通过耦合可被可燃物吸收用于点火的能量。同时定义静电放电火花点燃某种条件下的可燃物所需的最小静电火花能量为 E_{ig}，当静电放电火花点燃所在空间的可燃物时，$E_{\text{eq}} \geqslant E_{\text{ef}} \geqslant E_{\text{ig}}$，并给出了不同静电火花引燃可燃物的能力。

Choi 等[90]研究了电晕放电对喷涂粉尘最小点火能的影响，分析了静电粉体喷涂工艺中出现的聚丙烯腈（polyacrylonitrile，PAN）、聚甲基丙烯酸甲酯（polymeric methyl methacrylate，PMMA）和聚酰胺（polyamide，PA）三种粉尘，当粉体带正电荷或负电荷时，其构成的粉尘云最小点火能值明显小于不带电颗粒。研究表明，高压喷漆枪造成的电晕放电通过改善喷涂粉尘分散状况和放电火花特性，显著降低了被测粉尘的最小点火能，在实际生产中需引起重视。

Eckhoff 和 Randeberg[91]在 2005 年发现了实际生产中另一种可能出现的静电火花放电。首先火花间隙两端通过摩擦起电缓慢地积累电荷，使其电压达到低于空气击穿电压的某一值，随后可燃性粉尘意外地进入这一间隙扰乱原本的电场分布并导致火花放电的出现，即高压电极间隙间分布的粉尘颗粒可以诱发火花击穿间隙，并作为点火源引起粉尘爆炸。在 2006 年，他们用一对 2mm 钨电极，在 8mm 电极间隙下测出 750g/m^3 的不同粉尘，其自身诱发火花的电压如表 1.14 所示。在较低电压下，粗颗粒比细颗粒更容易形成火花，绝缘颗粒比导电颗粒更容易形成火花[92]。

表 1.14　不同粉尘对应的稳定触发电压

粉尘种类	稳定触发电压/kV
纯空气（无粉尘）	13.0
石松粉	7.5
镁（粗粒级）	7.5
聚甲基丙烯酸甲酯（粗粒级）	8.0
聚甲基丙烯酸甲酯（细粒级）	8.5
玉米淀粉	8.5
烟酰胺	8.5
铝	9.0
铜	9.0
烟酸	9.5
煤	10.0
面粉	10.0
硫黄	10.0
硅（粗粒级）	10.0
硅（细粒级）	11.0

通过与传统最小点火能测试方法所得的数据进行比较，发现由粉尘云自身诱

发的火花作点火源时，由于粉尘分布及湍流无法控制在最佳状态，所得最小点火能较大，着火概率较小。Eckhoff 和 Randeberg[93]在 2007 年的研究中指出，对于某些极度易着火粉尘，即使粉尘分布、放电时间等敏感因素不在最佳状态，其最小点火能值仍小于 1mJ。电容为 10pF 时，几千伏的电压产生的能量就能击穿 1mm 的狭窄间隙，由 $\frac{1}{2}CU^2$ 估算出的火花能量不到 1mJ，但仍有可能引发某些粉尘的爆炸。此外，一些黏着性强的细小金属粉尘能吸附在机械设备表面形成导电粉层，有效覆盖设备不接地部分并防止静电火花的出现，因此，与不导电粉尘相比，导电的低最小点火能粉尘被其自身诱发的静电火花引燃的概率较低。

2007 年，Nifuku 等[94]研究了粉尘粒径对其最小点火能的影响，分别以微米铝粉及镁粉作为实验介质，以镁粉的最小点火能数据为基础，作出颗粒粒径与最小点火能之间的关系曲线，如图 1.22 所示，并得出经验公式：

$$E_{\mathrm{ig}} = ad_{\mathrm{ps}}^2 + bd_{\mathrm{ps}} + c \tag{1.9}$$

式中，E_{ig} 为最小点火能（mJ）；d_{ps} 为粉尘粒径（μm）；参数 a 约为 0.0089；参数 b 约为 0.0543；参数 c 约为 0.3482。

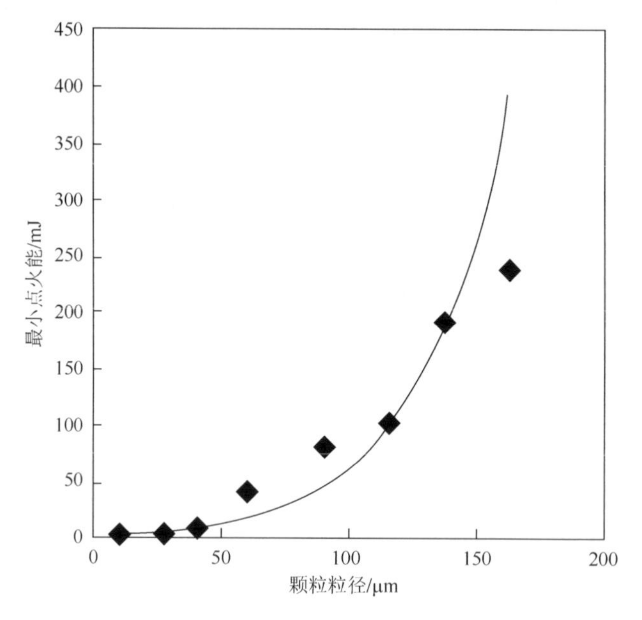

图 1.22　微米镁粉粒径与最小点火能间关系

近年来，随着纳米技术在粉体加工行业的进一步发展，越来越多的学者致力于研究纳米级粉尘颗粒的最小点火能。Wu 等[95-97]、Bernard 等[98]、Boilard 等[99]和 Mittal[100]先后对微米及纳米钛、铁、铝、镁等金属粉尘进行了实验，结果归纳在表 1.15 中。

表 1.15 部分微米及纳米金属粉尘最小点火能实验结果

粉尘种类	平均粒径	最小点火能/mJ
钛	35nm	<1
	75nm	<1
	100nm	<1
	3μm	<1
	<45μm	1～3
铁	15nm	<1
	35nm	<1
	65nm	<1
	150μm	>1000
铝	35nm	<1
	100nm	<1
	10μm	9.7
	17μm	27.6
	40μm	59.7
镁	30nm	<1
	50nm	<1
	100nm	<1
	150nm	1
	200nm	1
	400nm	1
	1μm	2
	10μm	3
	22μm	4
	38μm	10
	74μm	50
	125μm	120

传统的最小点火能测试系统（如瑞士 MIKE3）能够产生的最小火花能量值为 1mJ，当被测粉尘被 1mJ 的电火花点燃时，只能得出其最小点火能小于 1mJ。基于这一现状，Randeberg 等[101,102]改进了火花放电回路，使其能提供的火花能量在 0.012～7mJ 范围内，并用这套装置对一系列极易着火的粉尘进行了测试。实验中，电极间距为 4mm 或 2mm，以获得最佳粉尘云着火的条件，部分实验结果如表 1.16 所示。

表 1.16 Randeberg 等的实验装置与 MIKE3 装置最小点火能值对比

粉尘种类	最小点火能/mJ（Randeberg 等）	最小点火能/mJ（MIKE3）
钛（E 级）	<0.012	10
钛（S 级）	0.36	<200
氢化锆	0.13	—
氢化钛	0.19	—

续表

粉尘种类	最小点火能/mJ（Randeberg 等）	最小点火能/mJ（MIKE3）
硫黄	<0.043	0.01 0.3
铝片	<0.018	0.1 1

Olsen 等[103]在 Randeberg 等实验装置的基础上进行了改进，解决了一部分微小能量的意外释放问题，通过 200 组实验得出丙烷-空气混合物的最小点火能为 0.36mJ，为进一步精确测量最小点火能小于 1mJ 的粉尘打下了基础。

已知的纳米金属粉尘最小点火能极小，Eckhoff[104]在 2012 年回答了纳米粉尘爆炸危险性是否远超微米粉尘这一问题。由于纳米粉尘颗粒间存在较强的范德瓦尔斯力、静电力及流体间内力，纳米粉尘很难良好地分布在空间内，而且纳米颗粒间的聚合极快，仅 1s 就能凝聚成大于初始粒径的团块。然而，即便如此，某些纳米金属粉尘或有机粉尘的最小点火能远小于同材质的微米颗粒，原因可能是放电火花等离子体温度远高于粉尘燃烧火焰温度，火花通道附近的凝聚团块受热重新分散为初始粒径的纳米颗粒，造成火花附近出现一个分布良好极易点燃的粉尘区，这部分粉尘着火后引燃了剩余部分的粉尘，造成该纳米粉尘最小点火能远小于 1mJ。

1.4.3.3　可燃粉尘的混合与惰化

Azhagurajan 等[105]对烟火行业混合闪光粉的最小点火能进行了研究，所测闪光粉由硝酸钾、硫黄和铝粉按不同比例混合，平均粒径为 75μm 的闪光粉以 50%硝酸钾、20%硫黄、30%铝粉组合时，其最小点火能值最小，为 26.7mJ。用纳米（367nm）闪光粉按不同比例与微米（75μm）粉尘混合，其最小点火能值随着纳米粉尘比例的增加而降低，由最初的 89.2mJ 降至 19.8mJ，可见最小点火能受粉尘云中较细颗粒的影响较大。

Khalil[106]分析了氢制品运输过程中粉尘爆炸的危险性，向氢硼化锂中加入二氢化镁颗粒，发现以 $2LiBH_4+MgH_2$ 比例混合大大增加了混合粉尘在空气中的爆炸威力。不同粒径混合物的最小点火能列于表 1.17 中。

表 1.17　不同粒径 $2LiBH_4+MgH_2$ 混合物的最小点火能

粒径/ μm	最小点火能/mJ
75	<9.2
75～150	22<最小点火能<47
420	20

Hosseinzadeh 等[107]研究了不同可燃粉尘混合物的最小点火能，对微米范围内

的煤粉、可可粉、烟酸、石松粉、锆粉及橡木粉两两混合，这些纯粉尘的最小点火能从小于1mJ到大于1000mJ，相差较大。实验发现，可燃粉尘混合物的最小点火能很大程度上取决于其中高度易燃粉尘的比例，当固体-固体混合物中加入最小点火能较小的粉尘时，混合物最小点火能值大大降低。例如，向橡木粉尘（d_{50}=62.9μm）中加入金属锆粉尘（d_{50}=43.0μm），当锆粉体积分数仅为1%时（锆粉密度为橡木粉的10倍），混合物最小点火能由42mJ下降至19mJ[107]。

关于可燃固体-气体混合物的最小点火能，Britton[108]给出了下述模型公式：

$$\mathrm{MIE}_{\mathrm{mixture}}=\exp\left[\ln\left(\mathrm{MIE}_{\mathrm{dust}}\right)-\left(\frac{c}{c_0}\right)\cdot\ln\left(\frac{\mathrm{MIE}_{\mathrm{dust}}}{\mathrm{MIE}_{\mathrm{gas}}}\right)\right] \tag{1.10}$$

式中，c为气体体积分数(%)；c_0为气体点火能最小值对应的体积分数(%)；$\mathrm{MIE}_{\mathrm{dust}}$与$\mathrm{MIE}_{\mathrm{gas}}$分别为混合前粉尘与气体的最小点火能。

Khalili等[109]、Dufaud等[110]在2012年分别研究了可燃粉尘与气体、可燃粉尘与粉尘混合物的最小点火能。当混入可燃气体/蒸汽的体积分数达到1%，气粉混合物的最小点火能显著下降。当混入着火敏感性较高的粉尘体积分数占固体粉尘混合物的5%～10%时，混合物最小点火能下降，着火敏感性大大提升，基于实验数据构建的固体-气体、固体-固体混合物MIE模型如下所示。

粉尘-气体混合物模型为

$$\mathrm{MIE}_{\mathrm{mixture}}=\mathrm{MIE}_{\mathrm{gas}}+\left(\mathrm{MIE}_{\mathrm{dust}}-\mathrm{MIE}_{\mathrm{gas}}\right)\cdot\left(\frac{D_{c\text{-hybird}}^3-D_{c\text{-G}}^3}{D_{c\text{-D}}^3-D_{c\text{-G}}^3}\right) \tag{1.11}$$

式中，$\mathrm{MIE}_{\mathrm{mixture}}$为混合物的最小点火能；$\mathrm{MIE}_{\mathrm{dust}}$与$\mathrm{MIE}_{\mathrm{gas}}$分别为纯粉尘与气体的最小点火能；$D_{c\text{-G}}$、$D_{c\text{-D}}$和$D_{c\text{-hybird}}$分别为纯气体、纯粉尘和气粉混合物点火核心区域的直径。

以硫黄和微晶纤维素（microcrystalline cellulose，MCC）为例的粉尘-粉尘混合物模型为

$$\frac{1}{\mathrm{MIE}_{\mathrm{mixture}}}=\frac{C_s}{\mathrm{MIE}_{\mathrm{S}}}\frac{\left(1-C_s\right)}{\mathrm{MIE}_{\mathrm{MCC}}} \tag{1.12}$$

式中，C_s为硫黄的体积分数；$\mathrm{MIE}_{\mathrm{S}}$与$\mathrm{MIE}_{\mathrm{MCC}}$分别为硫黄与微晶纤维素粉尘的最小点火能。

Addai等[111]研究了8种可燃粉尘（淀粉、小麦粉、蛋白质、聚丙烯、葡萄糖、木炭、泥煤和褐煤）与两种可燃气体（甲烷和丙烷）两两组成的固体-气体混合物的最小点火能。实验发现，当向粉尘云气氛环境中加入少部分可燃气体时（小于可燃气体爆炸下限浓度），其最小点火能显著下降，爆炸概率上升。以聚丙烯粉尘为例，当气氛中加入体积分数为1%的丙烷时（低于其爆炸下限浓度），粉尘云最

小点火能从 116mJ 下降至 5mJ。通过模型模拟与实验数据比对，得出混合物的最小点火能的经验公式如下：

$$\mathrm{MIE}_{\mathrm{miature}}=\frac{\left(\mathrm{MIE}_{\mathrm{dust}}\right)}{\left(\mathrm{MIE}_{\mathrm{dust}}/\mathrm{MIE}_{\mathrm{gas}}\right)^{c/c_0}} \tag{1.13}$$

式中，c 为气体体积分数(%)；c_0 为气体点火能最小值对应的体积分数(%)；$\mathrm{MIE}_{\mathrm{dust}}$ 与 $\mathrm{MIE}_{\mathrm{gas}}$ 分别为纯粉尘与气体的最小点火能。

Amyotte[112]通过实验证实了固体惰化粉末可以有效降低可燃粉尘发生粉尘爆炸的概率。2016 年，Addai 等[113]研究了 6 种可燃粉尘（褐煤、石松粉、调色粉、烟酸、玉米淀粉和高密度聚乙烯）在 3 种惰化粉末（氧化镁、硫酸铵和沙粒）的作用下，其最小点火能的变化，结果如表 1.18 所示。Miao 等[114]研究了 6 种金属合金与两种纯金属粉尘（铝、镁）在固体碳酸钙粉末惰化下的最小点火能，实验结果如表 1.19 所示。

表 1.18　粉末惰化剂对可燃粉尘 MIE 的影响

粉尘种类	d_{50}/μm	惰化介质及质量分数/%	MIE/mJ
褐煤	95	无惰化	<10
		氧化镁，60	900～1000
		硫酸铵，60	700～800
		沙粒，70	700～800
石松粉	31	无惰化	<10
		氧化镁，60	>1000
		硫酸铵，70	800～900
		沙粒，80	900～1000
调色粉	13	无惰化	5～6
		氧化镁，80	>1000
		硫酸铵，80	1000
		沙粒，80	700～800
烟酸	28	无惰化	30
		氧化镁，60	>1000
		硫酸铵，60	>1000
		沙粒，70	700～800
玉米淀粉	29	无惰化	<10
		氧化镁，70	>1000
		硫酸铵，80	>1000
		沙粒，80	800～900
高密度聚乙烯	54	无惰化	20～25
		氧化镁，60	800～900
		硫酸铵，70	800～900
		沙粒，80	700～800

表 1.19　碳酸钙粉末对金属粉尘 MIE 的影响

粉尘种类	d_{50}/μm	碳酸钙质量分数/%	MIE/mJ
铝合金（87.91%Al）	16.3	0	90～100
		75	800～900
铁合金（91.75%Fe）	16.9	0	180～200
		50	>1000
铝合金（81.51%Al）	46.3	0	250～300
		75	>1000
铁铝合金（59.57%Fe，27.91%Al）	19.2	0	140～160
		75	>1000
铝合金（89.86%Al）	43.2	0	300～350
		75	>1000
铝镁合金（45.17%Al，26.64%Mg）	20.2	0	45～50
		75	250～300
铝粉	6.0	0	16～18
		75	120～140
镁粉	12.3	0	10～12
		75	90～100

工业中使用的固体惰化技术其惰化用粉尘质量百分比通常为 50%～80%，然而对于部分极易着火的金属粉尘，惰化程度达 90%时，其 MIE 仍处于较低的范围，本书第 5 章中将给出纳米二氧化钛粉末加入微米、纳米钛粉时的惰化效果。

除了粉末惰化技术外，Choi 等[115-117]研究了不同粉尘在氮气（N_2）惰化作用下最小点火能的变化。所测粉尘有石松粉、调色粉、两种聚合粉尘（聚酯、环氧基树脂）、铝粉和煤粉，实验结果归纳于表 1.20。

表 1.20　不同 N_2 浓度下粉尘的最小点火能值

粉尘种类	d_{50}/ μm	最小点火能/mJ										
		79%	81%	83%	84%	85%	87%	89%	90%	95%	97%	98%
石松粉	31	12	12	82	250	>1000	—	—	—	—	—	—
调色粉	8	1.3	7	55	810	>1000	—	—	—	—	—	—
聚酯	40	5	60	350	>1000	—	—	—	—	—	—	—
环氧基树脂	36	5	22	200	700	—	—	—	—	—	—	—
铝粉	8.53	5	<10	<10	<30	<30	<30	<30	>1000	—	—	—
镁粉	28.1	4	<10	<10	<10	<10	<10	<10	<10	17	200	>1000

由实验得出，在惰化 4 种非金属粉尘时，氮气浓度达 84%就可有效防止静电火花引起粉尘爆炸，而金属粉尘的惰化程度超过某一数值后，其最小点火能出现陡升，用氮气有效惰化铝粉和镁粉所需的浓度分别为 90%与 98%。

1.4.4　粉尘云最大爆炸压力、最大压力上升速率研究现状

1.4.4.1　实验研究

现以镁粉为例，根据现行最大爆炸压力及最大压力上升速率（称这两项为猛

度参数）测试标准，在空气条件下所进行的粉尘云猛度参数的实验研究结果如表 1.21 所示。可以看出，Eckhoff 和 Zhong 仅研究了个别粒径对爆炸猛度参数的影响。2006 年，田甜[118]系统地研究了粒径、粉尘浓度对镁粉猛度参数影响。实验采用的测试装置是 1.2L 哈特曼管。由于 1.2L 哈特曼管内粉尘的分散性差[119]，与国际标准推荐的 20L 球形爆炸测试装置的实验结果相差较大[120-122]，因此其实验结果在进行工业爆炸防护设计时使用价值有限。20L 球形爆炸测试装置内的研究结果表明镁粉的爆炸剧烈程度远高于煤尘，当被反射激波引爆时，镁粉尘云的爆燃可转变为爆轰。粉尘粒径越小爆炸越猛烈，着火敏感性越高。

表 1.21　镁粉的爆炸特性数据

d_{50}/μm	最大爆炸压力/MPa	爆炸指数/（MPa·m/s）	作者及文献
28[1#]	1.75	50.8	Eckhoff[3]
240[2#]	0.7	1.2	
12	0.91	44.53	Zhong 等[123]

注：1#，32μm 以下占 70%，71μm 以下占 100%；2#，500μm 以下占 99%，125μm 以下占 1%

与空气条件下相比，惰化条件下镁粉猛度参数的针对性研究可分为两种。一种以固体介质进行惰化，如 Mintz 等[124]以 MgO 为惰化剂，研究了铝镁合金粉（50%Al，50%Mg）在不同惰化程度下的最低可爆浓度和极限氧浓度。结果表明，当合金粉中 MgO 浓度达到 75%以上时就不会发生爆炸。KCl 或 $CaCO_3$ 等惰性介质也可以抑制镁粉爆炸，且 $CaCO_3$ 惰化效率高于 KCl。此种形式的惰化主要问题有两个：第一个问题是固体惰化影响被惰化物质的品位[124]；另一个问题是惰化介质较难准确选择，因为有些惰性粉料的加入容易增加粉尘的分散度，反而加速了爆炸的形成，如二氧化硅[125]。另一种采用气相介质惰化，如林荷梅等[126]提出采用氮气惰化镁粉尘云，并指出常温条件下氧浓度处于 3%以下时，镁粉尘云内即使存在点火源也不会发生爆炸。根据一些学者的研究结果[127-131]，镁在空气中燃烧时可与氮气发生硝化反应，Eckhoff 和 Randeberg[93]、Breiter 等[42]在镁粉尘云着火方面的研究也证实了这一点。因此，现有氮气惰化方面的研究主要从预防镁粉尘云着火的角度进行的。氩气是一种常用的惰性气体。Ryzhik[45]的相关研究表明，高温常压条件下预防镁粉尘云着火时，氩气的惰化效果优于氮气。

1.4.4.2　理论研究

在实验研究的基础上，为理论分析各因素对爆炸猛度参数的影响，很多学者对密闭容器内爆炸压力的发展过程进行了详细的研究。国内学者赵衡阳[132]介绍等温模型、绝热模型和一般模型。三个模型所对应的密闭容器中爆炸压力发展的表达式分别如下所示。等温爆炸模型、绝热爆炸模型计算值与实验值的对比结果如

图 1.23（a）所示，一般模型对氢气-氧气混合物的计算结果如图 1.23（b）所示。

等温模型：

$$\frac{\mathrm{d}P}{\mathrm{d}t}=\frac{3\alpha K_r P_m^{2/3}}{aP_0}\left(P_m-P_0\right)^{1/3}\left(1-\frac{P_0}{P}\right)^{2/3}P \tag{1.14}$$

绝热爆炸模型：

$$\frac{\mathrm{d}P}{\mathrm{d}t}=\frac{\gamma\alpha K_r S P_r^{\beta} P_m^{2\gamma/3}}{VP_0^{(2-1/\gamma)}}\left(P_m^{1/\gamma}-P_0^{1/\gamma}\right)^{1/3}\left(1-\left(\frac{P_0}{P}\right)^{1/\gamma}\right)^{2/3}P^{3-2/\gamma-\beta} \tag{1.15}$$

一般模型：

$$1-\lambda=\frac{\overline{P}_f-\overline{P}}{\gamma_u-\left[\left(\gamma_b-1\right)q-\frac{\gamma_u-\gamma_b}{\gamma_u\left(\gamma_u-1\right)}\right]\overline{P}^{(1-1/\gamma_u)}} \tag{1.16}$$

式中，$q=\frac{Q}{C_0^2}$，C_0 为初始声速，Q 为定压燃烧过程中单位质量可燃物燃烧释放的热。

$$\frac{\mathrm{d}\lambda}{\mathrm{d}t}=4\pi\left(\frac{R_0}{R_f}\right)^2\frac{S}{R_0}\overline{P}^{1/\gamma_u} \tag{1.17}$$

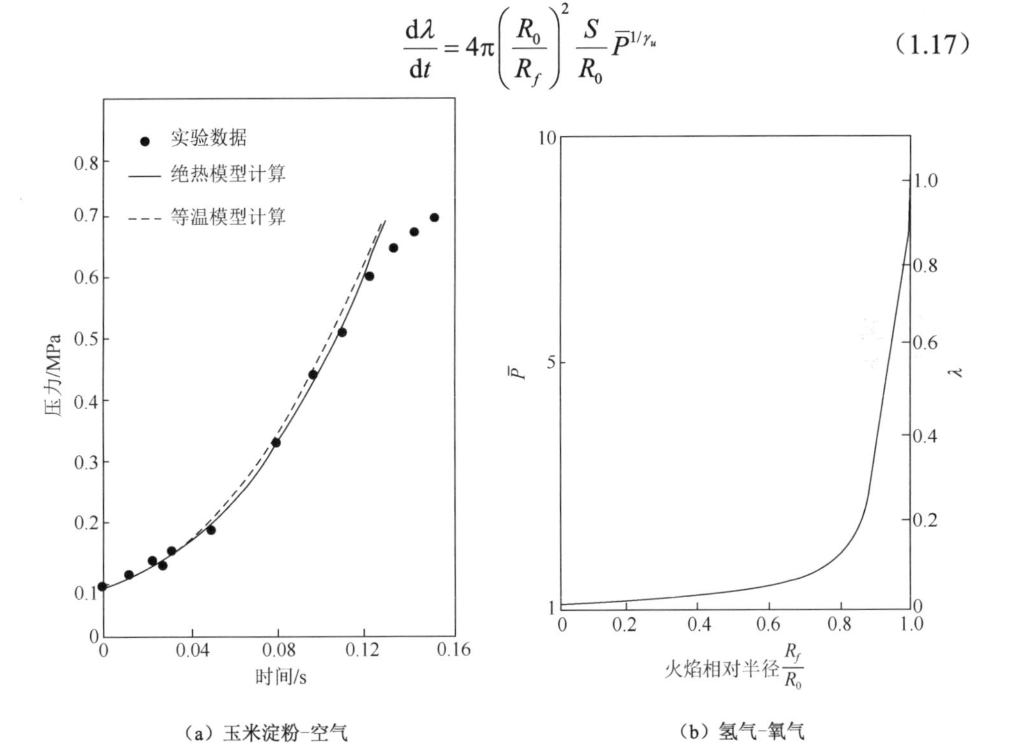

图 1.23 混合物的爆炸压力发展过程

国外此类的研究相对较早，1976 年，Bradley 和 Mitcheson 提出了球形密闭容器中爆炸压力发展过程的三个理论模型，即简化分析模型、无量纲通用模型和计算机数值计算模型[133]。简化分析模型和无量纲通用模型如式（1.18）和式（1.19）所示。数值计算模型没有明确的解析表达式，其将整个燃烧过程视为由 n 层等质量微元的逐层燃烧叠加而成。计算时，每层迭代结束的条件由体积守恒进行确定，当容器内未燃混合物燃烧完毕，整个计算过程结束。1992 年，王淑兰等利用该数值模型对烃类气体的最大爆炸压力进行了计算[134]。

简化分析模型：

$$\frac{\mathrm{d}P}{\mathrm{d}t}=\frac{3S_u\rho_u}{R\rho_0}(P_e-P_0)\left[1-\left(\frac{P_0}{P}\right)^{1/\gamma_u}\frac{P_e-P}{P_e-P_0}\right] \tag{1.18}$$

无量纲通用模型：

$$\frac{\mathrm{d}\bar{P}}{\mathrm{d}t}=\frac{3S_u}{S_m}(1-\bar{P}_0)\cdot\left(\frac{\bar{P}}{\bar{P}_0}\right)^{1/\gamma_u}\left[1-\frac{1-\bar{P}}{1-\bar{P}_0}\left(\frac{\bar{P}_0}{\bar{P}}\right)^{1/\gamma_u}\right]^{2/3} \tag{1.19}$$

根据 Bradley 和 Mitcheson 所提出的三种模型，密闭容器内甲烷-空气混合物的爆炸压力发展过程计算结果如图 1.24 所示。

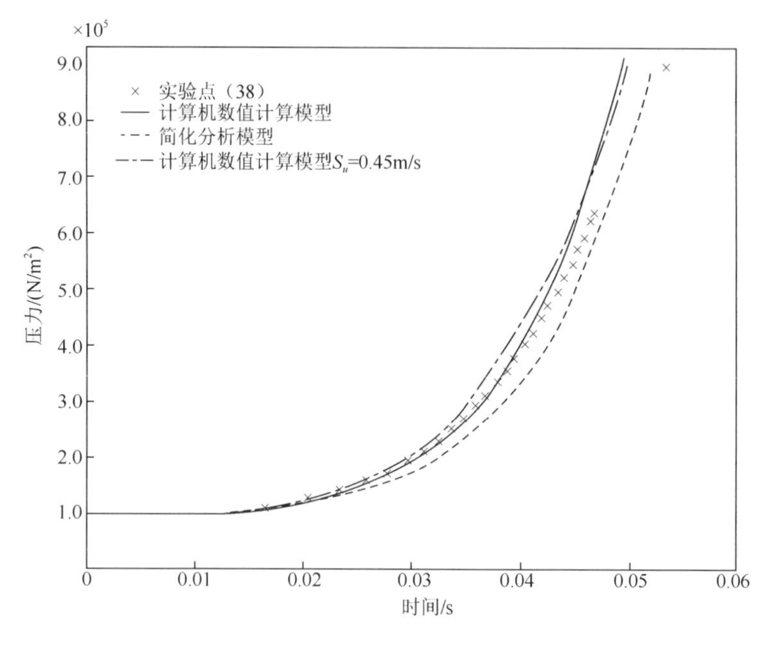

图 1.24　当量混合甲烷-空气混合物的爆炸压力发展过程

由图 1.23 和图 1.24 可以看出，上述两者计算模型得出的理论爆炸压力均随着

时间单调增加，且增加速度越来越快，即 $\frac{\mathrm{d}p}{\mathrm{d}t}>0$ ，且 $\frac{\mathrm{d}^2p}{\mathrm{d}t^2}>0$ 。对于大多数可燃粉尘-气体在密闭容器中的爆炸过程而言，实际的爆炸压力发展曲线如图 1.25 所示。在爆炸压力发展至最大压力的过程中，压力上升的曲线在某一时刻 t' 存在一个拐点， $\left.\frac{\mathrm{d}^2p}{\mathrm{d}t^2}\right|_{t=t'}=0$ 。主要原因是爆炸过程中存在火焰厚度，且火焰厚度与爆炸容器特征尺寸之比越大，这种特征越明显。

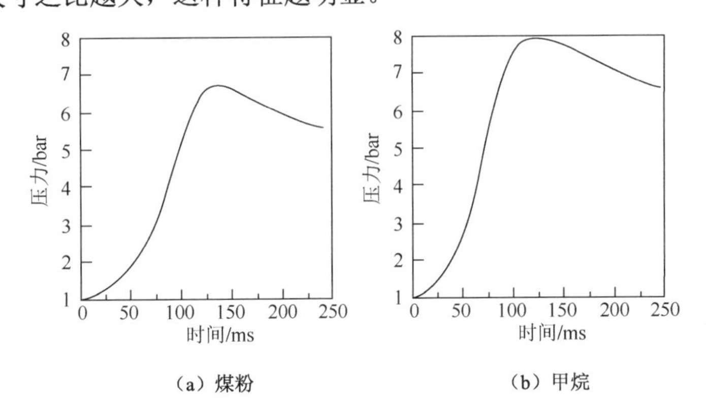

图 1.25 可燃粉尘与可燃气体爆炸压力发展曲线

前述模型仅考虑了爆炸过程中的燃烧速度，而忽略了火焰厚度，将其假设为零。1996 年，Dahoe 等[135]综合考虑燃烧速度和火焰厚度的影响，提出了爆炸压力发展的 3 区结构模型，如式（1.20）所示。根据火焰厚度是否大于爆炸容器半径以及火焰区前锋位置，式（1.20）可表示为 6 种形式，具体不再阐述。

$$\frac{\mathrm{d}P}{\mathrm{d}t}=-\frac{\left(P_e-P_0\right)\left(\frac{P}{P_0}\right)^{\frac{1}{\gamma}}}{V_{\text{vessel}}\left[1+\frac{1}{\gamma}\frac{P_e-P}{P}\right]}\left(\int_{r_{\text{rear}}}^{r_{\text{front}}}4\pi r^2\frac{\partial f}{\partial r}\frac{\mathrm{d}r}{\mathrm{d}t}\mathrm{d}r+\left[4\pi r^2 f\left(r\right)\left(v_s\cdot n\right)\right]_{r=r_{\text{rear}}}^{r=r_{\text{front}}}\right) \tag{1.20}$$

虽然 Dahoe 等的理论模型可以反映爆炸过程的特征，但在计算时需要首先确定燃烧速度、火焰厚度和最大爆炸压力。在爆炸过程中燃烧速度和火焰厚度是不断变化的，且在具体实验条件下确定适当的燃烧速度和火焰厚度是非常困难的。对于镁粉与空气的反应而言，根据文献[132]在利用盖斯定律确定最大爆炸压力时也会遇到问题。根据下式：

$$\mathrm{Mg(s)}+\frac{1}{2}\mathrm{O_2(g)}=\mathrm{MgO(s)}\quad \Delta H=-603.54\mathrm{kJ/mol} \tag{1.21}$$

当镁粉与氧气以当量比混合时，在燃烧区内反应虽然放出了大量的热用于加热反应产物，但由于反应产物氧化镁在较高的温度下为固态，熔点高达 2852℃且具有较高的稳定性，在逐层计算时很难获得与实验吻合的最大爆炸压力。因此，采用 Dahoe 等的理论模型计算 20L 球形爆炸测试装置内镁粉尘云的爆炸过程非常困难。徐丰等[136]、范宝春等[76]、丁大玉等[78,137]采用 CFD 软件数值模拟煤粉、铝粉在球形爆炸测试装置内爆炸压力的发展过程，计算时指定了恒定的湍流均方根速度和特征长度。在实际爆炸过程中，湍流相关参数的具体量化关系是很难确定的，且与测试条件有关。理论计算时需要根据实验数据确定恰当的湍流参数。

目前，已有大型的计算软件 DESC 用于模拟复杂容器内的粉尘爆炸过程。计算需要输入的参数都是根据 20L 球形爆炸测试装置爆炸曲线获得的[138-142]。例如，Dahoe 等采用 3 区结构模型计算大型容器内的爆炸过程时，利用 20L 球形爆炸测试装置内的爆炸曲线，采用 Levenberg-Marquardt 方法，拟合得到浓度为 $500g/m^3$ 的玉米淀粉与空气混合物，在标准状态下的燃烧速度为 3.06m/s，爆炸时火焰厚度为 41.2mm。

也就是说，CFD 数值模拟方法计算密闭内爆炸压力的发展过程，是根据 20L 球形爆炸测试装置的爆炸发展曲线，通过拟合得到计算需要的燃烧速度、火焰厚度和最大爆炸压力进行的，而不是直接用于解释 20L 球形爆炸测试装置内的爆炸压力发展过程。

鉴于这种情况，2005 年，Calle 等[143]提出了一种反应动力学模型，可直接用于解释 20L 球形爆炸测试装置内爆炸压力的发展过程。该模型以纤维素粉为例，成功地分析了 20L 球形爆炸测试装置内粉尘粒径和浓度对爆炸猛度参数的影响。与前述模型不同的是，该计算模型不需要事先指定较难量化的燃烧速度、最大爆炸压力和火焰厚度，而是认为影响爆炸压力发展过程最本质的因素是可燃混合物的化学反应速率。根据化学反应动力学理论，燃烧速率或者火焰厚度的不同都是化学反应快慢的反映。不过，该模型对于其他粉体介质的应用效果有待于进一步确认，同时模型本身仍有很多有待完善的地方，具体如下：

（1）没有考虑爆炸过程中器壁的散热和湍流的影响。

（2）没有考虑多种反应同步发生时，密闭容器内爆炸压力的发展过程，无法直接用于计算空气及惰化条件下镁粉尘云在 20L 球形爆炸测试装置内的爆炸过程。

（3）仅考虑了各因素对最大爆炸压力的影响，而没有考虑对最大压力上升速率的影响。

1.4.5 纳米金属粉体燃爆特性的研究现状

纳米可燃粉体是 20 世纪 90 年代出现的新兴粉体材料[144]。所谓纳米是一个长度计量单位，一纳米相当于十亿分之一米。当物质颗粒小到纳米量级即成为纳米材料后，其性质便会产生突变，出现一系列奇特的效应，如表面效应、体积效应、量子尺寸效应和宏观量子隧道效应等，具有迥异于常规块状材料的电学、磁学、光学、热学、化学或力学性能[145]。目前，纳米技术的应用已渗透到人类生产生活的各个领域，催生出很多新的产品和高技术产业。2007～2008年，仅碳纳米管一种纳米产品的市场总额就高达5.4亿美元/年[146]。因此，纳米技术是一项具有广阔应用领域和产业化前景的重要技术，不仅能大大推动现代科技的进步，也会像微电子技术一样引发新一轮产业革命，带来纳米经济发展的新时代。

然而，纳米科技是把“双刃剑”，纳米粉体本身也存在很多环境和安全问题[147]。现有研究表明：纳米粉体比同材质的微米粉体有更高的火灾爆炸危险性。以金属铝为例，微米颗粒熔点约933K，着火温度约1600K，加工至1nm后，其熔点可低至400K，着火温度低至900K[148-150]。

目前人们对纳米金属粉尘爆炸危险性的认识还不深入，相关研究尚处于起步阶段，如欧盟“NANOSAFE”关于纳米粉体安全性的相关研究目前仍处于起步阶段[151-153]。中国很多学者也对纳米金属粉体的燃爆特性开展了初步研究。有学者采用20L球形爆炸测试装置对纳米铝粉的爆炸猛度参数进行了研究[154-156]，研究得出粉尘浓度在0.5kg/m^{3}以下时，爆炸压力随粉尘浓度的增加逐渐趋向最大值，并在一定范围内趋于稳定；当浓度超过1.25kg/m^{3}以后，最大爆炸压力随粉尘浓度的增加而减小。最大压力上升速率、最大爆炸压力随粉尘浓度的变化规律与微米铝粉相似，但达到最大爆炸压力及最大压力上升速率时的粉尘浓度明显低于微米铝粉。国外对纳米金属燃爆特性的研究相对系统全面。根据2010年英国健康与安全实验室（Health & Safety Laboratory，HSL）对纳米粉体燃爆特性的研究进展报告，纳米金属在20L球形爆炸测试装置内喷吹时存在预着火现象，该实验室自行研制了图1.26所示的2L爆炸装置预防实验时的喷吹着火，实验结果如表1.22所示。根据爆炸压力发展曲线（图1.27），在该装置内进行爆炸猛度参数测试时，没有发生喷吹着火现象。研究结果表明：并非所有的纳米金属粉体均有着较高的爆炸猛度，纳米铁粉、纳米铜粉的爆炸猛度低于纳米碳纤维[157,158]。在MIKE3装置中，纳米粉体最小点火能的测试结果如表1.23所示，纳米碳纤维的最小点火能较高，大于1000mJ，而纳米金属铝粉、纳米铁粉的最小点火能则低于1mJ。表1.24列出的Wu等对微纳米钛粉和铁粉最小点火能的测试验证了上述实验结果，并得到微米钛粉的最小点火能比纳米钛粉高的结论[159]。纳米铝粉、纳米钛粉等金属粉尘较低的点火能量表明其对摩擦、撞击等弱点火源较为敏感[160-163]。Wu等在20L球形爆炸测试装置内进行的纳米金属气力输运实验表明：当以13.1m/s、8.5m/s、6.5m/s和3.5m/s的输运速度分别喷吹30nm钛粉、35nm铁粉、35nm铝粉时，纳米钛粉在所有输运速度下均发生了着火现象，较纳米铁粉、纳米铝粉更易遭受撞击、摩擦等弱点火源而着火[20,22,97,164]。据表1.25所示的初始粒径对纳米铝粉爆炸参数的影响规律，纳米铝粉初始粒径对极限氧浓度、最低可爆浓度、最小点火能以及猛度参数的影响不大[148-151,165]。2015年，有学者通过对比分析方法，分别实验研究了微纳米钛粉、镁粉的爆炸猛度参数，得到了与上述类似的研究结果[166,167]。鉴于纳米金属的特殊着火爆炸危险性，本书也以纳米钛粉为例，对纳米金属的燃爆特性进行了介绍。

图 1.26　2L 纳米粉体爆炸测试容器

表 1.22　2L 容器中纳米颗粒的爆炸猛度测试结果

序号	物质	p_{max}/bar	$(dp/dt)_{max}$/(bar/s)	当量 K_m/(bar·m/s)
1	纳米铝粉（210nm）	12.5	1677	449
2	纳米铝粉（100nm）	11.2	2000	536
3	纳米铁粉（25nm）	2.9	68	18
4	纳米锌粉（130nm）	5.6	377	101
5	纳米铜粉（25nm）	1.2	10	3
6	纳米碳纤维（直径 100～200nm；长度 30～100μm）	5.2	62.5	17
7	纳米碳纤维（直径 80～200nm；长度 0.5～20μm）	6.0	112	30
8	纳米碳纤维（直径 70～200nm；长度 2～5μm）	6.9	591	158
9	纳米碳纤维（直径 70～200nm；长度 2～10μm）	5.6	137	37
10	多壁碳纳米管（外径 80～200nm；内径 5～10nm；长度 10～30μm）	6.4	339	91

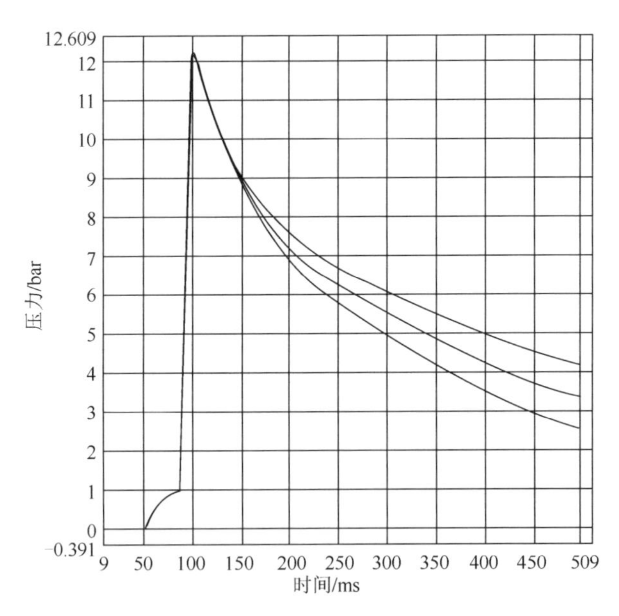

100nm 铝粉，浓度为 3000g/m³， p_{max} 为 11.2bar，$(dp/dt)_{max}$ 为 1625bar/s

图 1.27 密闭容器中爆炸压力发展曲线

表 1.23 MIKE3 中纳米粉尘的最小点火能测试结果[157]

序号	物质	最小点火能/mJ
1	纳米铝粉（100nm）	<1
2	纳米铝粉（210nm）	<1
3	纳米铁粉（25nm）	<1
4	纳米锌粉（130nm）	3～10
5	纳米铜粉（25nm）	>1000
6	碳纳米管（外径 20～30nm；内径 5～10nm；长度 10～30μm）	>1000
7	纳米碳纤维（直径 7～200nm；长度 2～5μm）	>1000

表 1.24 纳微米钛粉及铁粉的最小点火能

序号	纳米粉体	最小点火能/mJ	微米粉体	最小点火能/mJ
1	纳米钛粉（35nm）	<1	微米钛粉（3 μm）	< 1
	纳米钛粉（75nm）	<1	微米钛粉（75 μm）	21.91
	纳米钛粉（100nm）	<1	微米钛粉（100 μm）	18.73
2	纳米铁粉（15nm）	<1	微米铁粉（100 μm）	> 1000
	纳米铁粉（35nm）	<1		
	纳米铁粉（65nm）	<1		

表 1.25 纳米铝粉的爆炸特性参数

纳米铝粉/nm	最小点火能/mJ	p_{max}/MPa	$(dp/dt)_{max}$/(MPa/s)	极限氧浓度/%	最低可爆浓度/(g/m^3)
35	<1	0.79	35.14	13.5	42
100	<1	0.79	41.48	12.25	41
75	1～3	0.7	33.19	13	41

参 考 文 献

[1] Glossary of terms relating to particle technology: BS 2955:1993[S]. British Standards Institution, 1993.

[2] Explosive atmospheres-Explosion prevention and protection-Basic concepts and methodology: BS EN 1127-1: 2011[S]. British Standards Institution, 2011.

[3] Eckhoff R K. Dust Explosion Prevention in Process Industries[M]. Boston: Gulf Professional Publishing/Elsevier, 2003: 157-580.

[4] Geldart D, Abdullah E C, Hassanpour A, et al.Characterization of powder flowability using measurement of angle of repose[J]. China Particuology Science and Technology of Particles, 2006, (1): 104-107.

[5] Yuan Z, Khakzad N, Khan F, et al. Dust explosions: a threat to the process industrits [J]. Process Safty and Environment Protection, 2015, 98: 57-71.

[6] 邢丙银. 近年粉尘爆炸事件屡见不鲜, 不完全统计今年已发生 7 起[EB/OL]. (2014-8-2)[2016-9-5]. http://www.thepaper.cn/ newsDetail_forward_1259492.

[7] Bartknecht W. 爆炸过程和防护措施[M]. 向宏达译. 北京: 化学工业出版社, 1985: 15-19.

[8] 邓煦帆. 粉尘爆炸危险性分级研究[J]. 防爆电机, 1992, 14(3): 14-21.

[9] Nagy J, Verakis H C. Development and Control of Dust Explosions[M]. New York: Marcel Dekker, 1985.

[10] Eckhoff R K. Current status and expected future trends in dust explosion research[J]. Journal of Loss Prevention in the Process Industries, 2005, 18(4): 225- 237.

[11] 钟圣俊, Radandt S, 李刚, 等. 惰化设计方法及其在煤粉干燥工艺中的应用[J].东北大学学报（自然科学版）, 2007, 28(1): 118-121.

[12] Explosion Prevention System: NFPA 69—2014[S]. National Fire Protection Association, Quincy, USA, 2014.

[13] Amyotte P R, Cloney C T, Khan F I, et al. Dust explosion risk moderation for flocculent dusts[J]. Journal of Loss Prevention in the Process Industries, 2012, 25(5): 862-869.

[14] Shafirovich E, Teoh S K, Varma A. Combustion of levitated titanium particles in air[J]. Combustion and Flame, 2008, 152, 262-271.

[15] Bocanegra E. Experimental and numerical studies on the burning of aluminum micro and nanoparticle clouds in air[J]. Experimental Thermal and Fluid Science, 2010, 34(3): 299-307.

[16] Huang Y, Risha G A, Yang V, et al.Combustion of bimodal nano/micron-sized aluminum particle dust in air[J]. Proceedings of the Combustion Institute, 2009, 31(2): 2001-2009.

[17] Joseph G Team C H I. Combustible dusts: A serious industrial hazard[J]. Journal of Hazardous Materials, 2007, 142(3): 589-591.

[18] Blair A S. Dust explosion incidents and regulations in the United States[J]. Journal of Loss Prevention in the Process Industries, 2007, 20(4): 523-529.

[19] 张超光, 蒋军成, 郑志琴. 粉尘爆炸事故模式及其预防研究[J]. 中国安全科学学报, 2005, 15 (6): 47-57.

[20] Wu H C, Kuo Y C, Wang Y H, et al. Study on safe air transporting velocity of nanograde aluminum, iron, and titanium[J]. Journal of Loss Prevention in the Process Industries, 2010, 23(2): 308-311.

[21] Siwek R, Cesana C. Ignition behavior of dusts: meaning and interpretation[J]. Process Safety Progress, 1995, 14(2): 107-119.

[22] Wu H C, Wu W C, Ko Y H. Flame phenomena in nanogrinding process for titanium and iron[J]. Journal of Loss Prevention in the Process Industries, 2014, 27(27): 114-118.

[23] Ohkura Y, Rao P M, Choi I S, et al. Reducing minimum flash ignition energy of Al micro particles by addition of WO3 nano particles[J]. Applied Physics Letters, 2013,43:102-108.

[24] Beckstead M W, Puduppakkam K, Thakre P, et al. Modeling of combustion and ignition of solid-propellant ingredients[J]. Progress in Energy and Combustion Science, 2007, 33(6): 497-551.

[25] Arkhipov V A, Korotkikh A G. The influence of aluminum powder dispersity on composite solid propellants ignitability by laser radiation[J]. Combustion and Flame, 2012, 159(1): 409-415.

[26] Hickman S R, Brewster M Q. Oscillatory combustion of aluminized composite propellants[J]. Symposium on Combustion, 1996, 26(2): 2007-2015.

[27] Rychkov A D, Miloshevich H, Shokin Y, et al. Modeling of dispersion and ignition processes of finely dispersed particles of aluminum using a solid propellant gas generator[C]. 4th International Conference on Computational and Experimental Methods in Multiphase and Complex Flow, Bologna, 2007, (56): 19-28.

[28] Gany A, Caveny L H. Agglomeration and ignition mechanism of aluminum particles in solid propellants[J]. Symposium on Combustion, 1979, 17(1): 1453-1461.

[29] 王英红, 何长江, 刘林林. 固体推进剂燃烧气体摩尔数测试[J]. 固体火箭技术，2012, 35(2): 276-279.

[30] 张国涛, 周遵宁, 张同来, 等. 固体推进剂含能催化剂研究进展[J]. 固体火箭技术,2011, 34(3): 319-323.

[31] 王伟臣, 魏志军, 张峤, 等. 铝粉对固体推进剂羽流红外特性的影响[J]. 固体火箭技术, 2011, 34(3): 304-310.

[32] 庞爱民, 高能. 固体推进剂技术未来发展展望[J]. 固体火箭技术,2004, 27(4): 289-293.

[33] Karpova N E, Goncharov E P, Kochetov O A. Critical conditions for self-ignition of magnesium and zirconium powders[J]. Combustion Explosion and Shock Waves, 1986, 22(1): 15-17.

[34] Electrical apparatus for use in the presence of combustible dust—Part 1: Du layer on a heated surface at a constant temperature: IEC 61241-2-1:1994[S]. International Electrotechnical Commission, 1994: 11-23.

[35] 国家技术监督局. 粉尘层最低着火温度测定方法:GB/T 16430—1996[S]. 北京: 中国标准出版社, 1996: 06.

[36] 李刚, 钟英鹏, 苑春苗, 等. 基于着火敏感性的镁粉防爆方法研究[J]. 东北大学学报（自然科学版）, 2007, 28(12): 1775-1778.

[37] Ward T S, Trunov M A, Schoenitz M, et al. Experimental methodology and heat transfer model for identification of ignition kinetics of powdered fuels[J]. International Journal of Heat and Mass Transfer, 2006, (49): 4943-4954.

[38] Krause U, Hensel W. Hazards Arising from Electrical Devices Surrounded by Deposits of Flammable Dusts[M]. Shenyang: Northeastern University Press, 1994: 146-157.

[39] Kim H M, Hwang C C. Heating and ignition of combustible dust layers on a hot surface: influence of layer shrinkage[J]. Combustion and Flame, 1996, 105(4): 471-485.

[40] Reddy P D, Amyotte P R, Pegg M J. Effect of inert on layer ignition temperatures of coal dust[J]. Combustion and Flame. 1998, 114(1-2): 41-53.

[41] Eckhoff R K. Partial inerting—an additional degree of freedom in dust explosion protection[J]. Journal of Loss Prevention in the Process Industries, 2004, 17(3): 187-193.

[42] Breiter A L, Kashporov L Y, Mal'Tsev V M, et al. Combustion of individual aluminum-magnesium alloy particles in the flame of an oxidizer-fuel mixture[J]. Combustion Explosion and Shock Waves, 1971, 7 (2): 186-190.

[43] Ryzhik A B. Conditions of the thermal explosion of disperse magnesium in media with an insufficiency of oxidizer[J]. Combustion Explosion and Shock Waves, 1978, 14(3): 394-396.

[44] Boiko V M, Lotov V V, Papyrin A N. Ignition of gas suspensions of metallic powders in reflected shock waves[J].Combustion Explosion and Shock Waves, 1989, 25(2): 193-199.

[45] Ryzhik A B. Ignition of suspensions of aluminum-magnesium alloy powders in nitrogen-oxygen media[J]. Combustion Explosion and Shock Waves, 1978, 14 (2): 258-260.

[46] Ezhovskii G K, Ozerov E S, Roshchenya Y V. Critical conditions for the ignition of gas suspension of magnesium and zirconium powders[J]. Combustion Explosion and Shock Waves, 1979, 15(2): 194-199.

[47] Khaikin B I, Bloshenko V N, Merzhanov A G. On the ignition of metal particles[J]. Combustion Explosion and Shock Waves, 1970, 6(4): 412-422.
[48] Krause U. On the minimum ignition temperature of dust clouds[C]. Proceedings of sixth International Symposium on Hazards, Prevention and Mitigation of Industrial Explosion, Halifax, NS, Canada, 2006: 68-76.
[49] Methods for determining the minimum ignition temperatures of dust—Part 2: Dust cloud in a furnace at a constant temperature:IEC 61241-2-1:1994[S]. International Electrotechnical Commission, 1994: 11-27.
[50] 国家技术监督局. 粉尘云最低着火温度测定方法:GB/T 16429—1996[S]. 北京: 中国标准出版社, 1996: 06.
[51] 周豪, 吴长海. 高速涡流镁粉机组粉尘爆炸危险性评估[J]. 工业安全与环保, 2003, 29(2): 33-35.
[52] Nifuku M. Ignitability characteristics of aluminum and magnesium dusts relating to the shredding processes of industrial wastes[C]. Proceedings of Sixth International Symposium on Hazards, Prevention and Mitigation of Industrial Explosions, Halifax, Ns, Canada, 2006: 77-86.
[53] Lewis B, von Elbe G. Combustion, Flames and Explosions of Gases[M].New York:Academic Press,1961.
[54] Jacobson M, Cooper A R, Nagy J. Laboratory equipment and test procedures for evaluating explosibility of dusts [R]. Bureau of Mines, Washington, DC, 1960.
[55] Addai E K, Gabel D, Krause U. Explosion characteristics of three component hybrid mixtures [J]. Process Safety and Environmental Protection, 2015, (98): 72-81.
[56] Kurdyumov V, Blasco J, Sánchez A L, et al. On the calculation of the minimum ignition energy[J]. Combustion and Flame, 2004, (136): 394-397.
[57] Krishna C R, Berlad A L. A model for dust cloud autoignition[J]. Combustion and Flame, 1980, 37: 207-210.
[58] Gubin E L, Dik I G. Ignition of dust cloud by a spark[J]. Combustion Explosion and Shock Waves, 1986, 22(2):135-142.
[59] Higuera F J, Unan A, Trevina C. Heterogeneous ignition of coal dust clouds[J]. Combustion and Flame, 1989, 75(3): 325-342.
[60] Zhang D K, Wall T F. An analysis of the ignition of coal dust clouds[J]. Combustion and Flame, 1993, 924(4): 475-480.
[61] Baek S W, Ahn K Y, Kim J U. Ignition and explosion of carbon particle clouds in a confined geometry[J]. Combustion and Flame,1994,96(1-2):121-129.
[62] Manju M, Guha B K. Models for minimum ignition temperature of organic dust clouds[J]. Chemical Engineer and Technology,1997,20(1):53-62.
[63] Li G, Li C, Huang D Z, Yuan C M. Influence of coal particles on methane/air mixture ignition in a heated environment[J]. Journal of Loss Prevention in the Process Industries, 2013, 26(1): 91-95.
[64] 赵江平, 王振成. 热爆炸理论在粉尘爆炸机理研究中的应用[J].中国安全科学学报,2004,14(5):80-83.
[65] 范喜生, 李丽. 粉尘爆炸的均匀流理论与临界熄火直径的估算[J].工业安全与防尘,1996,5:36-37.
[66] 傅玉成. 运用分形几何探讨粉尘爆炸问题[J].工业安全与防尘,1993,(1):6-7.
[67] Yuan C M, Yu L F, Li C, et al.Thermal analysis of magnesium reactions with nitrogen/oxygen gas mixtures[J]. Journal of Hazardous Materials, 2013, 260(18): 707-714.
[68] Kurth M, Graat P C J, Mittemeijer E J. The oxidation kinetics of magnesium at low temperatures and low oxygen partial pressures[J].Thin Solid Films,2006,500(1-2): 61-69.
[69] Gol'dshleger U I, Amosov S D. Combustion Modes and Mechanisms of High-Temperature Oxidation of Magnesium in Oxygen[J]. Combustion, Explosion and Shock Waves, 2004, 40(3): 275-284.
[70] Pettersen G, Øvrelid E, Tranell G, et al. Characterisation of the surface films formed on molten magnesium in different protective atmospheres[J].Materials Science and Engineering, 2002, A332(1-2): 285-294.
[71] Derevyaga M E, Stesik L N, Fedorin E A. Magnesium combustion regimes[J].Combustion, Explosion and Shock Waves,1978, 14(5): 559-564.
[72] 周俊虎, 周楷, 杨卫娟, 等. 镁在水蒸气中高温氧化的动力学特性[J]. 燃烧科学与技术, 2010, 16(5): 383-387.
[73] 张百在, 査吉利, 邹剑佳, 等. 镁屑的氧化燃烧理论与安全管理[J]. 铸造技术, 2008, 29(9): 1217-1222.

[74] Dufaud O, Traoré M, Perrin L, et al. Experimental investigation and modelling of aluminum dusts explosions in the 20 L sphere[J]. Journal of Loss Prevention in the Process Industries, 2010, 23(2): 226-236.

[75] Yuan C M, Li C, Li G, et al. Modeling of magnesium powders explosion in a 20L sphere[C]. 9th International Conference on Measurement and Control of Granular Materials, Shanghai, 2011:118-121.

[76] 范宝春, 丁大玉 , 浦以康. 球型密闭容器中铝粉爆炸机理的研究[J].爆炸与冲击, 1994, 14(2):148-156.

[77] 范宝春, 王伯良. 大型通道中粉尘爆炸的数值模拟[J]. 含能材料, 1993, 1(1):43-47.

[78] 丁大玉, 范宝春, 汤明钧. 球形封闭容器中粉尘爆炸特性的数值分析[J]. 计算物理, 1992, 9(4): 377-381.

[79] 钟圣俊, 邓煦帆. 有机粉尘爆炸的数值模拟[J]. 中国粉体技术, 2000, 6: 339-342.

[80] Yuan C M, Li C, Li G, et al. Ignition temperature of magnesium powder clouds: A theoretical model[J]. Journal of Hazardous Materials, 2012, 239-240(4): 294-301.

[81] 杨晋朝, 夏智勋, 胡建新. 镁颗粒群着火和燃烧过程数值模拟[J]. 物理学报, 2013, 7:239-251.

[82] 任纯力, 李新光, 王福利, 等. 粉尘云最小点火能数学模型[J]. 东北大学学报（自然科学版）, 2009, 12: 1702-1705.

[83] 任纯力. 粉尘云最小点火能实验研究与数值模拟[D]. 沈阳: 东北大学, 2011.

[84] Gibson N, Lloyd F C. Incendivity of discharges from electrostatically charges plastics[J]. Journal of Applied Physics, 1965, (16):1619-1631.

[85] Glor M. Hazards due to electrostatic charging of powders[J]. Journal of Electrostatics,1985,16(2-3): 175-191.

[86] Schwenzfeuer K, Glor M. Ignition tests with brush discharges[J]. Journal of Electrostatics,2001,51(5):402-408.

[87] Glor M, Schwenzfeuer K. Direct ignition tests with brush discharges[J]. Journal of Electrostatics, 2005, 63(6-10): 463-468.

[88] Larsen Ø, Hagen J H, van Wingerden K. Ignition of dust clouds by brush discharges in oxygen enriched atmospheres[J].Journal of Loss Prevention in the Process Industries, 2001, 14(2):111-122.

[89] 周本谋, 范宝春, 刘尚合.静电放电火花点燃特性与危险性分级方法[J]. 南京理工大学学报, 2005, 29(4): 475-478.

[90] Choi K S, Yamaguma M, Kodama T, et al. Effects of corona charging of coating polymer powders on their minimum ignition energies[J]. Journal of Loss Prevention in the Process Industries,2004,17(1): 59-63.

[91] Eckhoff R K, Randeberg E. A plausible mechanism for initiation of dust explosions by electrostatic spark discharges in industrial practice[J]. VDI-Berichte Nr. 1873, 2005,185-197.

[92] Randeberg E, Eckhoff R K. Initiation of dust explosions by electric spark discharges triggered by the explosive dust cloud itself[J]. Journal of Loss Prevention in the Process Industries, 2006, 19(2-3): 154-160.

[93] Eckhoff R K, Randeberg E. Electrostatic spark ignition of sensitive dust clouds of MIE < 1 mJ[J]. Journal of Loss Prevention in the Process Industries, 2007, 20(4-6): 396-401.

[94] Nifuku M, Koyanaka S, Ohya H, et al. Ignitability characteristics of aluminium and magnesium dusts that are generated during the shredding of post-consumer wastes[J]. Journal of Loss Prevention in the Process Industries,2007,20(4-6):322-329.

[95] Wu H C, Chang R C, Hsiao H C. Research of minimum ignition energy for nano Titanium powder and nano Iron powder[J]. Journal of Loss Prevention in the Process Industries,2009, 22(1):21-24.

[96] Wu H C, Wu C W, Ko Y H. Flame phenomena in nanogrinding process for titanium and iron[J]. Journal of Loss Prevention in the Process Industries, 2014, (27):114-118.

[97] Wu H C, Ou H J, Hsiao H C, et al. Explosion characteristics of aluminum nanopowders[J]. Aerosol and Air Quality Research, 2010,10(1):38-42.

[98] Bernard S, Gillard P, Foucher F, et al. MIE and flame velocity of partially oxidised aluminium dust[J]. Journal of Loss Prevention in the Process Industries, 2012, 25(3), 460-466.

[99] Boilard S P, Amyotte P R, Khan F I, et al. Explosibility of micron- and nano-size titanium powders[J].Journal of Loss Prevention in the Process Industries,2013,26(6): 1646-1654.

[100] Mittal M. Explosion characteristics of micron- and nano-size magnesium powders[J]. Journal of Loss Prevention in

the Process Industries, 2014, 27(1): 55-64.

[101] Randeberg E, Olsen W, Eckhoff R K. A new method for generation of synchronised capacitive sparks of low energy[J]. Journal of Electrostatics, 2006, 64(3-4): 263-272.

[102] Randeberg E, Eckhoff R K. Measurement of minimum ignition energies of dust clouds in the <1mJ region[J]. Journal of Hazardous Materials, 2007, 140(1-2): 237-244.

[103] Olsen W, Arntzen B J, Eckhoff R K. Electrostatic dust explosion hazards e towards a <1 mJ synchronized-spark generator for determination of MIEs of ignition sensitive transient dust clouds[J]. Journal of Electrostatics, 2015, 74: 66-72.

[104] Eckhoff R K. Does the dust explosion risk increase when moving from μm-particle powders to powders of nm-particles?[J]. Journal of Loss Prevention in the Process Industries,2012,25(3): 448-459.

[105] Azhagurajan A, Selvakumar N, Mohammed Y M. Minimum ignition energy for micro and nano flash powders[J]. Process Safety Progress, 2012, 31(1): 19-23.

[106] Khalil Y F. Dust cloud combustion characterization of a mixture of $LiBH_4$ destabilized with MgH_2 for reversible H_2 storage in mobile applications[J]. International Journal of Hydrogen Energy, 2014, 39(29): 16347-16361.

[107] Hosseinzadeh S, Norman F, Verplaetsen F, et al. Minimum ignition energy of mixtures of combustible dusts[J]. Journal of Loss Prevention in the Process Industries, 2015, 36: 92-97.

[108] Britton L G. Short communication: estimating the minimum ignition energy of hybrid mixtures[J]. Process Safety Progress, 1998,17(2):124-126.

[109] Khalili I, Dufaud O, Poupeau M, et al. Ignition sensitivity of gas–vapor/dust hybrid mixtures[J]. Powder Technology, 2012, 217(2): 199-206.

[110] Dufaud O, Perrin L, Bideau D, et al. When solids meet solids: A glimpse into dust mixture explosions[J]. Journal of Loss Prevention in the Process Industries, 2012, 25(5): 853-861.

[111] Addai E K, Gabel D, Kamal M, et al. Minimum ignition energy of hybrid mixtures of combustible dusts and gases[J]. Process Safety and Environmental Protection, 2016, 102: 503-512.

[112] Amyotte P R. Solid inertants and their use in dust explosion prevention and mitigation[J]. Journal of Loss Prevention in the Process Industries, 2006, 19(2-3), 161-173.

[113] Addai E K, Gabel D, Krause U. Experimental investigations of the minimum ignition energy and the minimum ignition temperature of inert and combustible dust cloud mixtures[J]. Journal of Hazardous Materials, 2016, 307: 302-311.

[114] Miao N, Zhong S J, Yu Q B. Ignition characteristics of metal dusts generated during machining operations in the presence of calcium carbonate[J]. Journal of Loss Prevention in the Process Industries, 2016, 40: 174-179.

[115] Choi Kwangseok, Choi Kwansu, Nishimura K. Experimental study on the influence of the nitrogen concentration in the air on the minimum ignition energies of combustible powders due to electrostatic discharges[J]. Journal of Loss Prevention in the Process Industries, 2015, 34: 163-166.

[116] Choi K, Sakasai H, Nishimura K. Experimental study on ignitability of pure aluminum powders due to electrostatic discharges and Nitrogen's effect[J]. Journal of Loss Prevention in the Process Industries, 2015, 35: 232-235.

[117] Choi K, Sakasai H, Nishimura K. Minimum ignition energies of pure magnesium powders due to electrostatic discharges and nitrogen's effect[J]. Journal of Loss Prevention in the Process Industries, 2016, 41: 144-146.

[118] 田甜. 密闭空间镁铝粉尘爆炸特性的实验研究[D]. 大连: 大连理工大学. 2006.

[119] 李新光, 董洪光, Radandt S.哈特曼装置上粉尘浓度的测量[J]. 东北大学学报（自然科学版）. 2007, 28 (4): 493-496.

[120] 苑春苗, 王丽茸, 陈宝智, 等. 1.2L Harttman 管式与 20L 球型爆炸测试装置爆炸猛度实验研究[J]. 中国安全生产科学技术, 2008, 4(1): 108-111.

[121] 国家技术监督局. 粉尘云最大爆炸压力和最大压力上升速率测定方法:GB/T 16426—1996[S]. 1996: 06.

[122] Explosion protection systems—Part l: Determination of explosion indices of combustible dusts in air:ISO 6184/1—1985[S]. 3rd edn. International Organization for Standardization, 1985.

[123] Zhong S J, Wang Z F, Radandt S. Explosion prevention of fine magnesium powder in a jet pulverization system[C]. Proceedings of 2006 International Colloquium on Safety Science and Technology, Shenyang, 2006: 24-230.
[124] Mintz K J, Bray M J, Zuliani D J, et al. Inerting of fine metallic powders [J]. Journal of Loss Prevention in the Process Industries, 1996, 9(1): 77- 80.
[125] 中华人民共和国劳动部职业安全卫生与锅炉压力容器监察局. 工业防爆实用技术手册[M]. 沈阳: 辽宁科学技术出版社, 1996.
[126] 林荷梅, 于德源, 陈永远. 铝镁粉尘爆炸与对策[J]. 轻合金加工技术, 2001, 29(9): 47-48.
[127] 徐建飞, 张长江. 镁带在空气中燃烧实验研究[J]. 化学教学, 2004, 7: 5-6.
[128] 金卫红. 镁燃烧实验现象解析[J]. 杭州教育学院学报, 2000, 17(4): 66-69.
[129] 刘怀乐. 氮化镁身份疑义[J]. 教学仪器与实验, 2008, 24(7): 26- 37.
[130] 王金龙. 探讨氮化镁的几个问题[J]. 化学教学, 2006, 12: 56- 58.
[131] 张建波. 镁带燃烧产物中氮化镁的定性测定[J]. 中学化学教学参考, 2000, 197: 62.
[132] 赵衡阳. 气体和粉尘爆炸原理[M]. 北京: 北京理工大学出版社, 1996.
[133] Bradley D, Mitcheson A. Mathematical solutions for explosions in spherical vessels[J]. Combustion and Flame, 1976, 26(2): 201-217.
[134] 王淑兰, 丁信伟, 贺匡国. 容器内烃类气体燃爆温度与压力的数值解[J]. 大连理工大学学报, 1992, 2: 163-169.
[135] Dahoe A E, Zevenbergen J F, Lemkowitz S M, et al. Dust explosions in spherical vessels: The role of flame thickness in the validity of the cube-root law[J]. Journal of Loss Prevention in the Process Industries, 1996, 9 (1): 33- 44.
[136] 徐丰, 浦以康, 赵烈, 等. 球形封闭容器内一个简单的煤粉燃烧爆炸模型[J]. 爆炸与冲击, 1998, 18(2): 112-117.
[137] 丁大玉, 范宝春, 汤明钧, 等. 球形封闭容器中铝粉爆炸的数值模拟[J]. 南京理工大学学报（自然科学版）, 1993, 1: 71-79.
[138] Skjold T, Arntzen B J, Hansen O R, et al. Simulation of dust explosions in complex geometries with experimental input from standardized tests[J]. Journal of Loss Prevention in the Process Industries, 2006, 19(2-3): 210-217.
[139] Skjold T, Arntzen B J, Hansen O R, et al. Simulation of dust explosions with first version of DESC[J]. Process Safety and Environmental Protection, 2005, 83 (2): 151-160.
[140] Zhong S J. Modeling and numerical simulation of coal dust-air explosions[D]. Warsaw: Warsaw University of Technology, 2002.
[141] Zhong S J, Deng X F. Modeling of maize starch explosions in a 12 m^3 silo[J]. Journal of Loss Prevention in the Process Industries, 2000, 13: 299-309.
[142] Silvestrini M, Genova B, Trujillo F J L. Correlations for flame speed and explosion overpressure of dust clouds inside industrial enclosures [J]. Journal of Loss Prevention in the Process Industries, 2008, 21(4): 374-392.
[143] Calle S, Klaba L, Thomas D, et al. Influence of the size distribution and concentration on wood dust explosion: Experiments and reaction modeling [J]. Powder Technology, 2005, 157(1): 144-148.
[144] 克莱邦德 K J. 纳米材料化学[M]. 陈建峰, 邵磊, 刘晓林, 等译. 北京: 化学工业出版社，2004.
[145] Zhang R Y, Khalizov A, Wang L, et al. Nucleation and Growth of Nano particles in the Atmosphere [J]. Chemical Reviews, 2001,7:56.
[146] Vignes A, Dufaud O, Perrina L, et al. Thermal ignition and self-heating of carbon nanotubes: From thermokinetic study to process safety [J]. Chemical Engineering Science, 2009, 64(20): 4210-4221.
[147] 王章豹, 孟新丽. 纳米技术应用动态与纳米经济前景展望[J]. 未来与发展, 2006, (10): 31-34.
[148] Jones D E G, Turcotte R, Fouchard R C, et al. Hazard characterization of aluminum nanopowder compositions[J]. Propellants, Explosives, Pyrotechnics, 2003, 28(3): 120-131.
[149] Bouillard J, Vignes A, Dufaud O, et al. Ignition and explosion risks of nanopowders[J]. Journal of Hazardous Materials, 2010, 181(1-3): 873-880.

[150] Bouillard J, Vignes A, Dufaud O, et al. Explosion risks from nanomaterials[J]. Journal of Physics: Conference Series, 2009, 170(1): 20-32.

[151] Dufaud O, Vignes A, Henry F, et al. Ignition and explosion of nanopowders: Something new under the dust[J]. Journal of Physics: Conference Series, 2011, 304(1): 12076-12085.

[152] Wu H C, Wu C W, Chang R H, et al. The study on explosion phenomena for air carrying nanometer titanium and iron[J]. Journal of Occupational Safety and Health, 2009 (17): 365-370.

[153] Kwok Q S M, Fouchard R C, Turcotte A M, et al. Characterization of aluminum nanopowder compositions[J]. Propellants, Explosives, Pyrotechnics, 2002, 27: 229-240.

[154] 李文霞，林柏泉. 魏吴晋，等. 纳米级别铝粉粉尘爆炸的实验研究[J]. 中国矿业大学学报, 2010, 4: 475-479.

[155] Jiang B, Lin B, Shi S, et al. Explosive characteristics of nanometer and micrometer aluminum-powder [J]. 矿业科学技术(英文版), 2011, 21(5): 661-666.

[156] 魏吴晋. 铝纳米粉尘爆炸及其抑制技术研究[D]. 北京：中国矿业大学, 2010.

[157] Pritchard D K. Literature review: explosion hazards associated with nanopowders[R]. Health and Safety Laboratory, Buxton, U K, 2004: 3.

[158] Holbrow P, Wall M, Sanderson E, et al. Fire and explosion properties of nanopowders[R]. Health and Safety Laboratory, Buxton, U K, 2010, RR782.

[159] Wu H C, Ou H J, Peng D J, et al. Dust explosion characteristics of agglomerated 35nm and 100nm aluminum particles[J]. International Journal of Chemical Engineering, 2010(9):1-6.

[160] Baudry G, Bernard S, Gillard P. Influence of the oxide content on the ignition energies of aluminium powders[J]. Journal of Loss Prevention in the Process Industries, 2007, 20(4-6): 330-336.

[161] Rai A, Park K, Zhou L, et al. Understanding the mechanism of aluminium nanoparticle oxidation[J]. Combustion Theory and Modelling, 2006, 10(5): 843-859.

[162] Kwok Q S M, Badeen C, Armstrong K, et al. Hazard characterization of uncoated and coated aluminium nanopowder compositions[J]. Journal of Propulsion and Power, 2007, 23(4): 659-668.

[163] Dikici B, Pantoya M L, Shaw B D. Analysis of the influence of nanometric aluminium particle vaporisation on flame propagation in bulk powder media[J]. Combustion Theory and Modelling, 2012, 16(3): 465-481.

[164] Wu H C, Peng D J, Wu C W,et al. The Study on Explosion Phenomena For Air Carrying Nanometer Titanium and Iron[J]. Journal of Occupational Safety and Health, 2009, 17: 365-370.

[165] Barton J. Dust Explosion Prevention and Protection A Practical Guide[M]. Rugby: Institution of Chemical Engineers, 2002.

[166] Aly Y, Dreizin E L. Ignition and combustion of Al·Mg alloy powders prepared by different techniques[J]. Combustion & Flame, 2015, 162(4):1440-1447.

[167] Krietsch A, Scheid M, Schmidt M, et al. Explosion behaviour of metallic nano powders[J]. Journal of Loss Prevention in the Process Industries., 2015, (36): 237-243.

第 2 章　粉尘爆炸特性参数测试与标准

2.1　粉尘层最低着火温度

2.1.1　测试原理

可燃粉尘在粉体工业车间设备及管道表面的堆积现象较为普遍。如果热表面或环境温度较高，将使粉尘的氧化速度加快，热量不断积聚就可能发生自燃。层状堆积粉尘着火后通常可发展为层火灾，成为粉尘爆炸的潜在点火源。粉尘层最低着火温度是指在热表面上规定厚度的粉尘层受热，导致粉尘层内部温度发生突跃（着火）的最低热板表面温度[1,2]。该温度反映了粉尘在堆积状态时受热板点燃的敏感程度。在有可燃粉尘沉积的场所，设备热表面的温度不能超过粉尘层最低着火温度。

根据现有理论，在预设温度的热表面上，粉尘层是否着火取决于粉尘层在该热环境中的氧化放热速率 Q_1 和粉尘层向外散热的速率 Q_2。当 $Q_1 < Q_2$ 时，粉尘层的温度升高到一定程度将呈现稳定状态，但不会发生温度突变，如图 2.1 中粉尘层 A；当 $Q_1 > Q_2$ 时则将发生着火，如图 2.1 中粉尘层 B；当 $Q_1 = Q_2$ 时处于临界着火状态。粉尘层最低着火温度测试就是寻找可使堆积粉尘层临界着火的热板表面温度。

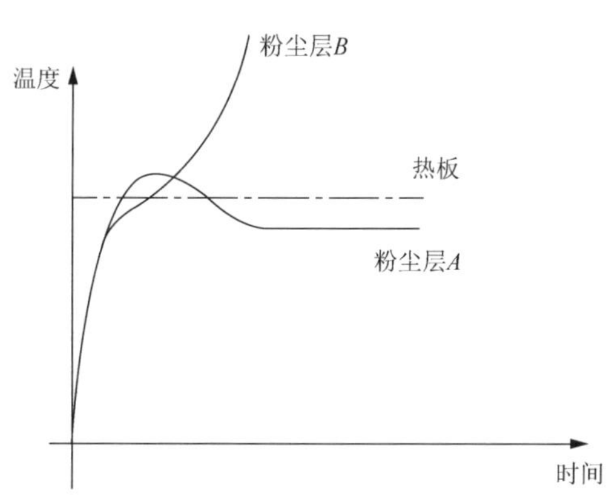

图 2.1　粉尘层温度上升曲线

2.1.2 测试装置

2.1.2.1 空气条件下的测试装置

根据现行测试标准 IEC 61241-2-1:1994 和 GB/T 16430—1996，测试装置示意图如图 2.2 所示，实物样例如图 2.3 所示。

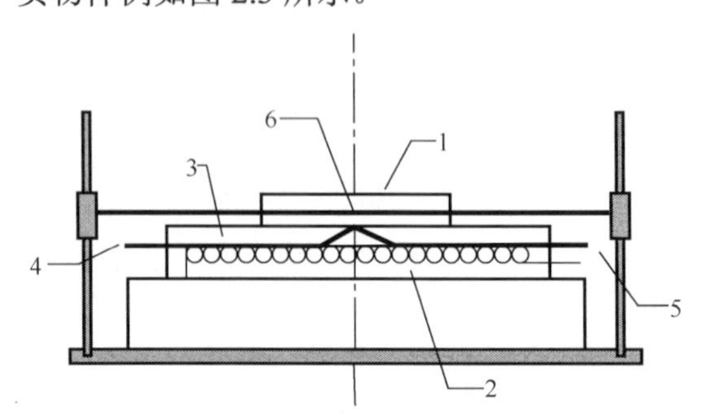

1．盛粉环；2．热板；3．加热器；4．加热器控温用热电偶；
5．热板温度记录用热电偶；6．粉尘层温度记录用热电偶

图 2.2　粉尘层着火温度测试装置示意图

图 2.3　粉尘层最低着火温度测试装置实物样例图

依据上述标准要求，该测试装置主要包括以下功能组件。

1．热表面

热表面由直径不小于 200mm、厚度不小于 20mm 的圆形金属平板制成。平板由电加热器加热，并由安装在平板内靠近平板中心的热电偶控制温度。热表面控制热电偶的测温点在平板表面下 1±0.5mm 处，并与平板保持良好的热接触。热表面温度测量热电偶以相同方法安装在热表面控制热电偶附近，并与温度记录仪

相连，用以记录实验过程中的平板温度。

实验过程中，热表面和控制装置应满足以下性能要求：

（1）无粉尘时，平板能达到最高温度 400℃。

（2）实验期间，平板温度应保持恒定，其偏差在±5℃的范围内。

（3）平板温度达到恒定值后，整个平板温度分布应均匀。在平板名义温度为 200℃和 350℃时，两正交直径上各设定点的温度的偏差不应超过±5℃。

（4）温度控制装置应能保证平板温度在放粉期间的变化不超过±5℃，从放置粉尘开始 5min 内应恢复到初始温度值的±2℃范围内。

（5）温度控制装置和测量装置应进行检定，其偏差不应超过±3℃。

2. 粉尘层热电偶

该热电偶细丝跨过平板上空，且平行于热表面，其结点处于热表面上 2～3mm 高的平板中心处，此热电偶与温度记录仪相连，可观察实验期间粉尘层内的温度变化状态。热电偶的测试精度应达到±3℃要求。

3. 金属环

用于放置待测粉尘的不同尺寸金属环实物图如图 2.4 所示。直径方向上有两个豁口，粉尘层热电偶从豁口穿过。实验期间金属环应放在热表面上的适当位置，不得移动。

图 2.4　不同尺寸金属环实物图

粉尘层最低着火温度测试装置主要提供一个表面温度恒定的热板环境，以测试该受热情形下粉尘层的着火敏感性。该热板环境也可以进行一些非标准的测试，如图 2.5 所示，粉尘层着火温度非标准测试装置在粉尘层轴心位置布置热电偶束，测试热板环境下粉尘层内的温度分布。

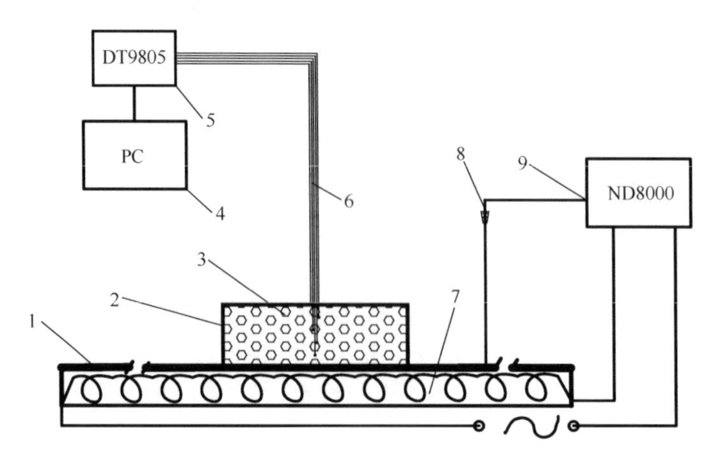

1．热板；2．盛粉环；3．待测粉尘；4．电脑；5．DT9805 温度采集模块；
6．热电偶束；7．电热丝；8．温控热电偶；9．ND8000 温控模块

图 2.5　粉尘层着火温度非标准测试装置示意图

2.1.2.2　惰化条件下的测试装置

气相惰化条件下粉尘层的最低着火温度测试是在空气条件下设置惰化气氛，气氛设置根据实际需要定制，与空气条件下测试原理是相同的[3]。如图 2.6 所示，在原空气测试系统的基础上加上特制玻璃罩，以形成惰化气氛。罩的侧面与顶部设有进气孔和出气孔（同时用做给粉孔），当热板温度加热至预设温度并恒定后，将预先配制好的混合气体由进气孔充入密闭罩中并由出气孔排出。放置待测粉尘前检测出气孔排出的气体成分，以确保罩内的气氛环境符合实验要求。顶部插入热电偶束监控粉尘层内不同位置处的温度。

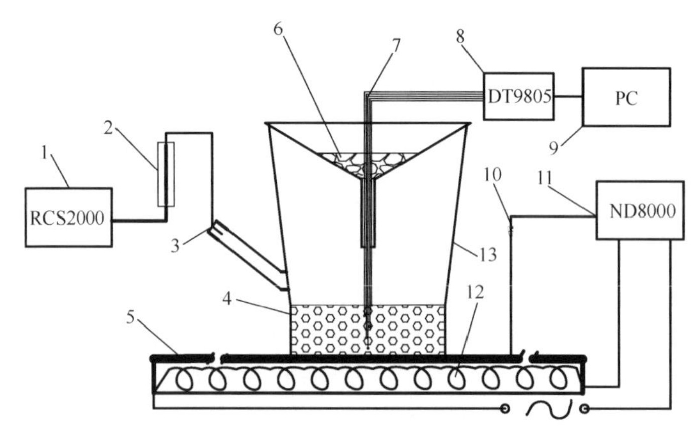

1．RCS2000 配气系统；2．流量计；3．惰化气流入口；4．粉尘层；5．热板；6．气流渗出沙石块；7．热电偶束；
8．DT9805 温度采集模块；9．电脑；10．温控热电偶；11．ND8000 温控模块；12．电热丝；13．特制石英玻璃

图 2.6　粉尘层惰化实验装置示意图

2.1.3 着火判据

粉尘层着火定义为待测粉尘层发生无焰燃烧或有焰燃烧。在实际受热过程中，粉尘层物理化学性质的多样性决定其发生着火的表现形式也是多样的，故在测试标准中粉尘层发生着火的判据有多个，具体如下：

（1）能观察到粉尘出现有焰燃烧或无焰燃烧，层内温度出现明显的突升，如图 2.7（a）所示。

（2）粉尘层内部温度高于热表面温度 250K，如图 2.7（b）所示。

（3）粉尘层内部温度达到 450℃，如图 2.7（c）所示。

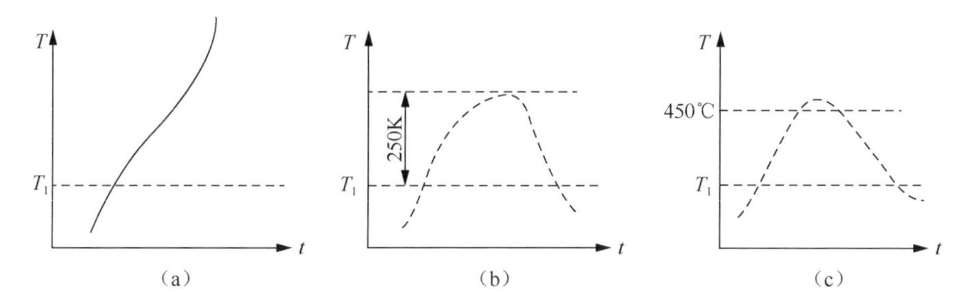

T. 粉尘层温度；T_1. 热表面温度；*t*. 实验时间

图 2.7 热表面上粉尘层的典型温度时间曲线

2.1.4 测试方法

1. 粉尘层的制作

测试前首先需对待测粉尘试样进行处理，其应能通过标称孔径 200μm 金属网或方孔板试验筛。制作粉尘层时，不能用力压，2min 内将粉尘充满金属环，采用一平直的刮板沿着金属环的上沿刮平，并形成指定厚度的粉尘层（常用厚度为 5mm、12.5mm、15mm），最后清除多余粉尘。实验时，先将热板炉加热到恒定的预测温度，然后将粉环放于热板指定位置。

对于每种粉尘，应将按上述方法制作的粉尘层放在一张已知质量的样品纸上，然后测出其质量。粉尘层的密度等于粉尘层的质量除以金属环的内容积，并将其记入实验报告。

2. 测定步骤

（1）实验测定装置应位于不受气流影响的环境中，环境温度保持在 15～35℃范围内。宜设置一个抽风罩，吸收实验过程中的烟雾和水蒸气。

（2）为测定指定厚度的粉尘层最低着火温度，每次应采用新鲜的粉尘层进行实验。

（3）将热表面的温度调节到预定值，并使其稳定在一定范围内，然后将一定高度的金属环放置于热表面的中心处，再在2min内将粉尘填满金属环内，并刮平，温度记录仪随之开始工作。

实验一直进行到观察到着火或温度记录仪证实已着火为止；或者发生自热，但未着火，而粉尘层温度已降到低于热表面温度的稳定值，实验也应停止。如果30min或更长时间内无明显自热，实验应停止，然后更换粉尘层，在更高表面温度下进行实验。如果发生着火，更换粉尘层，在更低表面温度下进行实验。如热板温度达到400℃粉尘仍未着火，则停止实验。实验应一直进行到找到最低着火温度为止。最高未着火的温度低于最低着火温度，其差值不应超过10℃。验证实验至少进行3次，且每次应采用新鲜的粉尘层进行实验。

2.1.5 数据处理

实验过程中需要及时准确记录实验信息，包括粉尘的物理特性（堆积密度、粉尘层制备中的困难等）、厚度、热板温度、着火时间或未着火时达到最高温度的时间、粉尘层的状态变化（如剧烈的分解状态和粉尘层的变形、爆裂、融熔以及受热时产生微量的可燃气体）、着火后的燃烧特性（如异常迅速燃烧）等，具体如表2.1所示。如果热表面温度低于400℃，粉尘层未着火，实验的最长持续时间也应记录。测试时，一般把测得的最低着火温度降至最近的10℃的整数倍数值，记入数据表中。

表2.1 粉尘层最低着火温度的测定结果

粉尘层厚度/mm	热表面温度/℃	实验结果	着火时间或未着火时温度达到最大值的时间/min
5	180	着火	16
5	170	着火	36
5	160	未着火	40
5	160	未着火	38
5	160	未着火	42
5	160	未着火	62

2.1.6 应用

1. 电气防爆设备的选型

粉尘层最低着火温度是粉尘爆炸防护中的一个非常重要的特征参数，是对粉尘爆炸敏感度进行评价的重要指标，也是进行防爆工艺设计和防爆设备选型的重要依据。

欧洲和北美的粉尘防爆思想是左右国际电工委员会粉尘防爆标准化工作的重要因素，如表 2.2 所示，A、B 两种外壳保护设备类型实际上分别代表了各自的粉尘防爆思想，均可用于 20 区、21 区、22 区，两者具有同等安全程度，有着相同的保护作用。

表 2.2　可燃性粉尘环境用电气设备的选型[4]

防粉尘点燃设备类型	粉尘类型	危险场所分区	
		20 区或 21 区	22 区
A	导电性	DIPA20 或 DIPA21	DIP A21(IP6X)
	非导电性	DIPA20 或 DIPA21	DIPA22 或 DIPA21
B	导电性	DIP B20 或 DIPB21	DIPB21
	非导电性	DIPB20 或 DIPB21	DIPB22 或 DIPB21

A 型设备（欧洲）：防尘方法采取适宜的防尘等级，并在 5mm 厚粉尘层堆积的情况下确定设备表面温度。

B 型设备（北美）：采用类似于隔爆面的防尘设计方法，并在 12.5mm 粉尘层堆积的情况下确定设备表面温度。

2. 控制发热设备的表面温度

设备允许最高表面温度如表 2.3 所示。其中 T1～T6 是相应的引燃温度组别，即最低着火温度为粉尘层或粉尘云着火温度中的最低值。

表 2.3　电气设备的最高表面温度分组

温度组别	设备允许最高表面温度/℃	温度组别	设备允许最高表面温度/℃
T1	450	T4	135
T2	300	T5	100
T3	200	T6	85

温度组别选择实际上是根据设备使用的粉尘环境内粉尘层的厚度、引燃温度来限制设备最高允许表面温度（T_{max}）。当粉尘层层厚增加时，引燃温度下降，而隔热性能增强，因此设备最高允许表面温度要扣除一个安全余量。

A 型设备的要求：$T_{max} \leqslant T_{5mm} - 75℃$，式中，$T_{5mm}$ 为粉尘层 5mm 时的引燃温度。

B 型设备的要求：$T_{max} \leqslant T_{12.5mm} - 25℃$，式中，$T_{12.5mm}$ 为粉尘层 12.5mm 时的引燃温度。

3. 爆炸性参数分级

粉尘的存在状态有粉尘层和粉尘云两种，粉尘层最低着火温度和粉尘云最低着火温度均表示粉尘在热环境下的着火特性，但是两者是两个不同的概念，在实验室的测试方法以及实际生产生活的应用均不同。在评价粉尘爆炸危险性时，选取粉尘层和粉尘云中着火温度较低的数值。根据粉尘的最低着火温度，可将粉尘分为 T11、T12 和 T13 三级，其中 T11 粉尘较安全，T13 较危险（表 2.4）。

表 2.4　粉尘按点火温度分级

组别	点火温度（T）/℃
T11	T>270
T12	200<T≤270
T13	150<T≤200

国际电工委员会（International Electrotechnical Commission，IEC）是一个国际性的标准化组织，它是由各个国家的国家电工委员会组成的。根据国际电工委员会的标准，粉尘爆炸危险性可由粉尘层的最低着火温度划分，见表 2.5。其中，“+”表示此粉尘敏感度较高，需要对其燃烧形式特别注意；“-”表示粉尘的爆炸危险性相对较低，不需要特别关注或其危险性按照指定的类别未检测到，比如有些粉尘的粉尘层着火温度测不出来，原因是未着火就熔化成液态了，像过氧化苯甲酰在热板温度达到 83℃，就会变成液态，未见着火，但当热板温度升到 92℃时会立即发生爆炸。需要说明，“-”仅表示粉尘的着火数据比设定的域值要大或相等，但并不意味着该粉尘的危险性可以忽略。

表 2.5　国际电工委员会可燃粉尘危险性分级表（按粉尘层最低着火温度）

爆炸特征性参数	+	-
粉尘层着火温度/℃	<300	≥300

2.2　粉尘云最低着火温度

2.2.1　测试原理

悬浮在空气中的粉尘如果遇到温度足够高的热源，就可能发生着火或爆炸。空气中粉尘云的着火是能量传递引起爆炸的初始阶段，一旦浓度在爆炸范围内的粉尘云被引燃，就会形成粉尘爆炸。粉尘云最低着火温度是在粉尘云（粉尘和空气的混合物）受热时，使粉尘云的温度发生突变（点燃）的最低加热温度（环境温度）。

粉尘云在 G-G 炉内的运动过程如图 2.8 所示。喷吹后，一定浓度粉尘云团在恒定内壁温度的炉体内运动时，喷吹气体及携带颗粒组成的粉尘云团持续地受到炉内壁热表面的加热，直至从炉体的热区排出。

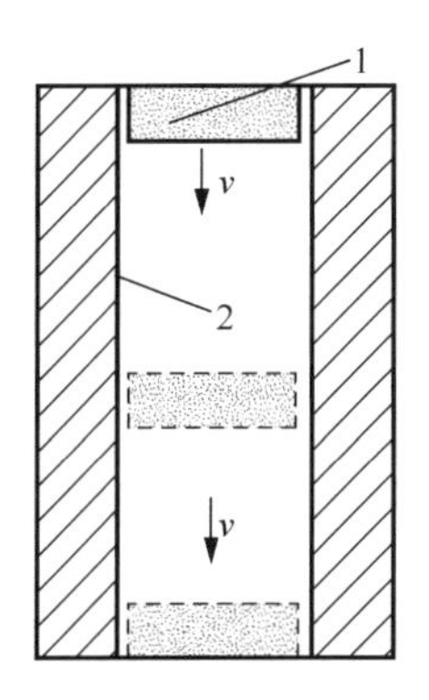

1．粉尘云团；2．炉体

图 2.8　粉尘云在 G-G 炉内的运动示意图

2.2.2　测试装置

2.2.2.1　空气条件下的测试装置

粉尘云最低着火温度测试装置主要有两种，一种是基于美国材料与试验协会标准 ASTM E1491—2006[5]标准的 BAM 炉，另一种是基于 IEC 61241-2-1:1994[6]标准的 G-G 炉。

G-G 炉装置示意图如图 2.9 所示。90° 弯管与高温炉体部分固定连接，盛粉室

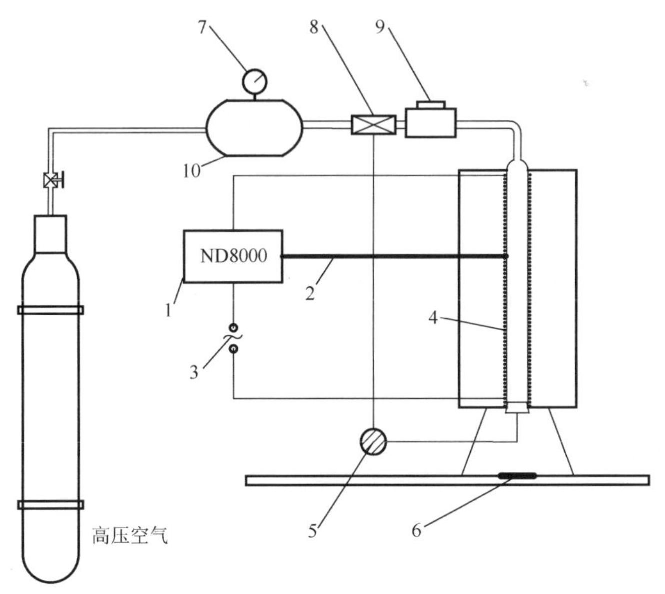

1．ND8000 温控模块；2．温控热电偶；3．电源；4．石英炉体；5．控制按钮；6．挡火板；7．压力表；8．电磁阀；9．盛粉室；10．储气室

图 2.9　G-G 炉装置示意图

中的粉尘经撞击 90° 弯管后由高压空气喷入预设温度的石英炉体中。待测纳米粉体在进入高温炉体之前，其纯度、颗粒团块尺寸等物化性质将经受高温直管预热和 90° 弯管撞击的双重影响。该影响程度不仅与喷吹压力有关，而且与粉尘自身的着火敏感性有关。现有实验研究表明：纳米钛粉在低至 3.5m/s 气流输运下经摩擦、撞击可发生自发着火。因此，采用 G-G 炉装置进行着火温度测试时，容易导致测试样品在进入测试高温炉体前的水平管道阶段发生自发着火或物化特征发生明显改变，进而影响实验结果。

BAM 炉测试装置原理如图 2.10 所示，主要由测试炉体、分散单元和温控-显示模块组成。

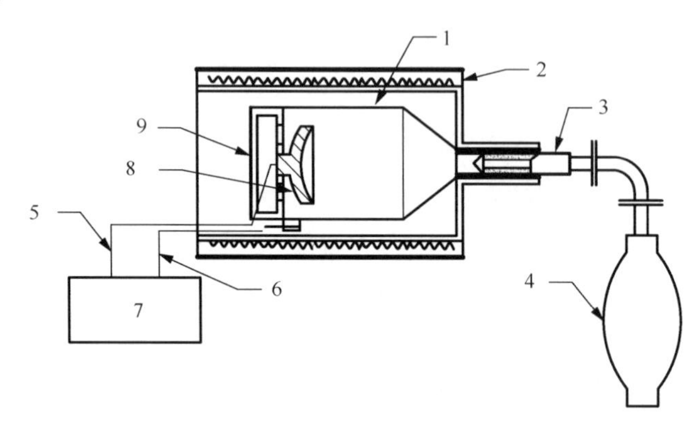

1．测试容器；2．电热丝；3．喷嘴；4．分散气囊；5．温控热电偶；
6．数显热电偶；7．TFR10 温控及 MPA400 数显模块；8．分散曲面；9．曲面固定框架

图 2.10　BAM 炉测试装置原理图

1．测试炉体

测试容积为 0.35L，不锈钢材质。测试容积器壁和分散面由外围的高温炉体加热至预设温度，温度最高可达 600℃，加热功率为 1500W。

2．分散单元

分散单元由喷嘴、分散气囊和分散曲面组成。当预测粉尘放入喷嘴后，通过快速挤压气囊使粉尘分散至炉体内，并入射到反射面上。经分散面进一步分散后，粉尘在炉内的分布更加均匀。

3．温控-显示模块

温控模块主要用于设定预测炉体器壁温度，显示模块用于显示其当前温度。连接温控-显示模块的温度传感器为 Omega 公司的 K 型热电偶。该热电偶的精度

为±1℃。

与 G-G 炉不同的是，BAM 炉待测粉尘盛放在常温的喷嘴中，当测试炉体达到预设温度时，再将喷嘴插入炉体入口并立即喷吹，克服了 G-G 炉在测试纳米钛粉时存在的自发着火等实验问题。

粉尘云最低着火温度测试装置除了上面提到的两种常用的燃烧炉以外，还有两种基于 ASTM E1491—2006 标准的燃烧炉：美国矿务局研制的 1.2L 和 6.8L 燃烧炉，如图 2.11 与图 2.12 所示。两种燃烧炉的结构基本相同，主要包括加热炉、压气喷尘系统、温度控制和记录系统等。压气喷尘系统由压缩机、储气室以及电磁阀等组成。电磁阀开启时，储气室内的压缩空气将盛粉室内待测粉尘喷入加热炉内，进而形成粉尘云。燃烧炉炉壁上热电偶与温度控制仪相连，主要用来控制实验的温度；燃烧炉中部的热电偶与温度记录仪相连，主要记录实验温度。

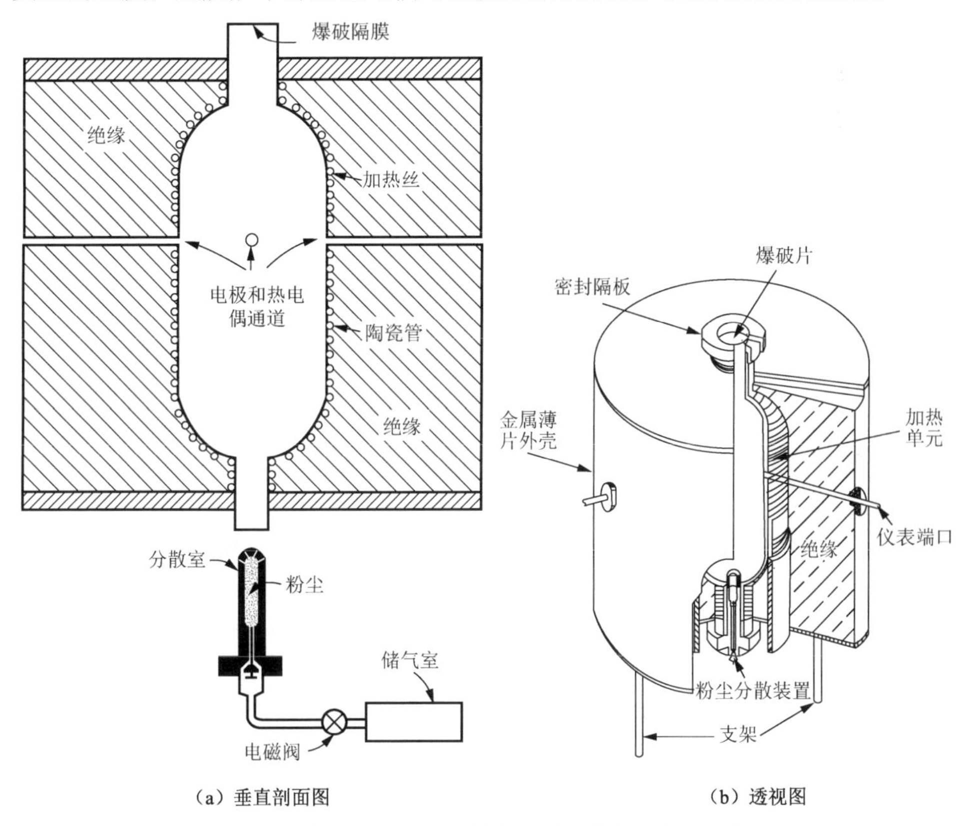

（a）垂直剖面图　　（b）透视图

图 2.11　美国矿务局 1.2L 粉尘云最低着火温度测试装置

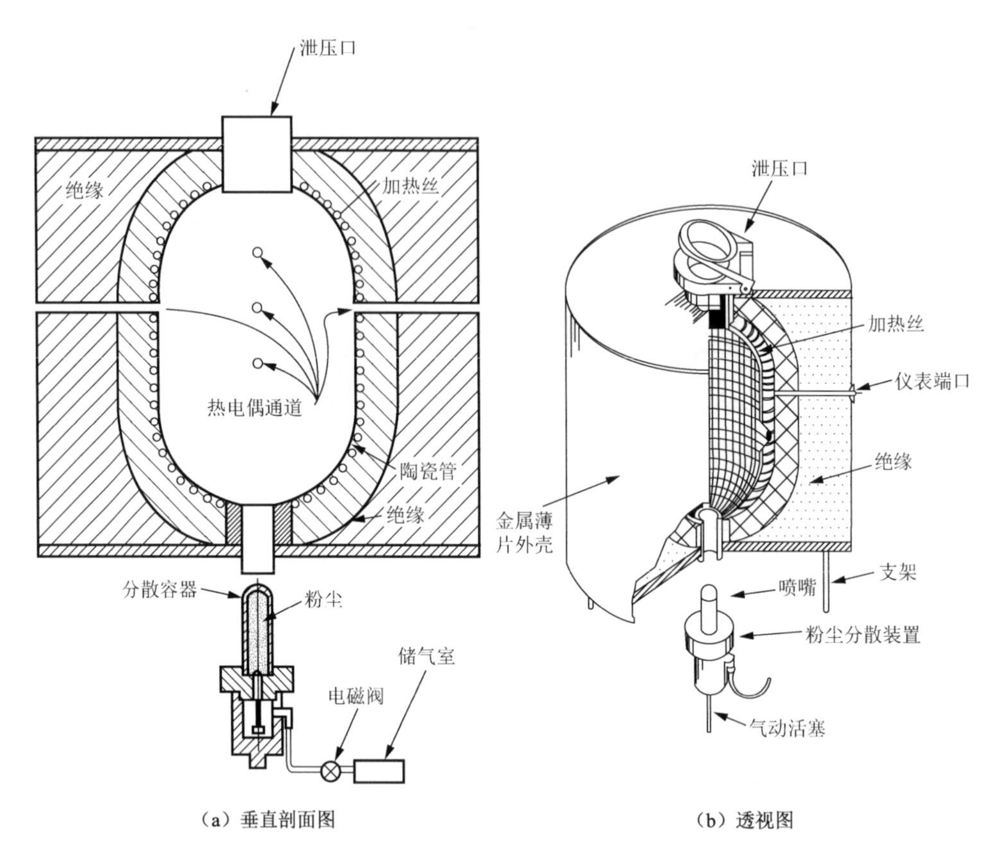

（a）垂直剖面图　　（b）透视图

图 2.12　美国矿务局 6.8L 粉尘云最低着火温度测试装置

粉尘云的最低着火温度测试装置的选取与参考的标准有关。Hensel[7]建议采用 BAM 炉作为测试装置。然而根据国际电工委员会的标准，G-G 炉更适合作为粉尘云着火温度的测试装置。Hensel 对比 BAM 炉和 G-G 炉的粉尘云最低着火温度数据后发现，BAM 炉所测数据较 G-G 炉更低，实验推测是由于 BAM 装置中沉降粉尘被引燃造成的差异。Conti 对比 G-G 炉与 1.2L 燃烧炉的数据发现，1.2L 燃烧炉测得数据较 G-G 炉要小[8]。Hertzberg 等对比 1.2L 和 6.8L 燃烧炉的数据发现，6.8L 燃烧炉的数据明显低于其他测试装置的数据[9]。Krause 总结分析了 BAM 炉、G-G 炉以及其他几种燃烧炉关于若干种粉尘的着火测试数据，研究发现新型的测试装置测得的数据明显低于其他燃烧炉数据，建议改善目前粉尘云最低着火温度的测试装置，使实验测得的数据更符合工业粉尘防爆实际[10]。

2.2.2.2　惰化条件下的测试装置

气相惰化条件下粉尘云的最低着火温度测试，是在爆炸测试装置中设置惰化气氛，具体设置根据实际测试需要决定，惰化条件下的测试与空气条件下的测试原理相同[11]。本节采用 IEC 61241-2-1:1994 和 GB/T 16430—1996 推荐的 G-G 炉，装置结构如图 2.13 所示。

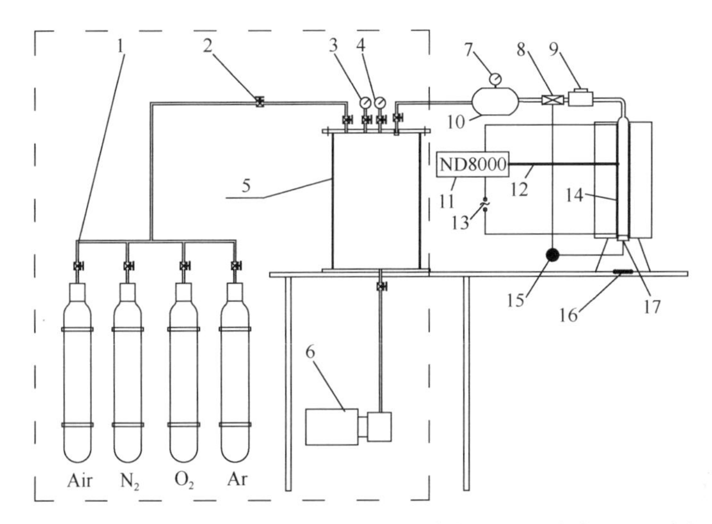

1. 高压气瓶组；2. 阀门；3. 精密压力表；4. 精密真空表；5. 配气容器；6. 真空泵；
7. 压力表；8. 电磁阀；9. 盛粉室；10. 储气室；11. ND8000 温控模块；12. 温控热电偶；
13. 电源；14. 电热丝；15. 控制按钮；16. 挡火板；17. 密封塞

图 2.13　惰化条件下粉尘云着火温度测试装置

图 2.13 中虚框内的部分为供气单元。高压气瓶组在空气条件下测试时仅用空气瓶，惰化气氛条件下的测试根据需要分别采用不同的气瓶组合。分压法配气由阀门组、精密压力表、精密真空表和真空泵实现。配制后的带压气体储存在配气容器内。配制后的气体可输送至标准测试装置的储气室内，罐内压力由压力表显示。G-G 炉的温度控制由 ND8000 温控模块、温控热电偶、电源及电热丝实现。当粉尘置入盛粉室后，通过控制按钮打开电磁阀及密封塞，以观察炉底喷出的粉尘云是否着火。为保证管内温度均匀，炉丝两端较密、中间较疏，密封塞在惰化测试时使用，以防空气从炉底渗入。

装置的恒温范围为 0～700℃，控制精度为±1℃，炉管容积为 326ml，贮气压力为 0.01～1.0MPa。

该最低着火温度测试仪用于测定粉尘云状态下的粉末物质因热表面着火的敏感性。测试仪主要由两部分组成，包括主炉体部分和温度控制器。主炉体部分是由管状加热炉、观察室、装样室、喷气装置连接而成的。

1. 主炉体部分

主炉体部分由一个垂直的管状加热炉(G-G 炉)构成，炉子可以加热到 1000℃。

加热炉的中心管长 216mm，内径为 36mm，两侧的石棉通过传导加热炉丝的热量对中心管进行升温，两个 K 型热电偶位于炉子底部向上 110mm 处，根据国际电工委员会和欧洲标准，此处是中心管最热的部分。中心管底部开口，顶部与玻璃观察室相连，当粉体着火时可以清楚观察到火焰。观察室与装样室相连，一般称量粉尘的重量为 0.1g，装样室为一个顶部开口的中空铁管，其外部由部分开口的可旋转铁管密封。粉尘云着火温度在 G-G 炉内测定。G-G 炉的主要部件为下端敞口的石英炉管，管壁绕有电阻丝。电阻丝的绕法是中间稀、两端密，以保证炉管内各处温度相等。测试时，压缩空气将粉室中的粉尘试样分散至石英炉管内形成均匀的粉尘云。通过炉子下方的反射镜可以观察炉内是否着火。

装样室与喷粉装置垂直相连，喷粉装置包括储气室和粉尘喷吹电磁阀。储气室的气体压力范围为 0～1bar，喷粉压力可以自行设置，但不可以低于 0.05bar，实验证明低于 0.05bar 的压力一般无法将粉末样品分散至垂直管中。粉尘扩散开关开启时，能将定量的空气送入装样室，达到喷粉的目的（图 2.14）。

图 2.14　主炉体部分

2. 温度控制器

温度控制器可以设置炉体的升温温度，最高为 1000℃，设定完成后，炉体会自动进行升温，升温速率为 20℃/min，炉体内部的实际温度由两个 K 型热电偶实时感知，并显示在温度控制器上，当设定温度与实际温度接近时，即可进行实验（图 2.15）。

图 2.15　温度控制器

2.2.3 测试方法

称量 0.1g 的粉尘装入储尘器中，将加热炉温度调到 500℃，并将储气室气压调到 10kPa。打开电磁阀，将粉尘喷入加热炉内。如果未出现着火，则以 50℃的步长升高加热炉温度，重新装入相同质量的粉尘进行实验，直至出现着火或加热炉温度达到 700℃为止。

一旦出现着火，则改变粉尘的质量和喷粉压力，直到出现剧烈的着火。然后，保持粉尘质量和喷粉压力不变，以 20℃的步长降低加热炉的温度进行实验，直至 10 次实验均未出现着火。如果在 300℃时仍出现着火，则以 10℃的步长降低加热炉的温度。当实验到未出现着火时，改变粉尘质量和喷粉压力，取下一个温度值。实验过程中粉尘质量和喷粉压力根据具体实验需要进行调整，以研究粉尘浓度、喷粉压力对最低着火温度的影响。

惰化条件下粉尘云着火温度的测试仍然在空气条件下的测试之后进行。为保证实验所需的气氛条件，需将预先配制的压缩气体分为两路，一路供喷粉用，另一路供给气体喷枪。在炉体加热至预设温度并稳定后，开启电磁阀清洗储气室及沿途支管内空气。清洗完毕后放置待测粉尘，并用高压喷枪清扫炉内空气然后进行喷粉点火。

2.2.4 数据处理

喷粉后，加热炉管下端若有火焰喷出或火焰滞后喷出，则判为着火；若只有火星而没有火焰，则判为未着火。按照国际电工委员会测试标准，工业实际中应用的粉尘云最低着火温度值应在实验测试数据的基础上加以校正，如所测粉尘云最低着火温度为$T_{\text{min test}}$，则国际电工委员会规定的着火温度按下式计算：

$$\text{若}\ T_{\text{min test}} > 300℃，\text{则}\ T_{\text{min IEC}} = T_{\text{min test}} - 20℃ \tag{2.1}$$

$$\text{若}\ T_{\text{min test}} < 300℃，\text{则}\ T_{\text{min IEC}} = T_{\text{min test}} - 10℃ \tag{2.2}$$

2.2.5 应用

1. 电气防爆设备的选型

粉尘云最低着火温度也是粉尘爆炸分析中的一个非常重要的特征参数，是进行防爆工艺设计和防爆设备选型的重要依据。针对防爆设备的选型，防爆标准主要有 IEC（国际电工委员会标准）、GB（中国国家标准）、NEC（美国国家电气规范）、EN（欧洲标准）以及 JIS（日本标准）等。一般防爆设备选型时，以粉尘层和粉尘云最低着火温度的较小值为准。

2. 控制发热设备的表面温度

粉尘云最低着火温度也是确定设备最高允许表面温度的重要依据，有粉尘云时的要求如下：设备最高允许表面温度 $T_{max} \leqslant 2/3T_d$，式中，T_d 为粉尘云的最低着火温度，即最高允许表面温度不能超过粉尘云最低着火温度的 2/3。

3. 爆炸性参数分级

按照 GB 12476.1—2013 的规定，粉尘可由粉尘引燃温度划分为 T11、T12、T13 三个组别，如表 2.4 所示。这种做法表面上是把通常涉及的粉尘划为三个温度段来区分，其实是从防爆技术的需要来设定的，目的是使设备的设计、制造、选型和管理尽可能做到既科学合理（防爆安全），又具有较好的经济性。这样就不必对每一种不同引燃温度的粉尘，单独设计一种表面温度与之相适应的电气设备，而是对每一段引燃组别内的粉尘，统一设计一种表面温度与该温度段下限温度相适应的电气设备即可。

根据国际电工委员会的标准，粉尘爆炸危险性可由粉尘云的最低着火温度划分，见表 2.6。其中，“+”表示此粉尘敏感度较高，需要对其燃烧形式特别注意；“-”表示粉尘的爆炸危险性相对较低，不需要特别的关注或其危险性按照指定的类别未检测到。“-”仅表示粉尘的着火数据比设定的域值要大或相等，但并不意味该粉尘的危险性可以忽略。当粉尘云着火温度低于 400℃时，认为粉尘是较危险的，应采取相应的防爆措施。

表 2.6　国际电工委员会可燃粉尘危险性分级表（按粉尘云最低着火温度）

爆炸特征性参数	+	-
粉尘云着火温度/℃	<400	≥400

2.3　粉尘爆炸下限

2.3.1　测试原理

根据《粉尘云爆炸下限浓度测定方法》（GB/T 16425—1996）[12]，爆炸下限是指用规定的测定步骤在室温和常压下进行实验时，能够靠爆炸罐中产生必要的压力，维持火焰传播的空气中可燃粉尘的最低浓度。爆炸极限包括爆炸上限和爆炸下限，能够爆炸的最低浓度称作爆炸下限；能够爆炸的最高浓度称作爆炸上限。在研究粉尘爆炸极限时，由于爆炸上限很难达到合适的分散条件，一般不做研究。

粉尘爆炸下限的常用测定装置为图 2.16 所示哈特曼管，测定时将粉尘放置于储粉槽内，固定电极能量并进行充电，电极充电完成后喷粉点火。若电极所提供的能量达到了粉尘爆炸需要的能量，粉尘就会发生爆炸。粉尘爆炸下限的测定一般是以粉尘的最小点火能为基础的，参考最小点火能的数据，确定粉尘爆炸下限的可能范围，从可能范围的最大值开始进行实验，如果最大值爆炸，则向下调节浓度继续实验，反之则向上调节浓度。

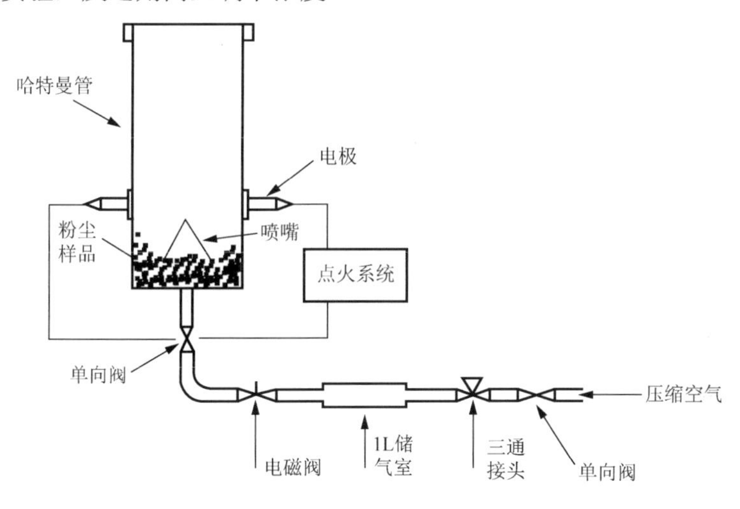

图 2.16　哈特曼装置

2.3.2　测试装置

选用 1.2L 哈特曼装置来进行粉尘爆炸下限的测试研究。

哈特曼装置的管身由石英制成，上部开口，整体呈圆柱形。管体的内径厚度为 68mm，高度为 300mm，总容积为 1.2L。装置底部的底座上安装有蘑菇状喷嘴装置，实验时用于扬粉，使粉尘在空中形成云状。哈特曼管体距底部垂直高度为 100mm 处设有点火电极，其外部用不锈钢套包裹，点火电极可提供 2～2000mJ 的能量。管体呈透明状态，可便于观察实验现象。

2.3.3　测试方法

粉尘爆炸下限的测试方法为在固定能量条件下，对不同浓度、粒度的粉尘进行爆炸测试，直到粉尘在某一浓度下稳定地不发生爆炸，此浓度即为粉尘在一定能量下的爆炸下限。一般情况下，测试粉尘的爆炸上限没有意义，因为在一定的空间内，粉尘达不到理想的分散条件，所以在实验室内产生爆炸的条件与实际情况会有一定的差距。

粉尘爆炸下限的测试能量选取是在参考国内外相关标准的基础上获得的，能量的选取一定要使得粉尘能够发生爆炸并且该能量在实际中能够达到，过高和过低的能量都是没有意义的。

另外，粉尘最小点火能和爆炸下限的测定还受到粉尘粒度、浓度、湿度，以及喷粉时的压力、环境条件、电极状况、人为因素等条件的影响，所以测试时均从高能量做起，直到粉尘在某能级能量条件下连续 10 次不发生着火为止。

2.3.4　应用

在实际的工艺中，可以采用控制工艺设备和管道中粉尘浓度在爆炸下限以下的方法防止爆炸发生。苏联主要根据粉尘爆炸下限浓度，兼顾堆积状态与粉尘着火难易程度，将粉尘分为 4 级（表 2.7）。

表 2.7　苏联粉尘爆炸危险性分级标准

粉尘类别	爆炸下限浓度/（g/m^3）	自燃温度/℃	粉尘举例
爆炸危险性最大的粉尘	15	—	砂糖、泥煤、胶木粉、硫及松香等
有爆炸危险的粉尘	16～65	—	铝粉、亚麻、面粉、淀粉等
火灾危险最大的粉尘	>65	低于 250	烟草粉等
有火灾危险的粉尘	>65	高于 250	锯末等

2.4　粉尘云最小点火能

2.4.1　测试原理

目前，粉尘云最小点火能测试可以参考的标准主要有德国工程师协会标准 VDI 2263—1990[13]、国际电工委员会标准 IEC 61241-2-3:1994[14]以及中国的标准 GB/T 16430—1996[1]。此外，美国材料与试验协会（American Society for Testing and Materials，ASTM）、国际标准化组织（International Organization for Standardization，ISO）和欧盟标准化委员会（European Committee for Standardization，CEN）也都对粉尘云最小点火能的测量系统和测量过程进行了相关说明。

粉尘云最小点火能实验测量中，对于点火能量的定义有以下两种：一种是以放电电容上储存的能量来计算；一种是测量电火花放电过程中电极两端的电压和电流并对放电时间积分。

$$E_s = E_{\text{stored}} = \frac{1}{2}CU^2 \cdot 10^3 \tag{2.3}$$

式中，E_{stored}为电容储存能量（mJ）；C为放电电容（F）；U为电容电压（V）。

$$E_s = \int_{t_1}^{t_2} U(t) \cdot I(t)\mathrm{d}t \cdot 10^3 \tag{2.4}$$

式中，$U(t)$为放电期间放电电极之间的瞬时电压（V）；$I(t)$为放电期间放电电极之间的瞬时电流（A）；t_1，t_2为放电起始和结束时间（s）。

以上两种是计算得出的能量值，都只能说明是粉尘云在相应实验条件下产生火焰的最小能量，并不能准确表示该粉尘云最小点火能的大小。按照 IEC 61241-2-1: 1994 规定：首先在给定的粉尘浓度条件下，由一个能可靠点燃粉尘云的电火花开始，然后改变粉尘浓度、点火延迟时间和喷尘压力，并通过调节电容器电容和（或）电容器上充电电压，逐次减半降低火花能量值，直到连续 20 次实验均未出现着火为止。粉尘云最小点火能 E_{min} 介于 E_1（连续 20 次实验均未出现着火的最大能量值）和 E_2（连续 20 次实验均出现着火的最小能量值）之间，即 $E_1<E_{min}<E_2$。

实验中主要采用了电容储存能量来衡量粉尘云的最小点火能。

在以极低能量进行实验时，由于放电本身的随机性，必须对测量的技术和方法予以特别注意，以减小测量仪器本身对实验结果的影响。在较高能量时，通过测量电极两端的电压、电流并对时间积分计算所得的能量与电容上储存的能量相差较大。而当能量较低时（0.03～7mJ），计算所得的能量也只占电容储存能量的 60%～90%，因此，损失在测量仪器上的能量已经相当可观，必须给予考虑。

2.4.2　测试装置

粉尘云最小点火能测试装置采用的爆炸容器为哈特曼管，电火花电路采用辅助火花触发的移动电极触发系统。哈特曼管式爆炸测试装置包括哈特曼管、电极、气动活塞、千分尺、哈特曼管座（盛粉室）、粉尘分散喷头、进气阀、喷粉阀、储气室和箱体。将粉尘均匀分散在哈特曼管底部的盛粉室，通过进气阀将压缩空气充入储气室，然后开启喷粉阀。压缩空气将粉尘分散到哈特曼管中形成粉尘云，通过电火花发生器产生的火花点火。

实验采用 Chilworth 公司生产的 MIE 装置来测定可燃粉尘的最小点火能和爆炸下限。MIE 装置主要包括三个组成部分，即分散系统、控制系统和数据记录系统，如图 2.17 所示。

1. 分散系统

分散系统主要包括两部分，分别为哈特曼管和供气装置。

粉尘云最小点火能测试系统中采用了 1.2L 哈特曼管作为爆炸实验装置的爆炸发生室。1.2L 哈特曼管是一个上端开口、两端有耳、容积为 1.2L 的石英玻璃管，它是模拟爆炸发生的容器，粉尘云在哈特曼管中点燃并发生爆炸和燃烧，如图 2.18 所示。

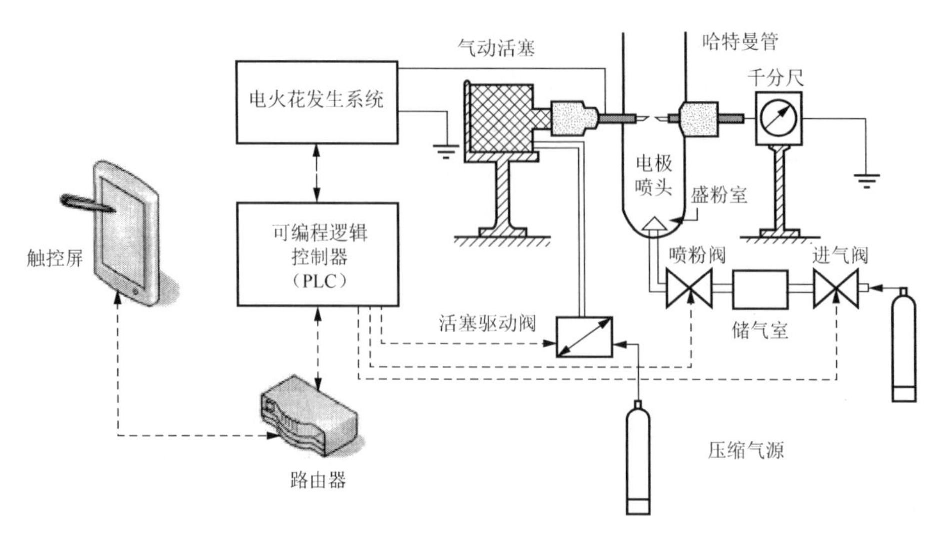

图 2.17　MIE 装置[15]

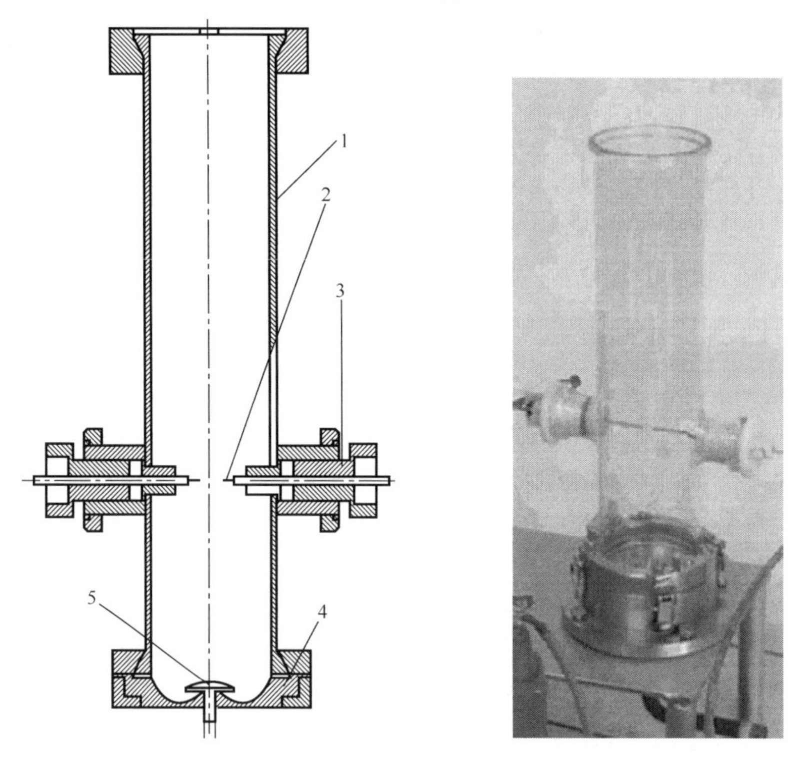

（a）示意图　　（b）实物图

1．石英玻璃管；2．点火电极；3．不锈钢套；4．底座；5．蘑菇状喷嘴

图 2.18　1.2L 哈特曼装置

供气装置包括顶部有蘑菇形喷头的不锈钢喷粉装置和空压机。喷粉装置内部设有储气室，储气室内的气体压力可以通过表面的压力表读出，喷粉压力一般为0.5～1.0MPa。空压机与图 2.19 所示喷粉装置间由一根 6mm PVC 管相连。

图 2.19　喷粉装置

2. 控制系统

图 2.20 所示控制系统由超高压电源、能量储存装置和击穿电压监控装置组成。能量储存装置利用电容储能的原理，经过稳定的高压直流电源向电容中输入超高压（典型电压为 8～15 kV），通过调节不同的电容个数来获取不同的能量。在电源和电容器的高压终端之间有限流电阻来减缓电容的充电速度，以此来产生不连续的电火花。电火花的频率可通过调节电极间距来改变，电火花的计时则通过增加或降低超高压电源电压来改变，为图形记录器提供输出。

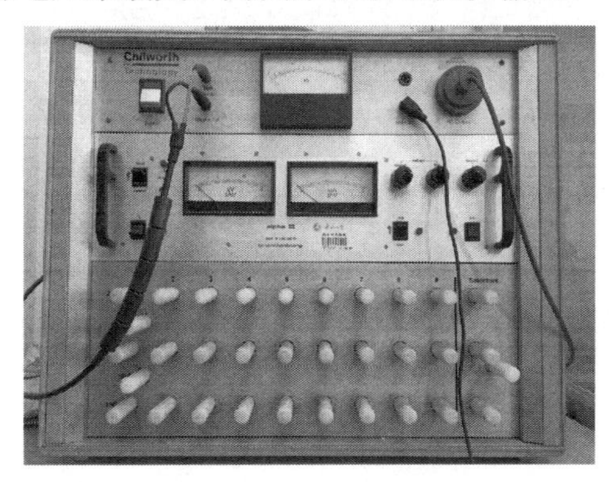

图 2.20　控制系统

3. 数据记录系统

数据记录系统主要为图形记录器（图 2.21），其目的是用来记录击穿电压随时间的变化。由于从能量储存装置输出的 1V 的直流电会在电极间表现为 10kV，图形记录器必须选择全量程测量，全量程为 2V。为了尽可能降低高电压放电对信号的干扰，图形记录器的连线使用铁氧体磁芯包裹。

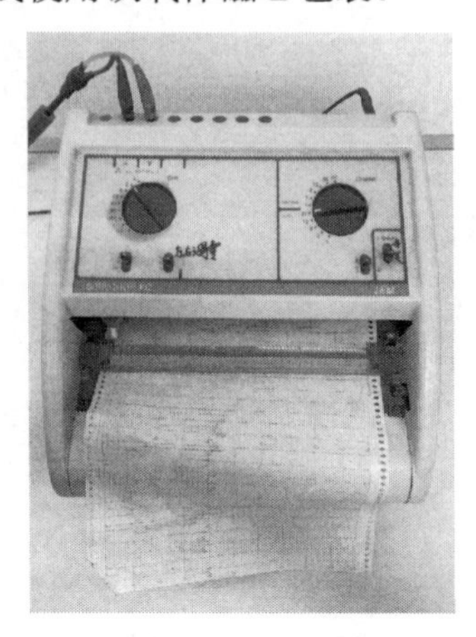

图 2.21　图形记录器

2.4.3　测试方法

根据 ASTM E2019—2007，粉尘云最小点火能测试时的粉体重量通常介于 300 mg 至 3600 mg 之间，电极间隙为 6mm。测试时的能量设置分别为 1 mJ、3 mJ、10 mJ、30 mJ、100 mJ、300mJ 和 1000mJ。电路电感选择采用手动调节。

实验测试时，通过观察哈特曼管中是否发生火焰传播来判定粉尘云是否发生着火。着火判据是火焰在放电火花附近的传播距离大于 6cm。如果发生着火，则降低点火能量，直至未发生着火。如果在 3 次连续喷吹后均未发生着火，则更换新鲜粉尘重复测试。若 10 次喷吹均未发生着火，则认定该浓度下的粉尘样品不能被当前点火能量引燃。

哈特曼管中的两个电极一般间距为 2～6mm，低于 2mm 时，电极会受到淬火效应的影响，电极间距受电容充电能量影响，当能量过大时，为了保证电极间的放电频率，可适当放大电极间距；当在低能量条件下进行实验时，可以减小电极间距，以达到更低的击穿电压。电极的放电频率以 1 次/s 为宜，放电频率过快，粉尘可能发生能量叠加的现象，使得在该能级下不能爆炸的粉尘发生爆炸。另外，间距过大会降低电极放电频率和粉尘的爆炸概率。

2.4.4　应用

1. 防爆方法选择依据

为确定粉尘爆炸的危险程度，进行针对性粉尘爆炸防护，首先必须获得粉尘爆炸的特性参数，以此作为依据，对粉尘爆炸危险程度进行分级并采取相应有效的防护措施。由于粉尘爆炸是一个极其复杂的物理、化学过程，它的机理尚未被人们完全了解，目前粉尘爆炸的特性参数主要通过实验来测定。表 2.8 所示为目前使用的最小点火能分级方法，正确地确定粉尘云最小点火能的大小，是科学地反映粉尘爆炸敏感度必不可少的步骤，它可以判断粉尘加工设备和工作场所的危险情况，在一定条件下，可以确定防护措施的规模和费用，直接关系到相关行业的生产安全与经济效益。

表 2.8　最小点火能分级与防护方法

最小点火能/mJ	防护方法
>100	金属部件应该接地（<10Ω）
25～100	除以上措施，应考虑人的接地（<10^8Ω）
4～25	除以上措施，应考虑高电阻率物料表面放电。如果容积大于 $50m^3$，应考虑粉尘云本身带电导致点燃
1～4	很易于点燃。除以上措施，限制使用绝缘材料
<1	非常易于点燃，应像预防可燃蒸气和气体一样，考虑粉尘云本身带电导致点燃

可燃粉尘的最小点火能范围比较宽，其值可低于 1mJ，也可高于 1J。

（1）如果粉尘的 MIE>1J，则该粉尘处理工艺相对安全。

（2）如果粉尘的点燃能量 MIE<10mJ，则该粉尘极易被点燃，通常要考虑惰化方法防爆。

2. 爆炸性参数分级

根据国际电工委员会的标准，粉尘爆炸危险性可由粉尘云最小点火能划分，见表 2.9。其中，“+”表示此粉尘敏感度较高，需要对其燃烧形式特别注意；“-”表示粉尘的爆炸危险性相对较低，不需要特别的关注或其危险性按照指定的类别未检测到，但“-”仅表示粉尘的着火数据比设定的域值要大或相等，但并不意味该粉尘的危险性可以忽略。

表 2.9　国际电工委员会可燃粉尘危险性分级表（按最小点火能）

爆炸特性参数	+	-
粉尘云最小点火能/mJ	<15	≥15

2.5　最大爆炸压力、最大压力上升速率及爆炸指数

2.5.1　测试原理

根据国际标准 ISO 6184/1—1985[16]定义，一种可燃粉尘的最大爆炸压力是在

所有粉尘浓度范围内，测得的爆炸压力 P 的最大值为该种粉尘的最大爆炸压力，记为 p_{max}；在所有粉尘浓度范围内的上升速率 $(\mathrm{d}p/\mathrm{d}t)$ 的最大值为该种粉尘的最大爆炸压力上升速率，记为 $(\mathrm{d}p/\mathrm{d}t)_{max}$。爆炸指数 K_m 的定义为

$$K_m = (\mathrm{d}p/\mathrm{d}t)_{max} \cdot V^{1/3} \tag{2.5}$$

式中，V 为容器体积（m^3）。虽然同种粉尘在不同体积爆炸容器中测得的 $(\mathrm{d}p/\mathrm{d}t)_{max}$ 不同，但 K_m 基本是相等的。

2.5.2　测试装置

国际标准 ISO 6184/1—1985 推荐采用 $1m^3$ 爆炸容器或 20L 球形爆炸测试装置（图 2.22）对 p_{max}、$(\mathrm{d}p/\mathrm{d}t)_{max}$ 和 K_m 进行测试。由于 20L 球形爆炸测试装置体积小、操作方便、实验费用低，通常采用该装置来进行测试。

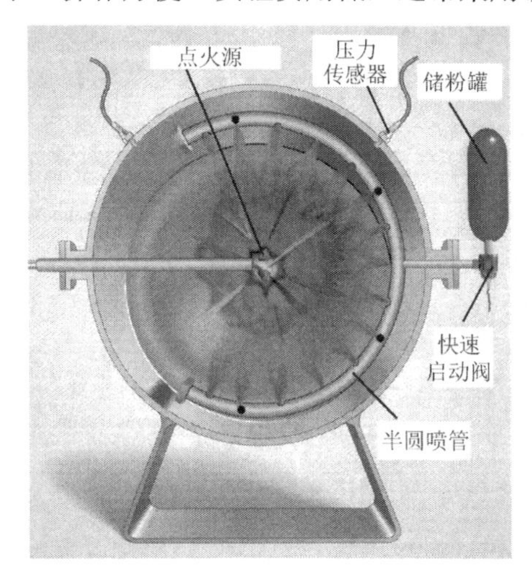

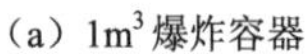
（a）$1m^3$ 爆炸容器

（b）20L 球形爆炸测试装置

图 2.22　爆炸测试装置

20L 球形爆炸测试装置系统示意图如图 2.23 所示，主要由 20L 球形爆炸罐、点火系统、预抽真空系统、喷粉系统、控制系统和数据采集及分析系统组成。

1. 爆炸罐

爆炸罐主要用于形成高紊流度的粉尘云并承受爆炸载荷，为测试系统的关键部件，最大承受压力为 2MPa。罐体为夹套的双层不锈钢球体，夹套内通循环冷却水，顶盖采用卡箍式快开结构。

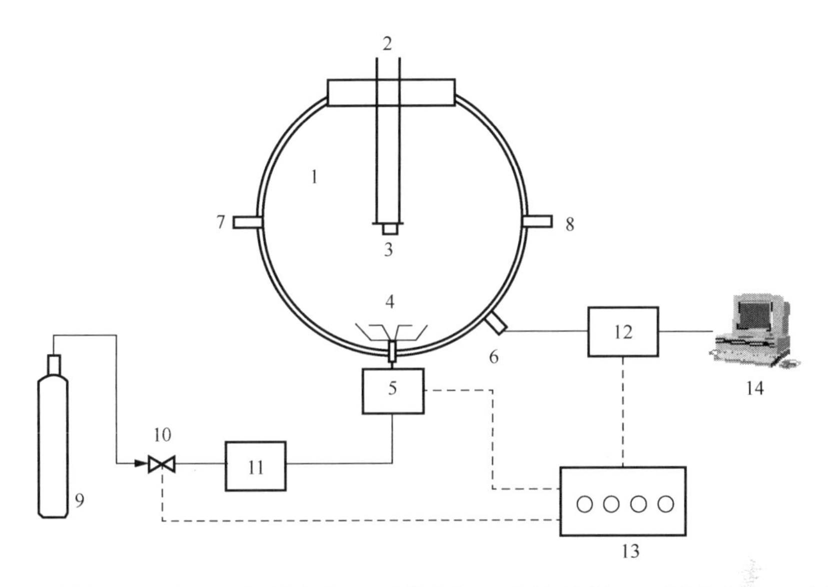

1．20L 球形爆炸罐；2．电极；3．化学点火头；4．分散喷嘴；5．机械两相阀；6．压力传感器；7．空气进口；8．抽真空口（出气口）；9．压缩空气；10．电磁阀；11．储粉罐；12．数据采集系统；13．控制器；14．计算机

图 2.23　20L 球形爆炸测试装置系统示意图

2. 点火系统

点火系统的点火源为化学点火头，总能量为 10kJ。点火剂的质量为 2.4g，由 40%的锆粉、30%的硝酸钡和 30%的过氧化钡组成，其特点是起爆快、温度高、不会消耗容器中的氧气。点火源位于爆炸容器的几何中心，在喷粉 0.06s 后由电引火头点燃。

3. 预抽真空系统

预抽真空系统由真空泵、真空管和真空压力表组成。为消除喷粉引起的超压，确保爆炸容器内粉尘云在点燃时处于大气压状态下，喷粉之前应将爆炸容器内压力抽至真空 0.04MPa。

4. 喷粉系统

喷粉系统由 0.6L 储粉罐、分散喷嘴、电磁阀、电接头压力表和气路组成。

5. 控制系统

控制系统由可编程逻辑控制器、机械两相阀、电路、气路和控制箱体组成。可实现手动清洗、进气、点火功能和自动运行功能，为保障实验过程中的安全，设有安全限位保护和急停按钮。

6. 数据采集和分析系统

数据采集系统由压力传感器、数据采集卡和计算机组成，用于记录爆炸过程中压力的发展过程，并计算显示实验达到的最大爆炸压力、最大压力上升速率和爆炸指数。压力传感器采用 Dytran 公司的压电式传感器，灵敏度为 0.05mV/psi①，安装在爆炸容器的器壁上并与记录仪相连接。

2.5.3 测试方法

如图 2.23 所示，首先将待测粉尘放置到储粉罐内，粉尘在 2MPa 喷粉压力下，经机械两相阀和分散喷嘴喷入预先抽至真空度为 0.04MPa（表压 0.06MPa）的爆炸罐内。延迟 60ms 后，在爆炸罐内形成的粉尘云被化学点火头引燃。整个过程的运行由控制器控制，爆炸过程中的压力由压力传感器、数据采集系统、计算机采集、分析和显示。每次实验结束后，用空气置换爆炸容器内气体。

惰化条件下猛度参数的测试在空气条件下的测试之后进行。为保证测试在所需的气氛环境中进行，在预抽真空之前采用预先配制的压缩气体对爆炸容器内的气氛环境进行清洗，并采用 COSMOS XP-314 气体浓度检测仪检测清洗后的爆炸容器内各气体成分的浓度，以确保满足实验要求。喷吹粉尘用的高压气体采用预配制好的压缩气体。

2.5.4 应用

最大爆炸压力、最大压力上升速率及爆炸指数是反映爆炸猛烈程度的重要参数，用于爆炸泄压设计和爆炸抑制设计。大部分粉尘的爆炸压力为 0.5～1MPa。

（1）砖混结构建筑的耐压为 30～50kPa。

（2）一般设备（除尘器、小于 $10m^3$ 的料仓）的耐压为 0.1～0.2MPa。

爆炸指数反映了压力上升速率，间接反映了火焰传播速度。

德国工程师协会对粉尘爆炸特性和危险性分级研究作出了重要贡献，提出了在国际上最有影响力的关于粉尘爆炸强度的分级方法：根据 K_m 的不同将粉尘爆炸危险性分为四个等级，见表 2.10。该分级方法已经被国际标准化组织、美国消防协会和美国材料与试验协会所采纳，在爆炸泄压和爆炸抑制方面得到了广泛的应用。

表 2.10　德国爆炸指数评价方法

爆炸危险等级	K_m /（MPa·m/s）	爆炸危险特征
St0	0	不爆
St1	$0< K_m <20.0$	弱
St2	$20.0\leqslant K_m$	强
St3	$K_m \geqslant 30.0$	严重

① $1psi=6.894\,76\times10^3Pa$。

2.6 测 试 标 准

2.6.1 爆炸特性参数的国内外测试标准

表述粉尘爆炸特性的参数可以分为两类：一类是爆炸的敏感度参数，反映爆炸发生的难易程度；另一个是爆炸的猛度，反映爆炸的猛烈程度。表 2.11 为各参数测试所依据的国内外标准。

表 2.11　现行常用粉尘爆炸特性参数测试标准

参数		标准号及名称
猛度参数	p_{max} $(dp/dt)_{max}$ K_m	GB/T 16426—1996《粉尘云最大爆炸压力和最大压力上升速率测定方法》[17] ISO 6184/1—1985 Explosion protection systems—Part 1: Determination of explosion indices of combustible dusts in air[16] BS EN 14034-1:2004 Determination of explosion characteristics of dust clouds —Part 1: Determination of the maximum explosion pressure p_{max} of dust clouds[18] BS EN 14034-2:2006 Determination of explosion characteristics of dust clouds—Part 2: Determination of the maximum rate of explosion pressure rise $(dp/dt)_{max}$ of dust clouds[19] ASTM E1226—2012 Standard test method for explosibility of dust clouds[20]
敏感性参数	MEC LEL	GB/T 16425—1996《粉尘云爆炸下限浓度测定方法》[12] BS EN 14034-3:2006 Determination of explosion characteristics of dust clouds—Part 3: Determination of the lower explosion limit LEL of dust clouds[21] ASTM E1515—2014 Standard test method for minimum explosible concentration of combustible dusts[22]
	MIE	GB/T 16428—1996《粉尘云最小着火能量测定方法》 GB/T 12476.10—2010《可燃性粉尘环境用电气设备　第 10 部分：试验方法　粉尘与空气混合物最小点燃能量的测定方法》 IEC 61241-2-3:1994 Electrical apparatus for use in the presence of combustible dust—Part 2: Test methods-Section 3: Method for determining minimum ignition energy of dust air mixtures BS EN 13821: 2002 Determination of minimum ignition energy of dust air mixtures[23] ASTM E2019—2003(R2013) Standard test method for minimum ignition energy of a dust cloud in air
	MITC	GB/T 16429—1996《粉尘云最低着火温度测定方法》 GB/T 12476.8—2010《可燃性粉尘环境用电气设备　第 8 部分：试验方法　确定粉尘最低点燃温度的方法》 IEC 61241-2-1:1994 Electrical apparatus for use in the presence of combustible dust-Part 2: Test methods Section 1 Methods for determining the minimum ignition temperatures of dust BS EN 50281-2-1:1999 Electrical apparatus for use in the presence of combustible dust-Part 2-1: Test methods-Methods of determining minimum ignition temperatures ASTM E1491—2006 Standard test method for minimum auto ignition temperature of dust clouds

续表

参数		标准号及名称
敏感性参数	MITL	GB/T 16430—1996《粉尘层最低着火温度测定方法》 GB/T 12476.8—2010《可燃性粉尘环境用电气设备　第 8 部分：试验方法　确定粉尘最低点燃温度的方法》 IEC 61241-2-1:1994 Electrical apparatus for use in the presence of combustible dust—Part 2: Test methods Section 1 Methods for determining the minimum ignition temperatures of dust BS EN 50281-2-1:1999 Electrical apparatus for use in the presence of combustible dust—Part 2-1: Test methods-Methods of determining minimum ignition temperatures ASTM E2021—2015 Standard test method for hot surface ignition temperature of dust layers
	LOC	BS EN 14034-3:2004 Determination of explosion characteristics of dust clouds—Part4: Determination of the limiting oxygen concentration LOC of dust clouds

2.6.2　相关测试标准及行业标准

2.6.2.1　测试标准对比

有关粉尘爆炸特性数据的文献可以说浩如烟海，比较这些文献，人们可以发现这样一个问题，即同一种粉尘不同资料上给出的爆炸性数据并不一致，有时甚至相差很大。结果导致现实生产中人们难以抉择、争论不休。其实出现这一问题并不奇怪，因为影响粉尘爆炸特性的因素非常多，任一条件的变化都会引起测试数据的变化，主要的因素总结起来有以下几方面。

1. 粉尘样品

（1）粉尘粒径及分布：一般粉尘粒径越小、比表面积越大，爆炸敏感度越高，压力上升速率越大。

（2）粉尘湿度：一般情况下，粉尘湿度越大越不易着火。

（3）粉尘成分：如粮食粉尘中淀粉、蛋白质、灰分的含量以及煤粉中挥发分含量对爆炸敏感度和猛度影响都较大。

2. 爆炸测试设备

测试设备不一样会导致测试结果不一致，比如利用哈特曼管测试爆炸压力和压力上升速率，其结果远低于 20L 球形爆炸测试装置（国际标准推荐设备）测试的结果。

3. 测试条件

即便测试设备一致，改变测试条件，测试结果也会不一致。如点火前的初始压力不一致，最大爆炸压力会和绝对初始压力变化呈正比，也就是说，同一粉尘在负压状态下的除尘器里和在正压状态下的除尘器里发生爆炸产生的最大破坏压力不一样。

类似的其他条件还有点火能量、初始紊流度、点火延时等，这些因素均会影响测试结果。

2.6.2.2　粉尘相关标准

粉尘涉及的相关标准主要包括国内外的粉尘测试标准和各行业的粉尘防爆标准。有关粉尘防爆标准的现行总体标准见表 2.12。这些标准在技术内容上参考了欧洲防爆指令的相关内容，包括 ATEX 指令 1994/9/EC“潜在爆炸环境用的设备及保护系统”，以及 ATEX 指令 1999/92/EC“关于改进处于潜在爆炸危险中工人的安全和健康保护最低要求”。

表 2.12　有关粉尘防爆标准的现行总体标准

序号	标准号	标准名称
1	GB/T 15604—2008	《粉尘防爆术语》
2	GB/T 15605—2008 （NEQ VDI3676:2002）	《粉尘爆炸泄压指南》
3	GB 15577—2007	《粉尘防爆安全规程》
4	GB 25285.1—2010 （MOD EN 1127-1:2007）	《爆炸性环境 爆炸预防和防护》 第 1 部分：基本原则和方法
5	GB 25285.2—2010 （MOD EN 1127-2:2007）	《爆炸性环境 爆炸预防和防护》 第 2 部分：矿山爆炸预防和防护的基本原则和方法
6	GB/T 29304—2012	《爆炸危险场所防爆安全导则》

根据环境要求，电气设备的防爆标准分为气体和粉尘两部分，电气设备的粉尘防爆标准见表 2.13。

表 2.13　电气设备的防爆标准

可燃性粉尘环境用电气设备	爆炸性环境
GB 12476.1—2013（MOD IEC 61241-0:2004）第 1 部分：通用要求	GB 3836.1—2010 (MOD IEC 60079-0: 2007)第 1 部分：设备 通用要求
GB 12476.5—2013（IDT IEC 61241-1:2004）第 5 部分：外壳保护型“tD”	GB 3836.2—2010（MOD IEC 60079-1:2007）第 2 部分：由隔爆外壳“d”保护的设备
GB 12476.4—2010（IDT IEC 61241-11:2005）第 4 部分：本质安全型“iD”	GB 3836.3—2010（IDT IEC 60079-7:2006）第 3 部分：由增安型“e”保护的设备
GB 12476.7—2010（IDT IEC 61241-4:2001）第 7 部分：正压保护型“pD”	GB 3836.4—2010（IDT IEC 60079-11:2006）第 4 部分：由本质安全型“i”保护的设备
GB 12476.6—2010（IDT IEC 61241-18:2004）第 6 部分：浇封保护型“mD”	GB 3836.11—2008（IDT IEC 60079-1-1:2002）第 11 部分：由隔爆外壳“d”保护的设备最大试验安全间隙测定方法
GB 12476.8—2010（IDT IEC 61241-2-1:1994）第 8 部分：试验方法　确定粉尘最低点燃温度的方法	GB 3836.19—2010（IDT IEC 60079-27:2008）第 19 部分：现场总线本质安全概念（FISCO）
GB 12476.9—2010（IDT IEC 61241-2-2:1993）第 9 部分：试验方法　粉尘层电阻率的测定方法	GB 3836.20—2010（IDT IEC 60079-26:2006）第 20 部分：设备保护级别（EPL）为 Ga 级的设备
GB 12476.10—2010（IDT IEC 61241-2-3:1994）第 10 部分：试验方法　粉尘与空气混合物最小点燃能量的测定方法	GB 3836.13—2013（MOD IEC 60079-19:2010）第 13 部分：设备的修理、检修、修复和改造

续表

可燃性粉尘环境用电气设备	爆炸性环境
GB 12476.3—2007（IDT IEC 61241-10:2004）第 3 部分：存在或可能存在可燃性粉尘的场所分类 GB 12476.2—2010 IDT IEC 61241-14:2004 第 2 部分：选型和安装	GB 3836.12—2008（IEC 60079-12:1978）第 12 部分：气体或蒸汽混合物按照最大试验安全间隙和最小点燃电流的分级 GB/T 5332—2007（IEC 60079-4:1975）《可燃液体和气体引燃温度试验方法》 GB 3836.18—2010（IDT IEC 60079-25:2003）第 18 部分：本质安全系统

非电气设备的粉尘防爆标准见表 2.14。

表 2.14　非电气设备的粉尘防爆标准

序号	标准号	标准名称
1	GB 25286.1—2010 （MOD EN 13463-1: 2001）	《爆炸性环境用非电气设备》 第 1 部分：基本方法和要求
2	GB 25286.2—2010 （MOD EN 13463-2: 2004）	《爆炸性环境用非电气设备》 第 2 部分：限流外壳型“fr”
3	GB 25286.3—2010 （MOD EN 13463-3: 2005）	《爆炸性环境用非电气设备》 第 3 部分：隔爆外壳型“d”
4	GB 25286.5—2010 （MOD EN 13463-5: 2003）	《爆炸性环境用非电气设备》 第 5 部分：结构安全型“c”
5	GB 25286.6—2010 （MOD EN 13463-6: 2003）	《爆炸性环境用非电气设备》 第 6 部分：控制点燃源型“b”
6	GB 25286.8—2010 （MOD EN 13463-8: 2003）	《爆炸性环境用非电气设备》 第 8 部分：液浸型“k”

其他设备的粉尘防爆标准见表 2.15。

表 2.15　其他设备的相关标准

序号	标准号	标准名称
1	GB/T 17919—2010	《粉尘爆炸危险场所用收尘器防爆导则》
2	GB/T 18154—2000	《监控式抑爆装置技术要求》
3	GB/T 25445—2010（IDT EN 14373:2005）	《抑制爆炸系统》
4	GB/T 24626—2009 IDT EN 14460:2006	《耐爆炸设备》

在工程设计中，一般涉及的粉尘防爆标准见表 2.16。

表 2.16　工程设计涉及的粉尘防爆标准

序号	标准号	标准名称
1	GB 50058－2014	《爆炸危险环境电力装置设计规范》
2	AQ 3009－2007	《危险场所电气防爆安全规范》
3	DL/T 5023－2005	《火力发电厂煤和制粉系统防爆设计技术规程》
4	GB 16543－2008	《高炉喷吹烟煤系统防爆安全规程》

表 2.17 列出了东北大学工业火灾和爆炸防治实验室采用的粉尘爆炸特性参数测试标准，本书主要参考这些标准。

表 2.17　粉尘爆炸特性参数测试标准

实验项目	依据标准		使用设备	检测对象
	国家标准	国际标准		
爆炸性判定	N/A	ASTM E1226—2012	哈特曼管及 20L 球形爆炸测试装置	粉尘
爆炸下限	GB/T 16425—1996	ASTM E1515—2007 BS EN 14034-3:2006	20L 球形爆炸测试装置	粉尘/气体
最大爆炸压力 p_{max} 最大压力上升速率 $(dp/dt)_{max}$	GB/T 16426—1996	ISO 6184/1—1985 ASTM E1226—2012 BS EN 14034-1:2004 BS EN 14034-2:2006	20L 球形爆炸测试装置及 1m³ 爆炸罐	粉尘/气体
粉尘层电阻率（ER）	GB/T 16427—1996	IEC/TS 61241-2-2:1993	比电阻测试仪	粉尘
最小点火能	GB/T 16428—1996 GB/T 12476.10—2010	IEC 61241-2-3:1994 BS EN 13821:2002	MIEⅢ、MIKE3、8L 爆炸罐	粉尘/液体/气体
粉尘云最低着火温度	GB/T 16429—1996 GB/T 12476.8—2010	IEC 61241-2-1:1994 ASTM E1491—2010	G-G 炉、BAM 炉	粉尘
粉尘层最低着火温度	GB/T 16430—1996 GB/T 12476.8—2010	CEI IEC 61241-2-1:1994 ASTM E2021—2009	恒温热板	粉尘
极限氧浓度	N/A	ASTM E2931—2013	20L 球形爆炸测试装置及 1m³ 爆炸罐	粉尘/气体
泄爆、隔爆、抑爆、惰化装置性能	GB/T 15605—2008 GB/T 25445—2010	NFPA 68—2007 EN 15089:2009 BS EN 14373:2005 EN 15281:1997 NFPA 69—2008 BS EN 14460:2007 BS EN 14491:2006 CEN TR 15281—2006	1m³ 及 5m³ 爆炸罐	粉尘/气体

注：N/A 表示尚无国家标准

2.7　本书研究所涉及物质

2.7.1　镁粉

本书所涉及的镁粉规格有 50～100 目、100～200 目、200～325 目和>1000 目四种。光学显微镜下四种样品的结构形状如图 1.8、图 2.24～图 2.26 所示，各镁粉样品外观基本呈球形。粒径分布如图 1.9、图 2.27～图 2.29 所示，根据粒度分析结果，各实验镁粉介质的物理特性参数如表 2.18 所示。

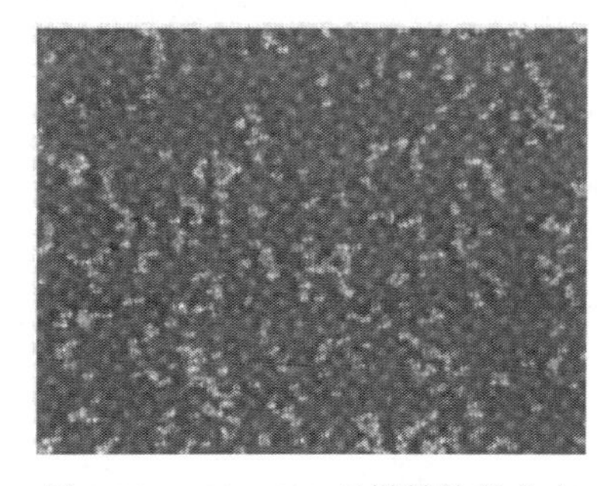

图 2.24　100～200 目镁粉粒径分布

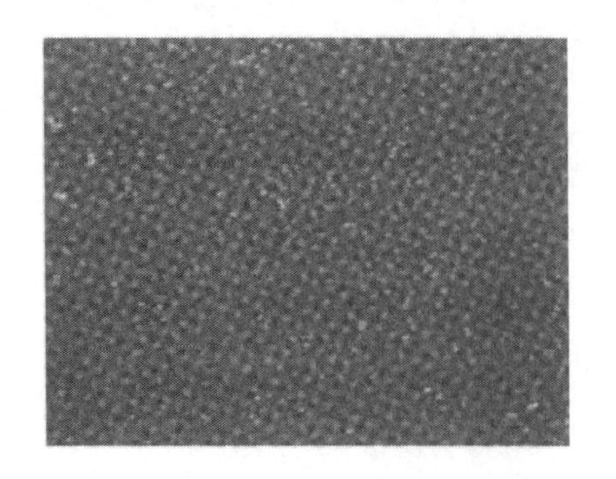

图 2.25　200～325 目镁粉粒径分布

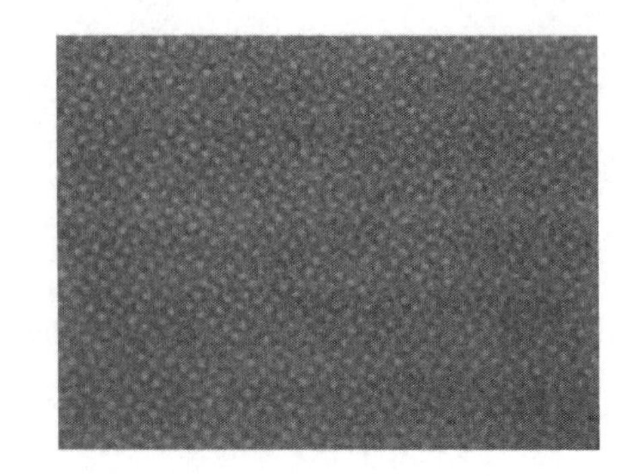

图 2.26　>1000 目镁粉粒径分布

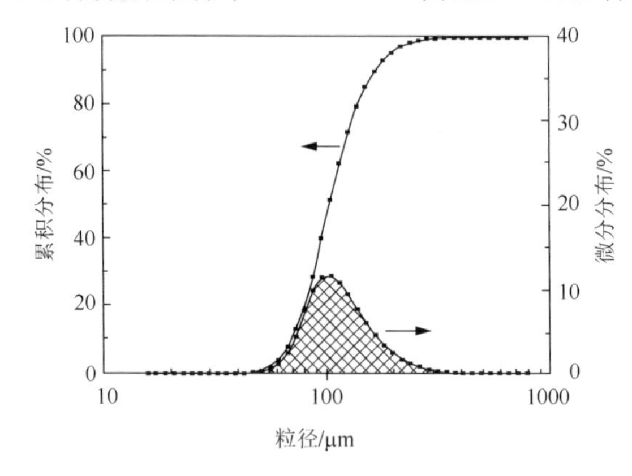

图 2.27　100～200 目镁粉粒径分布

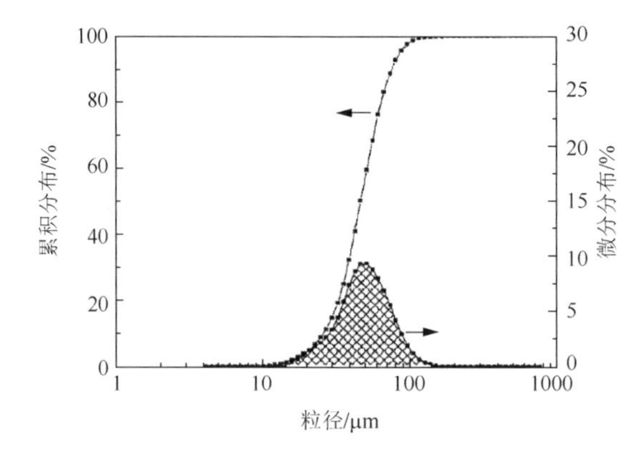

图 2.28　200～325 目镁粉粒径分布

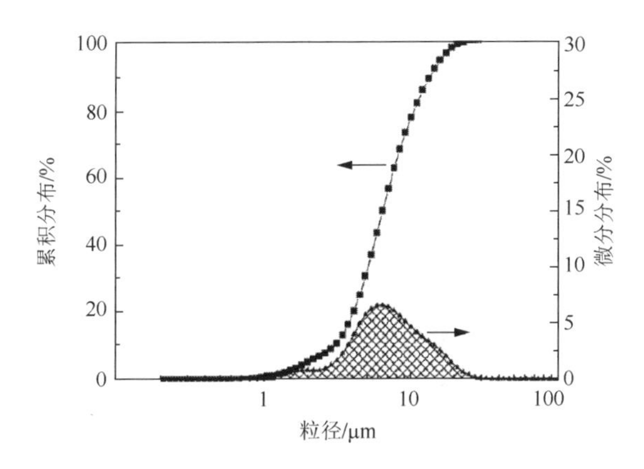

图 2.29 >1000 目镁粉粒径分布

表 2.18 镁粉粒径分布及物理特性参数

过筛目数目	粒径/ μm	激光粒径分布/ μm					比表面积/ (m^2/cm^3)	活性镁/ %	松装密度/ (g/cm^3)
		d_3	d_{10}	D_{50}	d_{90}	d_{97}			
50～100	147～288	73	93	173	306	394	0.038	99.02	—
100～200	74～147	62	72	104	166	215	0.064	98.85	0.952
200～325	43～74	18	26	47	76	94	0.145	98.62	0.888
>1000	0～10	2	3	6	14	18	0.952	96.34	0.902

2.7.2 钛粉

1. 微米钛粉

实验用的三种微米钛粉，即-100 目（<150μm）、-325 目（<45μm）和≤20μm，均为 American Elements 公司的产品，扫描电镜样图分别如图 2.30～图 2.32 所示，颗粒外观呈不规则块状。根据激光粒度分析仪测得的粒度分布结果（如图 2.33～图 2.35 所示），-100 目颗粒的中位粒径 d_{50} 约为 113μm，-325 目和≤20μm 两个样品的粒度分布较为接近，d_{50} 基本相同，约为 33μm。

图 2.30 -100 目微米钛粉电镜图片

图 2.31　-325 目钛粉的电镜图片

图 2.32　≤20μm 钛粉的电镜图片

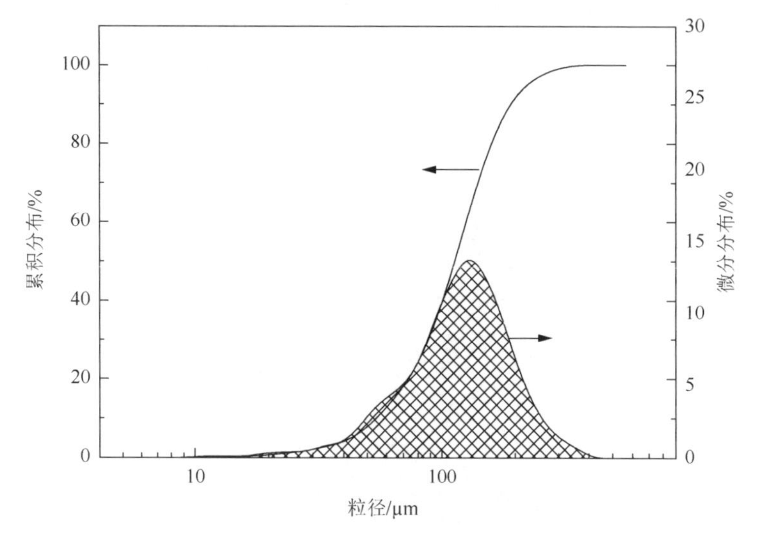

图 2.33　-100 目颗粒粒度分布

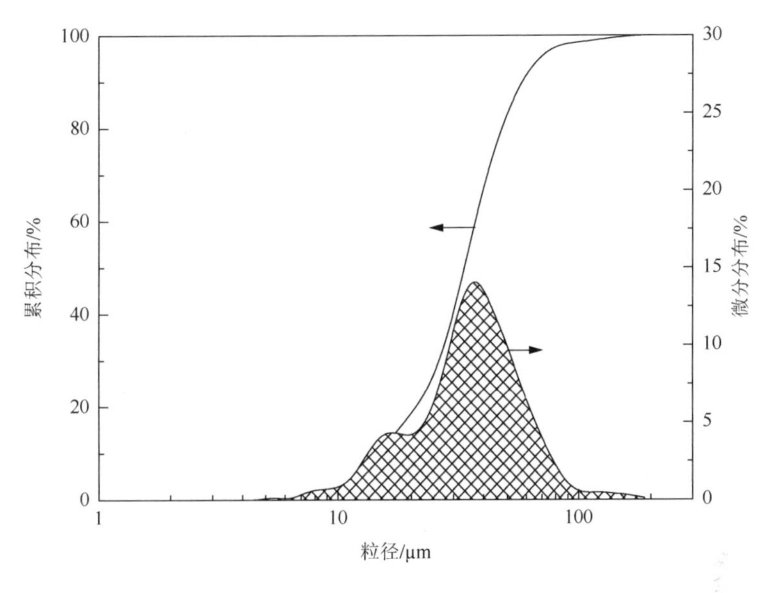

图 2.34　-325 目颗粒粒度分布

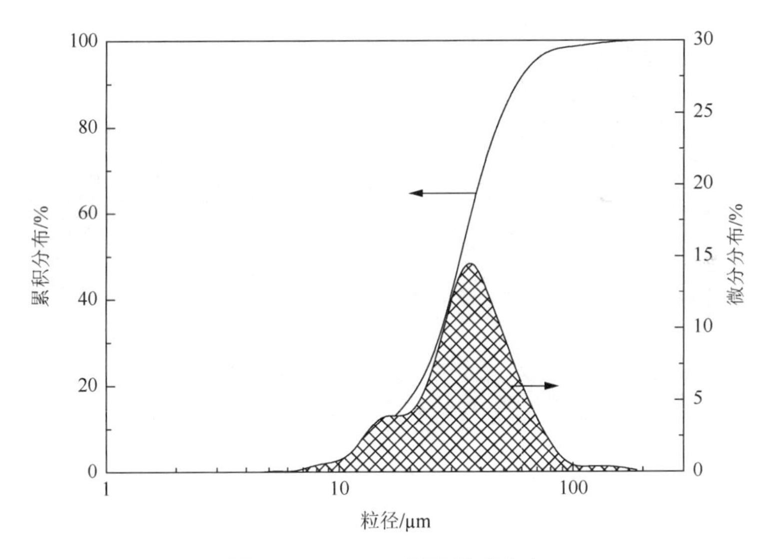

图 2.35　≤20μm 颗粒粒度分布

2. 纳米钛粉

纳米钛粉色泽为黑色，实验所用三种纳米钛粉的初始粒径分别为 40～60nm、60～80nm 和 150nm，扫描电镜样图分别如图 1.10、图 2.36 和图 2.37 所示，纳米粒子外观形状基本呈球形。

图 2.36　60～80nm 钛粉电镜样图

图 2.37　150nm 钛粉电镜样图

3. 气相及粉末惰化介质

本书所涉及气相惰化介质为氮气和氩气。粉末惰化介质为纳米二氧化钛，该粉体为白色粉末，扫描电镜样图如图 2.38～图 2.41 所示，纳米颗粒形状呈不规则状。

图 2.38　10～30nm 二氧化钛电镜样图

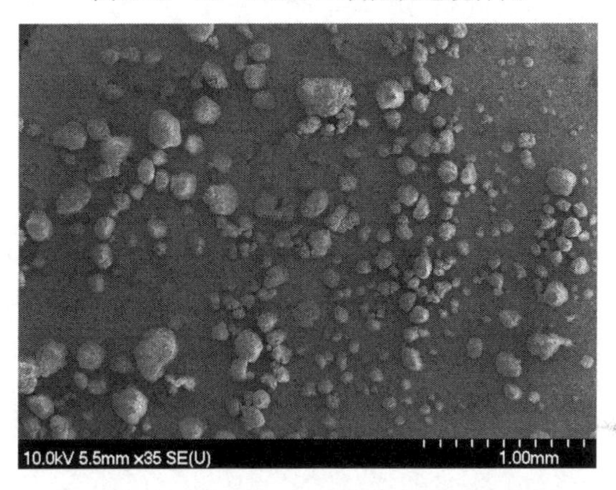

图 2.39　堆积状态下二氧化钛纳米颗粒团块

图 2.40　单个纳米二氧化钛凝并颗粒

图 2.41　二氧化钛凝并颗粒内的纳米粒子

ASTM E1491—2006 中对 BAM 炉的测试过程有明确规定，待测粉体的量分别为 0.5ml、1ml 和 2ml。对于单种粉体而言，样品体积可直接采用量筒测量确定。对于两种及两种以上的粉体混合物，采用量筒分别测量各组分的体积再进行混合较为困难且无法保证精度，故采用下述称重方法进行样品准备。

（1）测试 1ml 各组分样品的质量。通过多次测量求平均值的方法，获得各组分的平均堆积密度。根据图 2.42 所示的测量结果，微米钛粉、纳米二氧化钛、纳米钛粉的堆积密度分别为 1.513g/ml、0.364g/ml 和 0.24g/ml。

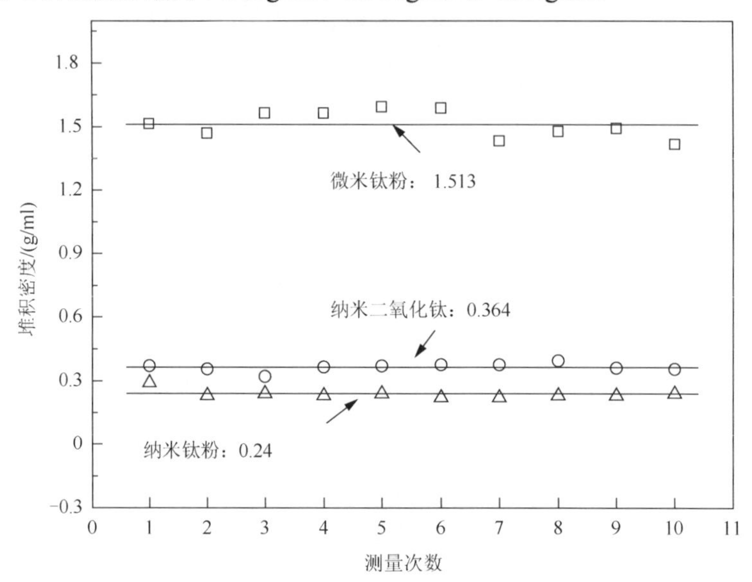

图 2.42　各组分 10 次测量的平均堆积密度

（2）根据各组分平均堆积密度和所需惰化程度，计算 0.5ml、1ml 和 2ml 样品混合物中各组分的质量。如微米钛粉中二氧化钛的含量为 50%（体积百分比），根据图 2.42 中各组分的堆积密度，则 1ml 样品混合物中微米钛粉、纳米二氧化钛的质量分别为 0.762g 和 0.182g。

（3）根据各组分的计算质量，称重后充分混合，即可得到所需的粉体混合物。采用该称重法获得的 1ml 微米钛粉与纳米二氧化钛混合物如图 2.43 所示。将该混合物倒入量筒中进行测量验证，结果表明该称重法获得的样品混合物仍为 1ml，满足 ASTM E1491—2006 标准中对实验样品的准备要求。

图 2.43　1ml 微米钛粉与纳米二氧化钛混合物（体积比 1∶1）

采用 20L 球形爆炸测试装置进行惰化测试时，固定可燃粉尘（即微米钛粉及纳米钛粉）的浓度为 $125g/m^3$，逐渐增加惰性介质（纳米二氧化钛）的比重，以获得完全惰化钛粉所需的二氧化钛的量。当惰化介质的加入抑制了前述纳米钛粉的喷吹着火现象时，将使用 5kJ 化学点火头进行纳米钛粉的惰化测试。如果惰化后没有发生喷吹着火现象，则采用与微米钛粉相同的爆炸判据，即以爆炸压力是否超过 1bar 进行判断，而非 1.6bar。其他测试方法和程序与最低可爆浓度测试基本相同。

进行最小点火能的测试时，无论实验介质是否经过惰化处理，每次实验样品的总质量是恒定的。如对纯微米钛粉进行测试时，钛粉样品的质量分别为 300mg、600mg、900mg、1200mg、1800mg、2400mg、3000mg、3600mg，在进行惰化测试时，实验样品（含有纳米二氧化钛和微米钛粉）的总量仍为上述量值，内部各成分的质量分数根据惰化程度进行指定。

参 考 文 献

[1]　国家技术监督局. 粉尘层最低着火温度测定方法: GB/T 16430—1996[S]. 北京: 中国标准出版社, 1996.

[2]　Methods for determining the minimum ignition temperatures of dust—Part 1: Dust layer on a heated surface at a constant temperature: IEC 61241-2-1—1994[S]. Geneva, Switzerland: International Electrotechnical Commission,

1994: 11-23.

[3] 苑春苗. 惰化条件下镁粉爆炸性参数的理论与实验研究[D]. 沈阳: 东北大学, 2009.

[4] 唐海洋, 张剑, 杨承山, 等. 爆炸性环境用防爆电气设备选型及电气线路的设计[J]. 电气防爆, 2007, (1): 36-40.

[5] Standard Test Method for Minimum Autoignition Temperature of Dust Clouds: ASTM E1491—2006[S]. American Society for Testing and Materials, 2006.

[6] Methods for determining the minimum ignition temperatures of dust—Part 2: Dust cloud in a furnace at a constant temperature: IEC 61241-2-1: 1994[S]. Geneva, Switzerland：International Electrotechnical Commission, 1994: 11-27.

[7] Hensel W. Methods for the determination of the ignition temperature of dust/air mixtures at hot surfaces-a comparison[J]. Federal Institute for Materials Research and Testing, 1984, 12: 86-88.

[8] Conti R S. Thermal and electrical ignitability of dust clouds[R]. United States, Bureau of Mines Report of Investigations, 1983.

[9] Hertzberg M. Autoignition temperatures for coal particles dispersed in air[J]. Fuel, 1991, (70): 1115-1123.

[10] Krause U. On the minimum ignition temperature of dust clouds[C]. Proceedings of sixth International Symposium on Hazards, Prevention and Mitigation of Industrial Explosion, Halifax, NS, Canada, 2006: 68-76.

[11] 李畅. 微米及纳米钛粉爆炸特性参数的实验与理论研究[D]. 沈阳: 东北大学, 2015.

[12] 国家技术监督局. 粉尘云爆炸下限浓度测定方法: GB/T 16425—1996[S]. 北京: 中国标准出版社, 1996.

[13] Dust fires and dust explosions hazard-assessment-protective measures—Part 1: Test methods for the determination of the safety characteristic of dusts: VDI 2263—1990[S]. Verein Deutscher Ingenieure, 1990: 16-24.

[14] Method for determining minimum ignition energy of dust air mixtures: IEC 61241-2-3 [S]IEC, 1994.

[15] 任纯力. 粉尘云最小点火能实验研究与数值模拟[D]. 沈阳: 东北大学, 2011.

[16] Explosion protection systems—Part l: Determination of explosion indices of combustible dusts in air:ISO 6184/1—1985[S]. 3rd edn. International Organization for Standardization, 1985.

[17] 国家技术监督局. 粉尘云最大爆炸压力和最大压力上升速率测定方法: GB/T 16426—1996[S]. 北京: 中国标准出版社, 1996.

[18] Determination of explosion characteristics of dust clouds—Part 1: Determination of the maximum explosion pressure P_{max} of dust clouds: EN 14034-1: 2004[S]. European Committee for Standardization, 2004.

[19] Determination of explosion characteristics of dust clouds—Part 2: Determination of the maximum rate of explosion pressure rise $(dp/dt)_{max}$ of dust clouds: EN 14034-2: 2006 [S]. European Committee for Standardization, 2006.

[20] Standard test method for explosibility of dust clouds: ASTM E1226—2012[S]. American Society for Testing and Materials, 2012.

[21] Determination of explosion characteristics of dust clouds—Part 3: Determination of the lower explosion limit (LEL) of dust clouds: BS EN 14034-3: 2006 [S]. European Committee for Standardization, 2006.

[22] Standard test method for minimum explosible concentration of combustible dusts: ASTM E1515—2014[S]. American Society for Testing and Materials, 2014.

[23] Determination of minimum ignition energy of dust air mixtures:BS EN 13821: 2002[S]. British Standards Institution, 2002.

第 3 章　热表面作用下粉尘层的着火理论与实验

在粉体工业生产过程中，可燃性粉尘由于生产或管理等原因将可能沉积在工业设备或管道的表面上，层状粉尘的堆积很难避免[1,2]。当堆积表面由于工艺高温或摩擦等原因温度过高时，将成为诱发堆积粉尘着火的点火源，进而导致火灾或爆炸事故的发生[3,4]。中国由高温热表面引起粉尘层焖烧导致的粉尘爆炸事故占粉尘爆炸事故的 38.71%。而在德国，17%的粉尘爆炸事故是粉尘层的表面受热着火诱发的，每年造成的经济损失高达 1 亿马克[5-8]。

接触高温表面时，可燃粉尘与可燃气体着火的难易程度是不同的[9-11]。底部受热的粉尘层由于顶部粉尘的绝热作用，在热板加热条件下较易发生焖烧自燃，且着火后很难及时发现，极易成为引发火灾和爆炸事故的点火源[1-4]。例如，烟煤在 235℃时即可发生焖烧自燃，而甲烷自燃温度却高达 537℃。层内堆积粉尘表面受热的着火问题比可燃气体更复杂、影响因素更多[5-9]。本章主要阐述可燃金属粉尘在高温表面堆积时粉尘层内部的温度变化规律，以及可能导致的层着火风险。

3.1　粉尘层表面受热的抽象物理模型

在实际工业生产中，粉尘层堆积的形式有很多种[10]，图 3.1 所示为一种典型实例。本书第 2 章所述粉尘层最低着火温度测试方法及测试装置采用的粉尘层堆积样式为上述堆积形式的简化，具体如图 3.2 所示。粉尘层最低着火温度参数测试的主要目的是以标准的形式，确定可燃粉体物质在热表面堆积时的着火敏感性。

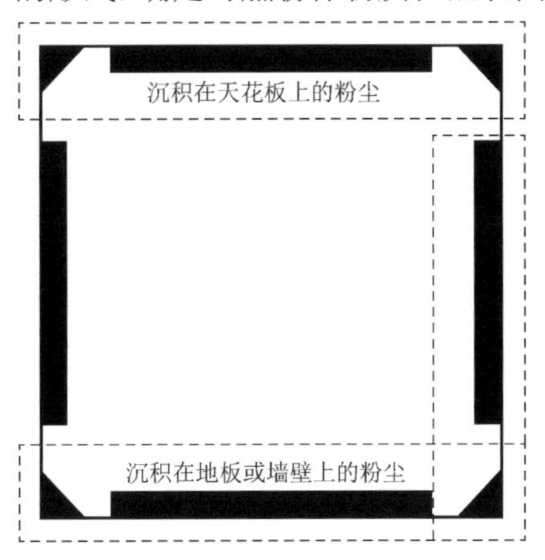

图 3.1　实际工业生产中可燃粉尘的堆积情形

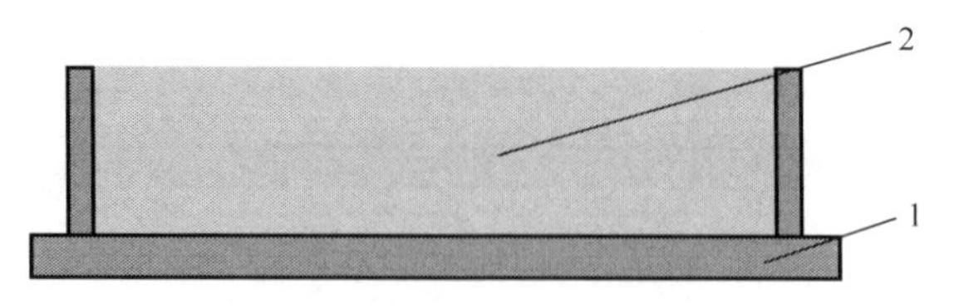

1．恒温热板；2．粉尘层块

图 3.2　标准测试时粉尘层的堆积形式

3.2　粉尘层温度分布假设模型

3.2.1　Semenov/Frank-Kamenetskii 模型

热爆炸理论分析中最简单的系统是温度均匀分布的放热系统，简称均温系统，也称 Semenov 系统[11]，如图 3.3 所示。图 3.3 中反应物内部没有温度梯度，各处的温度均为 T 且大于环境温度，环境温度也是均匀的。图 3.3 所示的系统在反应物表面有一个温度突变。这种边界条件称为 Semenov 边界条件。

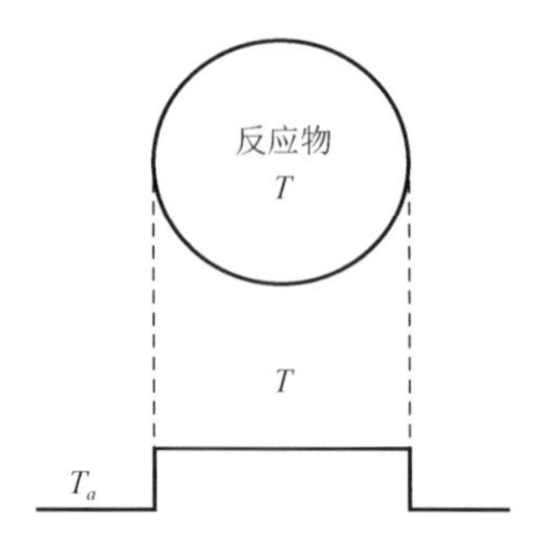

图 3.3　Semenov 系统示意图

对于在热板表面受热的粉尘层而言，基于 Semenov 假设的粉尘层内部温度分布如图 3.4 所示。其中，“0”处为热板表面，“L”处为粉尘层顶部，T_a 为环境温度，T_p 为高温表面的温度。从图 3.4 中可以看出，粉尘层内部的温度分布是均匀的。从物理意义上说，这样的理想粉尘层内部没有传热和传质。实际情况要接近这一理想情况，粉尘层必须有非常小的直径、极高的导热系数和边界上极低的传热速率。

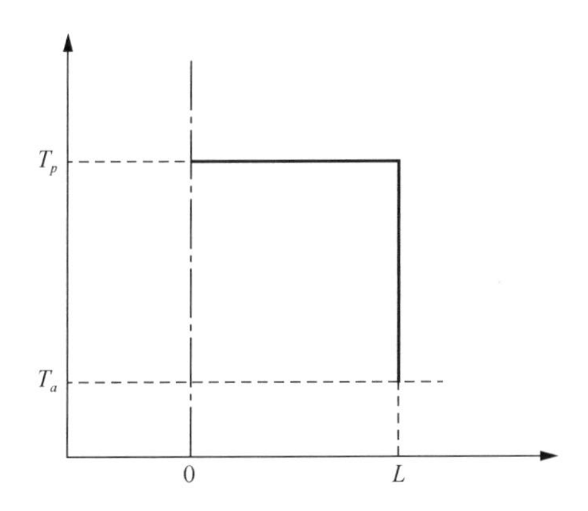

图 3.4　基于 Semenov 假设的粉尘层内部温度分布

就物理本质而言，上述粉尘层热表面受热时的温度分布主要与毕奥数有关。毕奥数可表示为

$$B_i = \frac{hr}{k} \tag{3.1}$$

式中，h 为表面热交换系数；r 为体系的特征长度；k 是热传导系数，该准数的物理意义为物体表面换热速率与物体内部传热速率的比值。对于 Semenov 系统，$B_i \to 0$，即 $k \to \infty$，粉尘层内部温度均匀分布。

对于热传导系数不是很大的介质，Semenov 假设模型误差较大。

Frank-Kamenetskii 提出一种针对较小导热系数物质的假设模型，即 $B_i \to \infty$ 的情形，由 $B_i = \frac{hr}{k}$ 可知，此时 $k \to 0$。该假设模式下对应的层内温度分布如图 3.5 所示[12]。

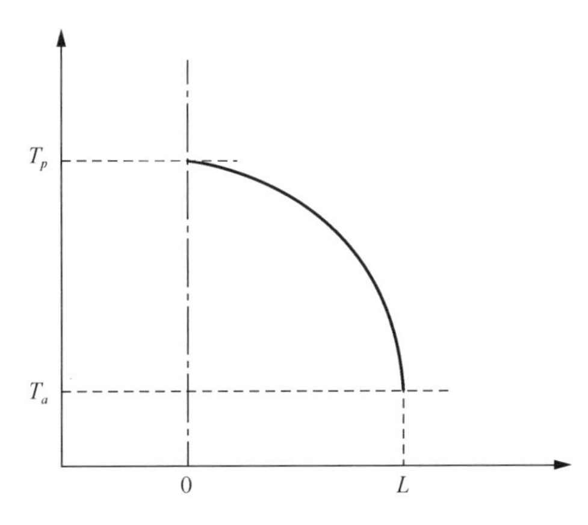

图 3.5　基于 Frank-Kamenetskii 假设的粉尘层内部温度分布

3.2.2 Thomas 假设模型

上述 Semenov 和 Frank-Kamenetskii 提出的假设模型均属于较为理想的情况。在实际情形下，粉尘层热板受热时温度分布与粉体物质自身的物理特性有关。Thomas 根据可燃粉体物质自身的 h、r、k 值，通过模型计算得到粉尘层内部的温度分布，如图 3.6 所示。纵轴 T_m 为粉尘层内峰值温度，横轴为以粉尘层厚度为基准的无量纲热表面距离。由图 3.6 中的温度分布可以看出，对于可燃物质而言，粉尘层热板受热时，层内温度极大值点不在热板表面处，而是位于层内靠近热板表面一定距离处，具体位置取决于热板温度、粉体物质物性等因素。

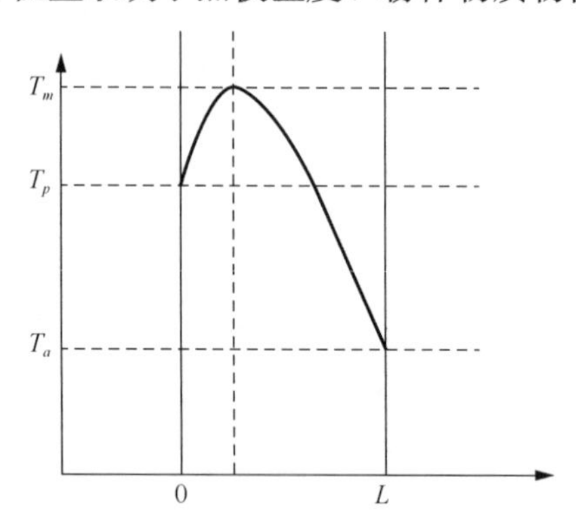

图 3.6　Thomas 处理模型

3.3　粉尘层内温度分布理论模型

3.3.1 理论模型与守恒方程

假设粉尘层呈圆饼状堆积，设其厚度为 L，直径为 D。粉尘层在热板受热过程中，粉尘层顶部和四周将与周围环境进行对流及辐射换热，将导致受热粉饼轴向位置温度较高，更易发生着火风险。本书所述模型以粉饼轴线位置建立一维的能量守恒方程。忽略粉尘层在径向的传热，仅考虑粉尘沿厚度方向的能量交换。粉尘层底部在恒定温度的热板加热下，热量以热传导的方式垂直向上进入粉尘层内部，粉尘层顶部由于自然对流换热和热辐射作用导致其热量不断散失。

根据傅里叶定律，恒温热板加热时金属粉尘层的能量守恒方程如下所示：

$$\rho_b c \frac{\partial T}{\partial t} = k' \frac{\partial^2 T}{\partial x^2} + k \frac{\partial^2 T}{\partial y^2} + A \Delta H_R \rho_b \exp\left(\frac{-E}{RT}\right) \tag{3.2}$$

式中，ρ_b 为金属粉尘层的堆积密度；ΔH_R 为金属粉尘与空气反应时的生成热；c 为金属粉尘的比热容；A、E 分别为反应的指前因子和活化能；x 为粉尘层的径向方向；y 为粉尘层的厚度方向；R 为普适气体常数；k、k' 分别为粉尘层垂直、径向方向上的热传导系数。根据热扩散率的定义[13]，热传导系数可由热扩散率 α_b 表示，即 $k=\alpha_b\rho_b c$。

忽略粉尘层在径向的传热，故 $\dfrac{\partial^2 T}{\partial x^2}=0$，式（3.2）可表示为

$$\rho_b c\frac{\partial T}{\partial t}=k\frac{\partial^2 T}{\partial y^2}+A\Delta H_R\rho_b\exp\left(\frac{-E}{RT}\right) \tag{3.3}$$

3.3.2　边界条件及初始条件

在实际工业生产过程中，粉尘层在高温热板表面堆积时，粉尘层上表面与外界的能量交换形式为自然对流与热辐射，粉尘层上表面处的边界条件如下：

$$y=L,\quad -k\left(\frac{\partial T}{\partial y}\right)=h\left(T_S-T_A\right)+\varepsilon\sigma(T_s^4-T_A^4) \tag{3.4}$$

式中，h 为粉尘层上表面的对流换热系数，根据 Bowes 的研究结果[14]，有

$$h=4.13[(T_N-T_A)/\kappa]^{0.25} \tag{3.5}$$

其中，$\kappa=\pi^{1/2}(D/2)$。

实验过程中粉尘层下表面受恒温的热表面作用，其温度与热板温度相同，故边界条件如下：

$$y=0\text{ 时},\quad T=T_P \tag{3.6}$$

粉尘刚加载于热板上时，粉尘层内部的初始温度均为环境温度，故初始条件为

$$t=0\text{ 时},\quad T=T_A \tag{3.7}$$

3.4　无量纲处理

为便于理论分析与计算，采用无量纲形式描述上述守恒方程及边界条件，引进无量纲长度 ξ 及无量纲温度 θ，并令 $\xi=\dfrac{y}{L}$，$\theta=\dfrac{E}{RT_P^2}\cdot T$，则

$$\frac{\partial T}{\partial y}=\frac{RT_P^2}{E}\cdot\frac{\partial\theta}{\partial y}=\frac{RT_P^2}{E}\cdot\frac{\partial\xi}{\partial y}\cdot\frac{\partial\theta}{\partial\xi}=\frac{RT_P^2}{EL}\cdot\frac{\partial\theta}{\partial\xi} \tag{3.8}$$

$$\frac{\partial T}{\partial t}=\frac{RT_P^2}{E}\cdot\frac{\partial\theta}{\partial t},\quad \frac{\partial^2 T}{\partial y^2}=\frac{RT_P^2}{EL^2}\cdot\frac{\partial^2\theta}{\partial t^2} \tag{3.9}$$

将式（3.8）、式（3.9）分别代入式（3.2）～式（3.7），得到无量纲化的守恒方程及边值条件如下：

$$\rho_b c L^2 \frac{\partial \theta}{\partial t} = k \frac{\partial^2 \theta}{\partial \xi^2} + \frac{EL^2}{RT_P^2} \cdot A\Delta H_R \rho_b \exp\left[\frac{-(\frac{E}{RT_P})^2}{\theta}\right] \tag{3.10}$$

$$\xi = 0\text{，}\quad \theta = \frac{E}{RT_P} \tag{3.11}$$

$$\xi = 1\text{，}\quad -k\frac{\partial \theta}{\partial \xi} = hL\left(\theta - \theta_A\right) + L\varepsilon\sigma(\frac{RT_P^2}{E})^3 \cdot (\theta^4 - \theta_A^4) \tag{3.12}$$

令无量纲时间$\tau = \dfrac{t}{L^2 \rho_b c}$，则初始条件为

$$\tau = 0\text{，}\quad \theta = \frac{E}{RT_P^2} \cdot T_A \tag{3.13}$$

3.5 计 算 方 法

3.5.1 偏微分方程分类形式

在工程应用领域，经常遇到二阶线性的偏微分方程，如弦振动、声波波动、热传导等问题的数学描述。二阶线性偏微分方程可表示为

$$a_{11}u_{xx} + 2a_{12}u_{xy} + a_{22}u_{yy} + b_1 u_x + b_2 u_y + cu = f \tag{3.14}$$

式中，x，y 为自变量；$a_{11}, a_{12}, a_{22}, b_1, b_2, c, f$ 是关于 x, y 在区域 Ω 上的实值函数，且连续可微。偏微分方程分类主要取决于二阶导数项的系数，设在区域 Ω 上取任意一点 (x_0, y_0)，根据 $\varDelta = a_{12}^2 - a_{11}a_{12}$ 的数值可将方程式分为三类：

$$\begin{cases} \varDelta > 0\text{时，方程称为双曲线形方程} \\ \varDelta = 0\text{时，方程称为抛物线形方程} \\ \varDelta < 0\text{时，方程称为椭圆形方程} \end{cases}$$

根据上述微分方程的分类方法，式（3.10）中 $\rho_b c L^2 > 0$，$k > 0$，故为抛物线形的偏微分方程[15]，很难直接获得其解析解，须用数值计算方法进行求解。差分法是求偏微分方程数值解的重要方法之一，它的主要做法是把偏微分方程中所有偏导数分别用差商代替，从而得到一代数方程组，即差分方程，然后对差分方程求解，并以所得的解作为偏微分方程数值解。为此，必须对计算区域进行剖分，用网格点来代替连续区域，因此，差分法亦称“网格法”。

本书采用有限差分法求解该抛物线形方程的初边值问题，求解步骤如图 3.7 所示。

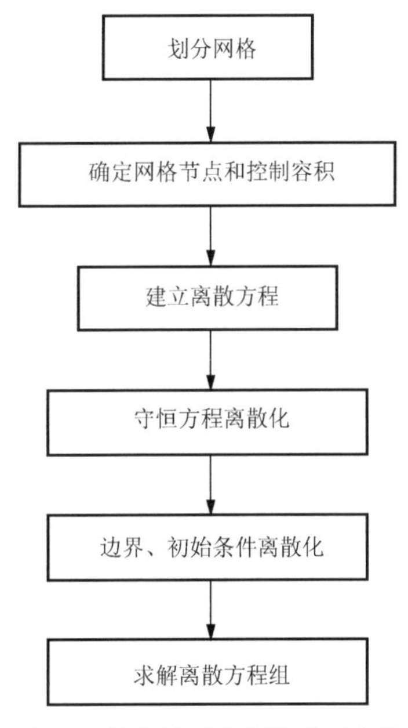

图 3.7　抛物线形方程的求解步骤

3.5.2　划分网格

根据差分法的数值求解步骤，首先将粉尘层沿厚度方向等尺度均分，本书采用外节点法设置网格节点[16]，沿粉尘层厚度方向上共设置了 N 个节点，如图 3.8 所示。$i=1$ 和 $i=N$ 的两个节点分别位于粉尘层的底部和顶部，称为边界点，其他

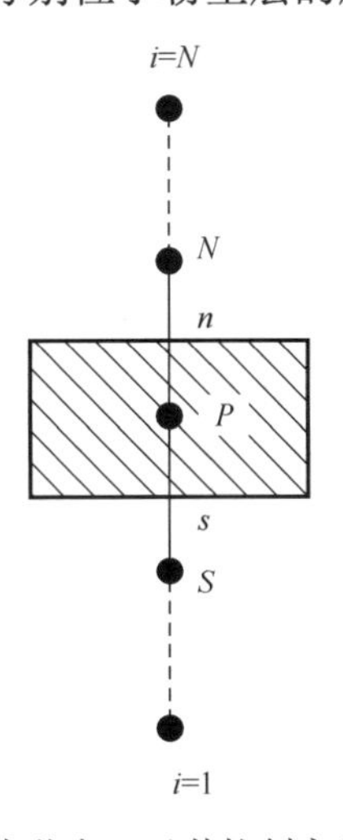

图 3.8　内节点 P 及其控制容积示意图

的 $N-1$ 个节点称为内节点。图 3.8 中的阴影部分为内节点 P 所对应的控制容积，控制容积的边界位于相邻节点的中心。由于是等尺度划分，任意节点间的距离是相等的，即 $(\delta\xi)_n=(\delta\xi)_s$。

3.5.3　守恒方程的离散

根据各内节点所对应的控制容积，将守恒方程离散化。对于任一内节点 P，离散化后的守恒方程如下所示：

$$\frac{\Delta\xi}{\Delta\tau}\left(\theta_P-\theta_P^0\right)=k\left[\frac{\theta_N-\theta_P}{(\delta\xi)_n}-\frac{\theta_P-\theta_S}{(\delta\xi)_s}\right]+\frac{EL^2A\cdot\Delta H_R\cdot\rho_b\cdot\Delta\xi}{RT_P^2}\exp\left[\frac{-\left(\frac{E}{RT_P}\right)^2}{\theta_P}\right] \tag{3.15}$$

令 $\theta_P=\theta_i$，$\theta_N=\theta_{i+1}$，$\theta_S=\theta_{i-1}$，则式（3.15）可表示为

$$\left(\frac{\Delta\xi}{\Delta\tau}+\frac{2k}{\Delta\xi}\right)\theta_i=\frac{k}{\Delta\xi}\theta_{i+1}+\frac{k}{\Delta\xi}\theta_{i-1}+\frac{\Delta\xi}{\Delta\tau}\theta_i^0+\frac{EL^2A\cdot\Delta H_R\cdot\rho_b\cdot\Delta\xi}{RT_P^2}\exp\left[\frac{-\left(\frac{E}{RT_P}\right)^2}{\theta_i^0}\right],\quad i=2,3,\cdots,N-1 \tag{3.16}$$

3.5.4　初边值条件的离散

1. 粉尘层底部

在图 3.8 下边界处 $i=1$，由式（3.11）得

$$\theta_1=\frac{E}{RT_P} \tag{3.17}$$

2. 粉尘层顶部

与下边界节点不同，粉尘层顶部节点 N 的边界条件较为复杂，该点的值在加热过程中不断变化。作为粉尘层中的一个节点，其应满足式（3.16）。将 $i=N$ 代入其中，得

$$\frac{\Delta\xi}{\Delta\tau}\left(\theta_N-\theta_N^0\right)=k\left[\frac{\theta_{N+1}-\theta_N}{(\delta\xi)_n}-\frac{\theta_N-\theta_{N-1}}{(\delta\xi)_s}\right]+\frac{EL^2\cdot A\Delta H_R\cdot\rho_b\cdot\Delta\xi}{RT_P^2}\exp\left[\frac{-\left(\frac{E}{RT_P}\right)^2}{\theta_N^0}\right] \tag{3.18}$$

同时该节点满足式（3.12），离散化后得

$$-k\frac{\theta_{N+1}-\theta_N}{(\delta\xi)_n}=hL(\theta_N-\theta_A)+\varepsilon\sigma L(\theta_N^4-\theta_A^4) \tag{3.19}$$

将式（3.19）代入式（3.18）整理后得

$$\begin{aligned}&\left[\frac{\Delta\xi}{\Delta\tau}+hL+\frac{k}{\Delta\xi}+L\varepsilon\sigma\cdot\left(\frac{RT_P^2}{E}\right)^3\cdot\theta_N^3\right]\cdot\theta_N\\&=\frac{k}{\Delta\xi}\cdot\theta_{N-1}+\frac{\Delta\xi}{\Delta\tau}\cdot\theta_N^0+hL\theta_A+L\varepsilon\sigma\cdot\left[\frac{RT_P^2}{E}\right]^3\cdot\theta_A^4\\&\quad+\frac{EL^2\cdot A\Delta H_R\cdot\rho_b\cdot\Delta\xi}{RT_P^2}\exp\left[\frac{-(\frac{E}{RT_P})^2}{\theta_N^0}\right]\end{aligned} \tag{3.20}$$

初值条件满足式（3.13），离散后得

$$\tau=0\text{时，}\quad\theta_i=\frac{E}{RT_P^2}\cdot T_A\text{，}\quad i=2,3,\cdots,N \tag{3.21}$$

3.5.5 离散方程的通用形式

为便于数值求解，将式（3.16）～式（3.18）整理为以下通用的代数方程形式：

$$a_i\theta_i=a_{i+1}\theta_{i+1}+a_{i-1}\theta_{i-1}+b_i \tag{3.22}$$

（1）当$i=2,3,4,\cdots,N-1$时，有

$$a_{i+1}=a_{i-1}=\frac{k}{\Delta\xi}$$

$$a_i=\frac{\Delta\xi}{\Delta\tau}+\frac{2k}{\Delta\xi}$$

$$b_i=\frac{\Delta\xi}{\Delta\tau}\theta_i^0+\frac{EL^2A\cdot\Delta H_R\cdot\rho_b\cdot\Delta\xi}{RT_P^2}\exp\left[\frac{-(\frac{E}{RT_P})^2}{\theta_i^0}\right]$$

（2）当$i=1$时，有

$$\theta_1=\frac{E}{RT_P}$$

（3）当$i=N$时，有

$$a_{N+1}=0$$

$$a_{N-1}=\frac{k}{\Delta\xi}$$

$$a_N=\frac{\Delta\xi}{\Delta\tau}+hL+\frac{k}{\Delta\xi}+L\varepsilon\sigma\cdot\left[\frac{RT_P^2}{E}\right]^3\cdot\theta_N^3$$

$$b_N = \frac{\Delta\xi}{\Delta\tau}\cdot\theta_N^0 + hL\theta_A + L\varepsilon\sigma\cdot\left[\frac{RT_P^2}{E}\right]^3\cdot\theta_A^4$$

$$+\frac{EL^2\cdot A\Delta H_R\cdot\rho_b\cdot\Delta\xi}{RT_P^2}\exp\left[\frac{-(\frac{E}{RT_P})^2}{\theta_N^0}\right]$$

3.5.6　代数方程组求解

式（3.22）的代数方程组整理后可表示为式（3.23）的形式，其系数矩阵为三对角矩阵，采用追赶法[17]可获得其数值解。

$$\begin{pmatrix} a_1 & a_2 & 0 & 0 & 0 \\ a_1 & a_2 & a_3 & 0 & 0 \\ 0 & \cdots & a_3 & \cdots & 0 \\ \cdots & \cdots & \cdots & \cdots & \cdots \\ \cdots & \cdots & \cdots & a_{N-1} & a_N \end{pmatrix}\cdot\begin{pmatrix}\theta_2 \\ \theta_3 \\ \cdots \\ \cdots \\ \theta_N\end{pmatrix}=\begin{pmatrix} b_2 \\ b_3 \\ \cdots \\ \cdots \\ b_N\end{pmatrix} \tag{3.23}$$

3.6　守恒方程的放热源项

本节以镁粉为例，详细阐述金属粉尘层在热板受热条件下层内温度分布的确定方法及过程。在温度分布的计算方程式中，首先需要根据受热的粉体物质，确定其化学反应放热速率，即能量守恒方程式中的化学反应放热源项。

3.6.1　空气条件下的化学反应放热速率

随着测试技术水平的发展，化学反应放热速率计算时的化学反应动力学参数（如表观活化能 E、指前因子 Z_s）的确定方法越来越精确，如热重分析、T-jump 技术等。本书不具体阐述粉体物质化学反应动力学参数的确定过程，对于镁粉而言，空气条件下化学反应动力学参数（Z_s、E）是通过傅里叶变换红外光谱分析技术获得的[18]。空气条件下单位体积内所有金属颗粒的放热速率 $Q_E(T)$ 可表示为

$$Q_E(T) = A_{\text{surface}}Z_s\cdot\Delta H_R\cdot\exp\left(\frac{-E}{RT}\right) \tag{3.24}$$

式中，A_{surface} 为金属粉尘层块中所有颗粒的总表面积；ΔH_R 为金属粉体颗粒与空气反应时的生成热；E 、Z_s 为实验拟合得到的表观活化能和指前因子。

前述中式（3.3）右端项 $\Delta H_R\cdot\rho_b\cdot A\cdot\exp\left(\frac{-E}{RT}\right)$ 也表示单位体积金属粉尘块内所有金属颗粒与空气反应时的放热速率，在数值上与 $Q_E(T)$ 是相同的。两种表示

形式中 A 与 Z_s 关系确定过程如下：

设单个金属颗粒的体积为 V_p，金属物质的密度为 ρ，颗粒直径为 d_p，单位体积金属粉尘块内所有金属颗粒数为 n，则

$$A_{\text{surface}} = n\pi \cdot d_p^2 \tag{3.25}$$

$$V_p = \frac{4}{3}\pi(\frac{d_p}{2})^3 \tag{3.26}$$

$$n = (1 \cdot \rho_b) / (\rho \cdot V_p) \tag{3.27}$$

根据式（3.25）～式（3.27），式（3.3）中指前因子 A 可表示为

$$A = \frac{6Z_s}{\rho \cdot d_p} \tag{3.28}$$

因此，将式（3.28）代入 $\Delta H_R \cdot \rho_b \cdot A \cdot \exp\left(\frac{-E}{RT}\right)$，得到新的化学反应放热速率源项为

$$Q_E(T) = \Delta H_R \cdot \rho_b \cdot \frac{6Z_s}{\rho \cdot d_p} \cdot \exp\left(\frac{-E}{RT}\right) \tag{3.29}$$

因此，根据现有实验结果，金属颗粒的放热速率表达式 $Q_E(T)$ 内的所有参数都是已知的，即能量守恒方程式中的反应放热源项可以计算。

3.6.2　惰化条件下的化学反应放热速率

3.6.2.1　金属颗粒与氧、氮反应的自发性

为考虑不同气氛条件下金属粉尘颗粒的着火特性，本书也对低氧浓度惰化条件下的金属粉尘颗粒着火爆炸特性进行了讨论。在工业生产中，常用气相惰化介质主要为氮气、氩气等。本节主要讨论气相惰化环境中金属颗粒与惰化环境中各气体反应的自发性。干空气是一种典型的混合气体，其中各气体成分如表 3.1 所示。空气中水蒸气随地域不同有不同程度的差异，其体积分数约为 0～4%。空气中除氧气、氮气外，其他气体（如水蒸气、二氧化碳等）的组分含量相对较少。本节在考虑空气成分时，仅考虑了其中的氧气和氮气，其体积分数分别为 20.94% 和 78.09%。

表 3.1　干空气中气体成分表　　（单位：%）

大气组成	体积分数
氮气	78.09
氧气	20.94
氩气	0.93
二氧化碳	0.033
氖、氦等	0.007

以镁粉为例，金属颗粒与空气中氧、氮可能同时存在式（3.30）、式（3.31）所示的反应。

反应Ⅰ：

$$\mathrm{Mg(s)}+\frac{1}{2}\mathrm{O_2(g)} = \mathrm{MgO(s)} \quad \Delta_{\mathrm{MgO}}H_m^{\ominus} = -603.54\mathrm{kJ/mol} \tag{3.30}$$

反应Ⅱ：

$$3\mathrm{Mg(s)}+\mathrm{N_2(g)} = \mathrm{Mg_3N_2(s)} \quad \Delta_{\mathrm{Mg_3N_2}}H_m^{\ominus} = -463.26\mathrm{kJ/mol} \tag{3.31}$$

式中，$\Delta_{\mathrm{MgO}}H_m^{\ominus}$，$\Delta_{\mathrm{Mg_3N_2}}H_m^{\ominus}$ 分别为氧化镁、氮化镁的标准摩尔生成焓。

在 298K、101kPa 的标准状态下，反应Ⅰ的标准吉布斯自由能为 $\Delta G_{298} = -571.16\mathrm{kJ/mol}$，即在常温下镁与氧气的反应可自发进行。对于反应Ⅱ而言，根据以下两式计算出的标况下反应的吉布斯自由能为 $\Delta G_{298} = -402.93\mathrm{kJ/mol}$，因此常温下镁与氮气的反应也可自发进行：

$$\Delta G_{298} = \Delta H_{298} - T\cdot\Delta S_{298} \tag{3.32}$$

$$\Delta S_{298} = S_{298,\mathrm{Mg_3N_2}} - 3S_{298,\mathrm{Mg}} - S_{298,\mathrm{N_2}} \tag{3.33}$$

3.6.2.2　金属颗粒保护膜

由上述金属颗粒的热力学性质可知，常温条件下金属颗粒与氧气、氮气可发生自发的反应。金属颗粒从常温直至发生着火的反应过程中，颗粒表面经过缩核逐渐形成保护层。一旦形成致密而薄的氧化膜之后，膜的成长只取决于氧化物的扩散过程。不同金属在较高温度下的氧化成膜过程是不同的，主要存在形式如下：

（1）参与反应的金属离子具有较高的扩散梯度。该情形下，金属离子单向向外扩散，在氧化物-气体界面上反应，因而膜的生长区域在膜的外表面，如铜的氧化过程。

（2）氧离子具有较高的扩散梯度。氧单向向内扩散，在金属-氧化物界面上反应，因而膜的生长区域在金属与膜界面处，如钛、锆等金属的氧化过程（图 3.9）。

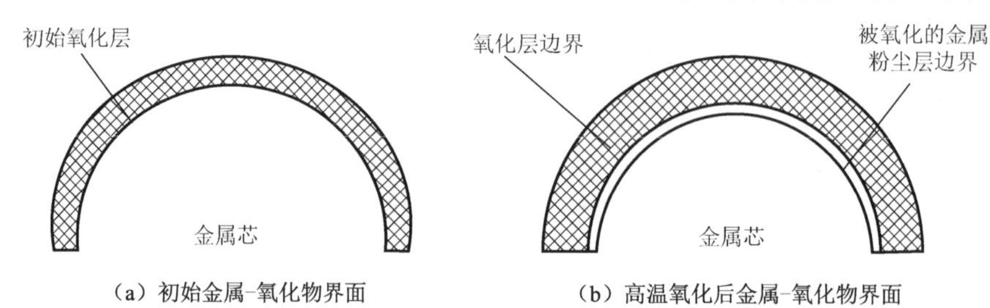

（a）初始金属-氧化物界面　　（b）高温氧化后金属-氧化物界面

图 3.9　氧化物成长历程示意图

由于金属氧化膜的结构和性质各异，其保护能力有很大差别。研究结果表明：并非所有的固态氧化膜都有保护性，只有那些组织结构致密、能有效覆盖金属表面的氧化膜才有保护性。保护性的程度取决于以下因素。

1. 金属氧化膜的完整性

金属氧化膜的完整性是具有保护性的必要条件。完整性通常用 P-B 比确定，以 γ 表示，常见金属氧化物的 P-B 比如表 3.2 所示。P-B 比的定义为氧化时生成的金属氧化膜的体积（V_{OX}）与生成这些氧化膜所消耗的金属的体积（V_{M}）比，可用下式表示：

$$\gamma=\frac{V_{\mathrm{OX}}}{V_{\mathrm{M}}}=\frac{M\rho_{\mathrm{M}}}{nA\rho_{\mathrm{OX}}}=\frac{M\rho_{\mathrm{M}}}{m\rho_{\mathrm{OX}}}>1 \tag{3.34}$$

式中，M 为金属氧化物的相对分子质量；A 为金属的相对分子/原子质量；n 为金属氧化物中的金属的原子价；ρ_{M} 和 ρ_{OX} 为金属和金属氧化物的密度；m 为形成氧化膜所消耗的金属质量，$m=nA$。

表 3.2　金属氧化物的 P-B 比

金属氧化膜	γ	金属氧化膜	γ	金属氧化膜	γ	金属氧化膜	γ
M_OO_3	3.4	Co_3O_4	1.99	NiO	1.52	MgO	0.99
WO_3	3.4	TiO_2	1.95	ZrO_2	1.51	BaO	0.74
V_2O_6	3.18	MnO	1.79	PbO_2	1.40	CaO	0.65
Nb_2O_5	2.68	FeO	1.77	SnO_2	1.32	SrO	0.65
Sb_2O_5	2.35	Cu_2O	1.68	ThO_2	1.32	Na_2O	0.58
Ta_2O_5	2.33	ZnO	1.62	HgO	1.31	Li_2O	0.57
Bi_2O_5	2.27	PbO	1.60	Al_2O_3	1.28	Cs_2O	0.46
SiO_2	2.27	BeO	1.59	CdO	1.21	K_2O	0.45
Cr_2O_5	1.99	Ag_2O	1.59	Ce_2O_3	1.16	RbO	0.45

不同 P-B 比的氧化膜的保护性说明如下：

（1）$\gamma<1$ 时，生成的氧化膜不能完全覆盖整个金属表面，形成的氧化膜疏松多孔，不能有效地将金属与环境隔离，此类氧化膜保护性较差。如碱金属或碱土金属的氧化物 MgO、CaO 等。

（2）当 γ 过大（如 $\gamma>2$），膜的内应力大，膜易破裂而保护性差。如 W 的氧化膜 γ 为 3.4，其保护性相对较差，如图 3.9 所示。

（3）γ 稍大于 1，膜完整，保护性相对较好。如 Al 和 Ti 的氧化膜的 P-B 比分别为 1.28 和 1.95，具有较好的保护性。

2. 氧化物的熔点

高熔点金属氧化物膜的保护性较好，如 Mo 的氧化物在 450℃开始挥发，V

的氧化物在熔点 658℃即出现熔融，保护性差。

3. 膜中的膨胀系数与应力

膜与基体金属的热膨胀系数越接近、膜中的应力越小，成膜过程中的机械损伤越小，膜的保护性越好。

4. 膜的致密性、稳定性和附着性

膜的组织结构越致密，金属和氧气在其中扩散系数越小。膜的热力学稳定性越高、附着性越好，越不易剥落，使反应不易发生。

3.6.2.3　金属颗粒的反应模式

通常情况下，金属颗粒的反应模式主要有两种：表面反应和气相反应。具体采用何种反应模式，与金属颗粒的环境温度和氧浓度有关。以镁粉为例，不同氧浓度及温度条件下镁粉颗粒反应模式分布如图 3.10 所示，各模式间的临界温度如表 3.3 所示。图 3.10 中 Ⅰ 区为稳定的表面反应区，Ⅱ 区为非稳定的表面反应区，Ⅲ区为稳定的表面反应和气相反应同时进行的区域，Ⅳ区为非稳定的表面反应和气相反应同时进行的区域，Ⅴ 区为仅发生气相反应的区域。

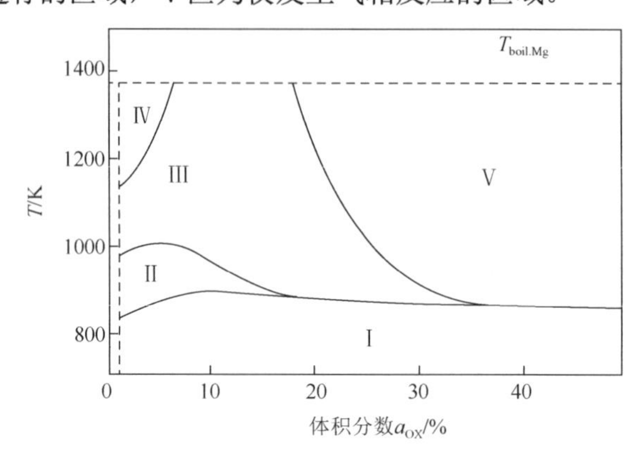

图 3.10　镁粉反应模式分布图

表 3.3　不同氧浓度下各反应模式间的临界温度[19]

a_{OX} /%	$T_{0,cr}^{I}$ / K	$T_{0,cr}^{II}$ / K	$T_{0,cr}^{IV}$ / K	$T_{0,cr}^{V}$ / K
1.2	832	978	1138	—
2.5	848	997	1168	—
3.2	852	1001	1198	—
5	873	1008	1288	—
6.4	882	1003	1373	—

续表

a_{OX} /%	$T_{0,cr}^{I}$ / K	$T_{0,cr}^{II}$ / K	$T_{0,cr}^{IV}$ / K	$T_{0,cr}^{V}$ / K
8	890	991	—	—
9	894	975	—	—
10	893	964	—	—
11	892	951	—	—
14	886	912	—	—
16	883	892	—	—
18	—	884	—	1373
21	875	877	—	1158
26	870	870	—	970
31	866	—	—	890
36	863	—	—	863
42	860	—	—	—
48	858	—	—	—
54	855	—	—	—
60	851	—	—	—
100	842	—	—	—

当环境温度或测试温度相对较低（小于 1000K）、环境氧浓度不高（不超过 21%）时，由图 3.10 中的反应模式分布图可知镁粉颗粒的反应模式均为表面反应。在本书中涉及的粉尘层/云最低着火温度（第 2、3 章）、粉尘云最小点火能（第 4 章）所对应的测试环境下，颗粒的反应模式均为表面反应。金属粉尘在密闭容器内（如 20L 球形爆炸测试装置内的爆炸猛度测试环境）发生爆炸时，随着爆炸过程的进行，容器内的爆炸压力及温度急剧上升，导致容器内金属颗粒的反应模式发生变化。在不同反应模式下，表征化学反应速率的表观活化能和指前因子是不同的，如镁粉颗粒的表观活化能可在 60～600kJ/mol 变化。

3.6.2.4　金属颗粒与氧、氮反应的放热速率

金属颗粒与氧、氮反应时，化学反应放热速率的大小取决于其化学反应的快慢和反应放热量。不同的反应模式下，镁与氧气或氮气单独发生化学反应时，所消耗氧气或氮气的质量变化率 w_i 的表示形式不同，在表面反应模式下为

$$w_i = K_i \cdot S_N \cdot (\rho_g n_i)^{\nu_i} \tag{3.35}$$

式中，S_N 为金属颗粒的总表面积；ν_i 为第 i 个反应的反应级数；ρ_g 为气体介质的密度；K_i 为第 i 个反应的反应速率常数，根据阿伦尼乌斯公式可表示为

$$K_i = A_i \exp(-E_i / RT_s) \tag{3.36}$$

多种气相介质同时与单个金属颗粒发生化学反应时，反应总放热速率 $Q(T)$ 可表示为

$$Q(T)=\sum_{i=1}^{N'}\left\{K_i\rho_g^{\ \nu_i}\cdot\frac{n_i}{\sum_{k=1}^{N'}n_k}\sum_{j=1}^{N'}[n_j^{\ \nu_j}\cdot q_j(T)]\right\} \tag{3.37}$$

式中，N' 为气氛中气相介质的个数；n_j 为第 j 个气相介质的质量分数；$q_j(T)$ 为第 j 个反应消耗单位质量气相介质的反应热。

以镁粉为例，根据式（3.37），在氮、氧、氩三种气相介质组成的气氛环境中，单个镁粉颗粒单位面积上的总化学反应放热速率 $Q_{\text{Inert}}(T)$ 可表示为

$$\begin{aligned}Q_{\text{Inert}}(T)=&A_1\rho_g^{\nu_1}\frac{n_1}{n_1+n_2+n_3}\left[n_1^{\nu_1}q_1(T)+n_2^{\nu_2}q_2(T)+n_3^{\nu_3}q_3(T)\right]\cdot\exp(-E_1/RT_s)\\&+A_2\rho_g^{\nu_2}\frac{n_2}{n_1+n_2+n_3}\left[n_1^{\nu_1}q_1(T)+n_2^{\nu_2}q_2(T)+n_3^{\nu_3}q_3(T)\right]\cdot\exp(-E_2/RT_s)\\&+A_3\rho_g^{\nu_3}\frac{n_3}{n_1+n_2+n_3}\left[n_1^{\nu_1}q_1(T)+n_2^{\nu_2}q_2(T)+n_3^{\nu_3}q_3(T)\right]\cdot\exp(-E_3/RT_s)\end{aligned} \tag{3.38}$$

式中，下标 1、2、3 分别代表氧气、氮气和氩气；ν_1,ν_2 分别为反应Ⅰ、Ⅱ的总反应级数。

由于镁与氩气不会发生化学反应，$\nu_3=0$，$q_3(T)=0$，$k_3=0$，$E_3=+\infty$。假设反应Ⅰ、Ⅱ均为一步完成的反应，由反应方程式（3.30）、式（3.31）可知，$\nu_1=0.5$，$\nu_2=0.33$。

因此，在空气条件下镁粉尘云与氮、氧介质同时反应时，反应的总放热速率 $Q_{\text{Air}}(T)$ 为

$$\begin{aligned}Q_{\text{Air}}(T)=&A_1\rho_g^{\nu_1}\frac{n_1}{n_1+n_2+n_3}\left[n_1^{\nu_1}q_1(T)+n_2^{\nu_2}q_2(T)\right]\cdot\exp(-E_1/RT_s)\\&+A_2\rho_g^{\nu_2}\frac{n_2}{n_1+n_2+n_3}\left[n_1^{\nu_1}q_1(T)+n_2^{\nu_2}q_2(T)\right]\cdot\exp(-E_2/RT_s)\end{aligned} \tag{3.39}$$

式中，A_1、E_1 为镁与氧气反应时反应速率中的指前因子和表观活化能；A_2、E_2 为镁与氮气反应时反应速率中的指前因子和表观活化能。

气氛环境为空气时，式（3.38）中 n_1、n_2、n_3 分别为 0.1878、0.8122 和 0。

在非表面反应模式下，镁与氧气或氮气单独发生化学反应时，所消耗氧气或氮气的质量变化率 w_i 与表面反应下不同。此种情况将在本书第 6 章进行详细讨论。

3.6.2.5　惰化因子

前述惰化条件指相对于空气条件下的惰化气氛。为量化不同惰化环境的惰化效果，定义惰化因子 χ 如下所示：

$$\chi = \frac{Q_{\text{Air}}(T) - Q_{\text{Inert}}(T)}{Q_{\text{Air}}(T)} \tag{3.40}$$

式中，$Q_{\text{Inert}}(T)$ 和 $Q_{\text{Air}}(T)$ 分别代表惰化气氛下和空气气氛下的化学反应放热速率。由定义式可以看出，χ 越大，惰化程度越高。$\chi = 0$，则为空气气氛，没有进行惰化处理；$\chi = 1$，则为完全惰化，金属颗粒与气相介质没有化学反应放热。$Q_{\text{Inert}}(T)$ 和 $Q_{\text{Air}}(T)$ 分别采用式（3.38）和式（3.39）计算确定。

由式（3.40）确定惰化因子后，惰化气氛下的反应放热速率 Q_E' 可表示为

$$Q_E'(T) = (1-\chi)\cdot Q_E(T) \tag{3.41}$$

3.7　计算参数及过程

本章以镁粉颗粒为例的计算过程所需参数如表 3.4、表 3.5 所示。粉尘层内温度分布的计算流程如图 3.11 所示。图 3.11 中理论确定金属粉尘层的最低着火温度时，粉尘层发生着火的判据是层内某节点处发生了温度飞升现象，且飞升后的温度达到或超过了金属颗粒的燃点。根据陈萍和张茂勋[20]、刘兆晶等[21]的实验结果，镁粉的燃点为 875K。在粉尘层温度分布计算过程中，层内某点的温度达到了燃点视为粉尘层发生了着火，则计算终止。在采用追赶法计算层内温度分布过程中，迭代计算的收敛条件为

$$\left|\theta_i^1 - \theta_i^0\right|_{\max} < 0.001,\quad i = 2,3,4,\cdots,N-1 \tag{3.42}$$

表 3.4　计算参数[18]

参数	单位	数值	参数	单位	数值
Z_s	$\text{kg}\cdot\text{m}^2/\text{s}$	1.0×10^{10}	C_b	$\text{J}/(\text{kg}\cdot\text{K})$	1024.0
E	$\text{J}\cdot\text{mol}$	2.15×10^{5}	ρ	kg/m^3	1740.0
α_b	m^2/s	2.29×10^{-7}	ε	—	0.75
ΔH_R	J/kg	24.7×10^{6}	—	—	—

表 3.5　其他计算用参数

参数	单位	数值	参数	单位	数值
D	m	0.1	T_A	K	298.0
L	m	5.0×10^{-3}	σ	$\text{W}/(\text{m}^2\cdot\text{K}^4)$	5.67×10^{-8}
ρ_b	kg/m^3	1259.0	R	$\text{J}/(\text{mol}\cdot\text{K})$	8.314

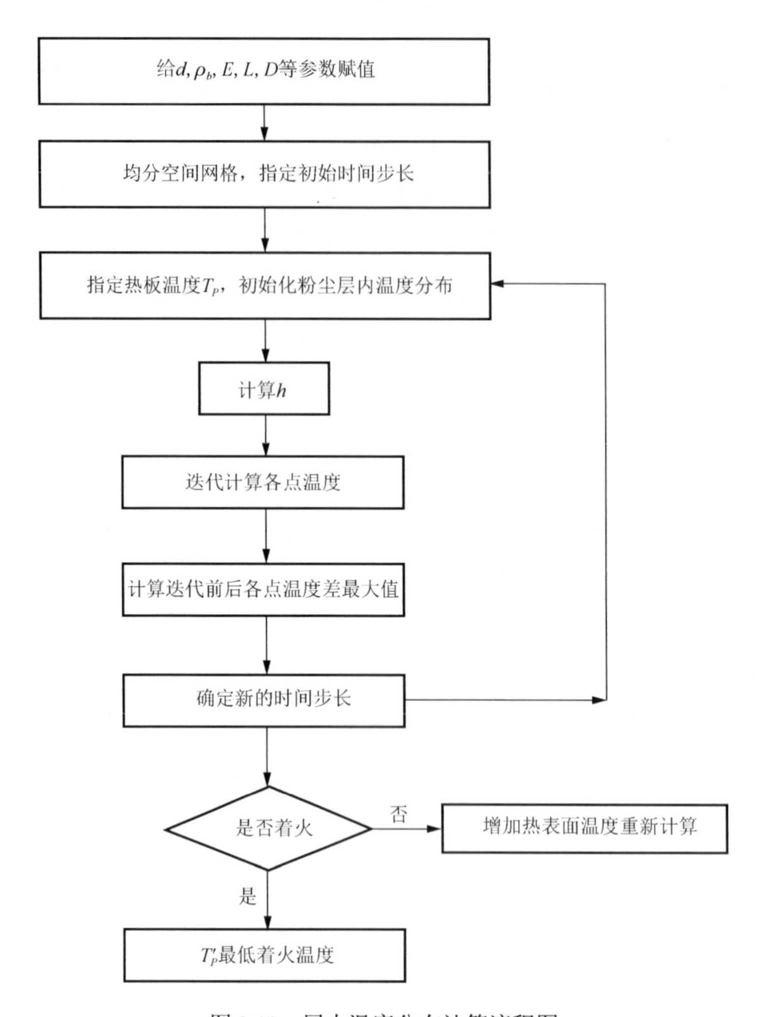

图 3.11　层内温度分布计算流程图

为使在温度场梯度变化较小时具有较大的时间步长，需提高计算效率。同时，当热板温度逼近粉尘层最低着火温度，粉尘层内的温度梯度变化较大时具有较小的时间步长，保证计算精度。本章在计算过程中采用了自适应时间步长进行迭代。时间步长的确定方法如下：

$$\Delta\tau = \frac{\text{const}}{\left|\theta_i^1 - \theta_i^0\right|_{\max}} \tag{3.43}$$

式中，const 为常数，本书计算中取 1.0。

3.8　层内温度分布的数值计算与实验验证

3.8.1　最高温度限值时的层内温度变化

层内温度分布的实验验证采用了基于 GB/T 16430—1996[22]和 IEC 61241-2-1:1994[23]标准的粉尘层最低着火温度测试装置，实验测试原理如图 3.12 所示。本节分别对无量纲距离为 0.2、0.4、0.6、0.8、1.0 的点进行了温度监测，以跟踪热板加热过程中层内的温度变化过程。

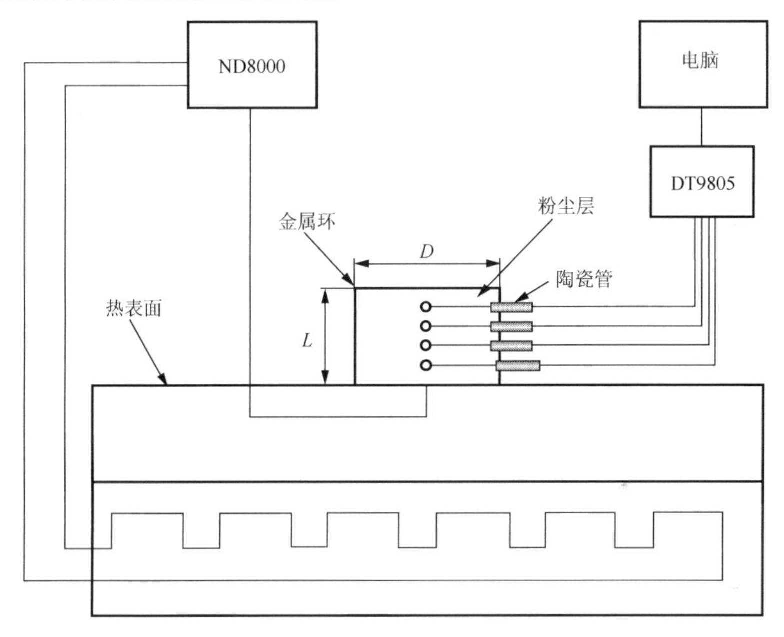

图 3.12　粉尘层最低着火温度测试装置

当热板温度为标准规定的最高温度 673K 时，粉尘层内四种不同中位粒径分布及物理特性参数如表 3.6 所示。镁粉粉尘层内各监测点的温度变化如图 3.13 所示。图 3.13 中同一时刻实验与理论曲线由高到低分别是无量纲距离为 0.2、0.4、0.6、0.8 和 1.0 的点的温度。由对比曲线可以看出，理论与实验的温度变化趋势是一致的。研究结果表明：当热板温度较低时，粉尘层在受热初始阶段层内各点温度上升较快。随着加热时间的延长，各点温度逐渐达到稳定状态。达到稳定状态时的粉尘层内最高温度均低于各粒径镁粉的燃点 875K，即在标准 GB/T 16430—1996 和 IEC 61241-2-1:1994 规定的最高热板温度下，所研究的镁粉尘层未能发生着火。

表 3.6　镁粉粒径分布及物理特性参数

过筛目数目	粒径/ μm	激光粒径分布/ μm					比表面积/ (m^2/cm^3)	活性镁含量/%	松装密度/ (g/cm^3)
		d_3	d_{10}	d_{50}	d_{90}	d_{97}			
>1000	0～10	2	3	6	14	18	0.952	96.34	0.902
200～325	43～74	18	26	47	76	94	0.145	98.62	0.888
100～200	74～147	62	72	104	166	215	0.064	98.85	0.952
50～100	147～288	73	93	173	306	394	0.038	99.02	—

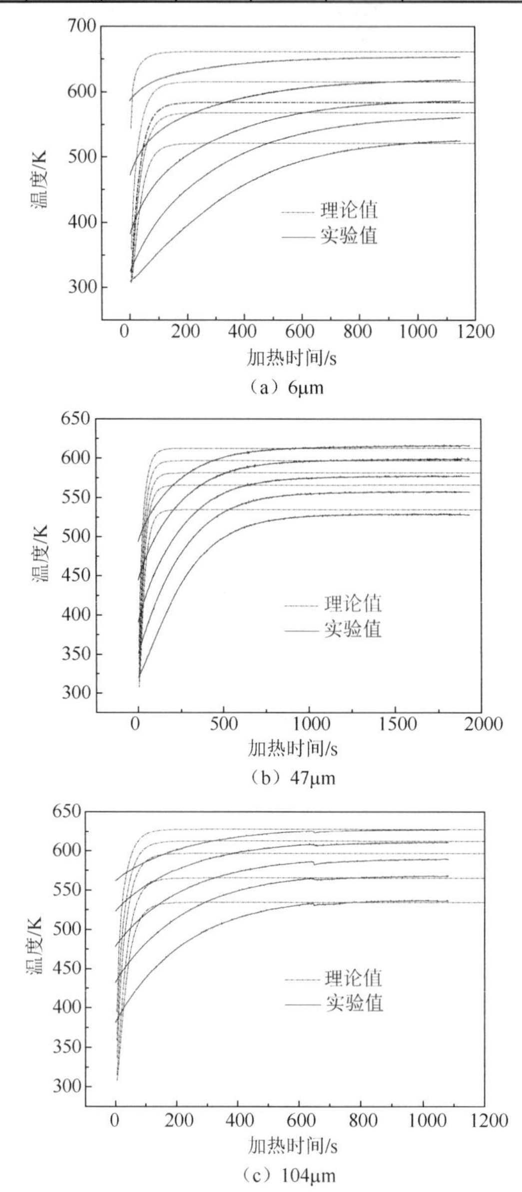

（a）6μm

（b）47μm

（c）104μm

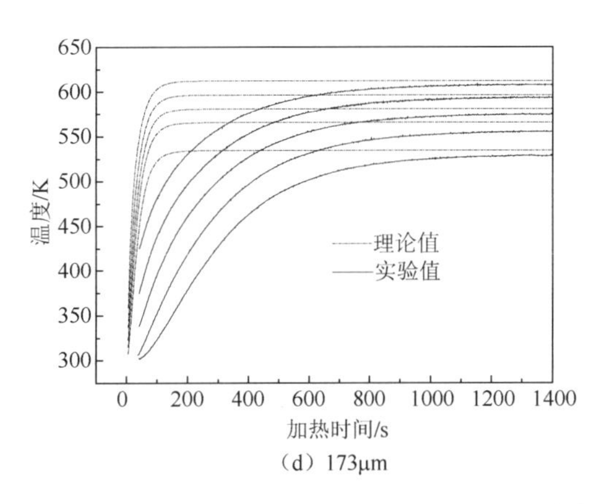

（d）173μm

图 3.13　热板温度 673K 时镁粉尘层内各监控点的温度变化曲线

3.8.2　粉尘层着火的临界热板温度

3.8.2.1　理论临界热板温度

理论临界热板温度是通过计算粉尘层内部各点是否发生温度超过金属粉尘层燃点的突跃进行确定的。图 3.14（a）、图 3.14（c）、图 3.14（e）、图 3.14（g）为临界未着火时不同中位粒径镁粉的温度变化曲线，图 3.14（b）、图 3.14（d）、图 3.14（f）、图 3.14（h）为临界着火时不同中位粒径镁粉的温度变化曲线。

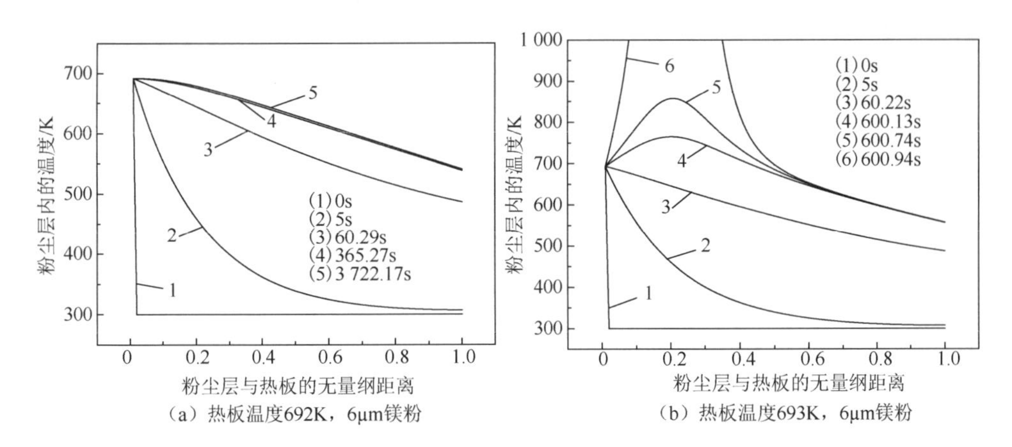

（a）热板温度692K，6μm镁粉　（b）热板温度693K，6μm镁粉

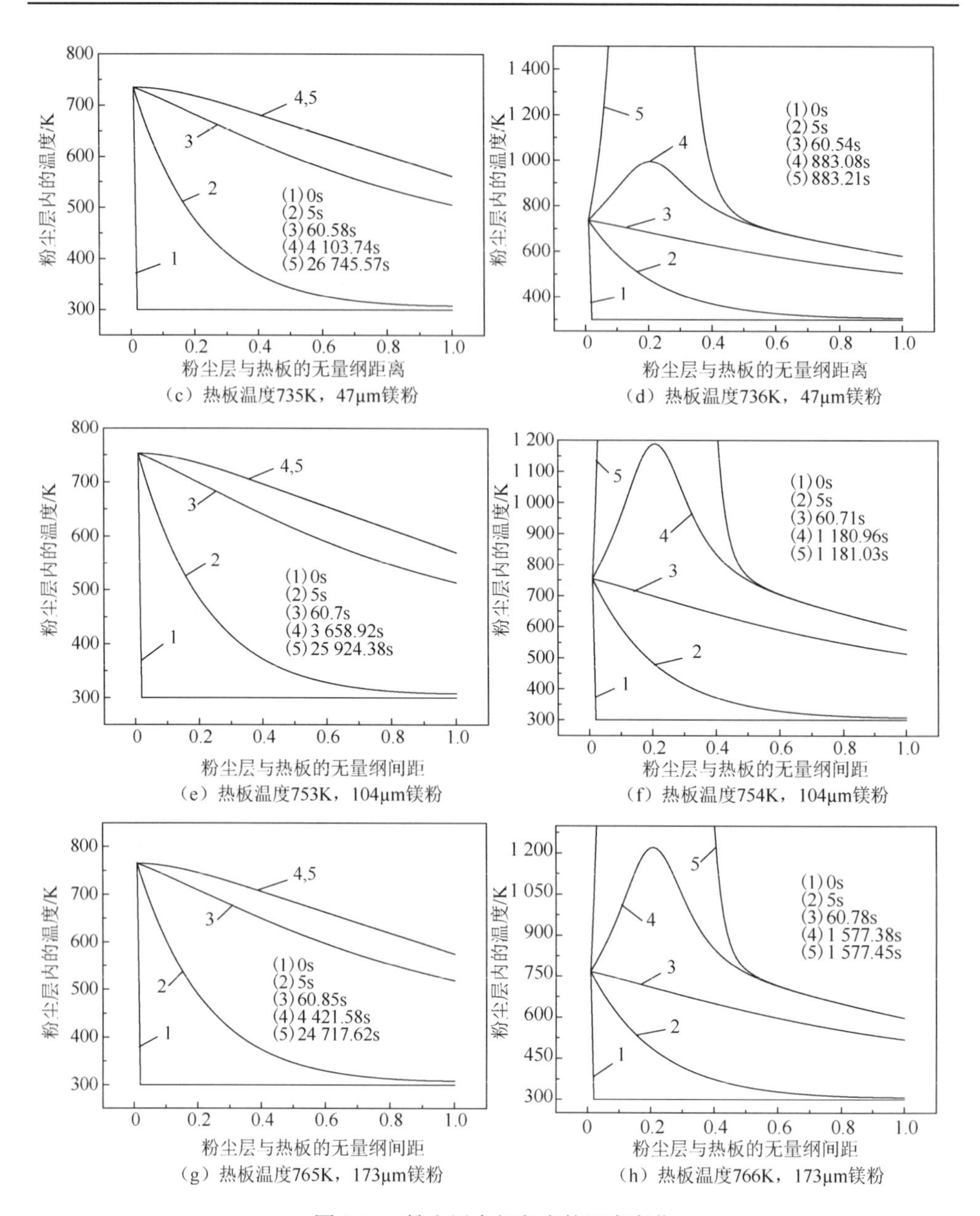

图 3.14　粉尘层内部各点的温度变化

以 6μm 的镁粉为例，当热板温度为 693K 时，粉尘层受热 600s 即发生着火，率先发生着火的位置与热板的无量纲距离约为 0.2。热板温度为 692K 时，粉尘层没有发生着火，受热 365.27s 后层内部的温度基本达到了稳定状态，与 3722.17s 时的温度分布基本相同。根据前述着火判据，6μm 镁粉颗粒临界着火的热板温度为 693K。同理，也可判定其他粒径镁粉临界着火的热板温度。

3.8.2.2　实验临界热板温度

根据图 3.14（b）、图 3.14（d）、图 3.14（f）、图 3.14（h）可知，对于不同粒径的镁粉颗粒，理论上优先着火位置与粒径无关，该点与热板的无量纲距离均为 0.2。为验证上述理论计算的热板温度临界值和优先着火位置，实验上确定粉尘层着火的判据与理论上是相同的，并根据理论分析结果在实验过程中均布监控层内的温度变化。实验中，各热电偶等间距地布置在无量纲距离为 0.2、0.4、0.6、0.8、1.0 的点上。

实验过程中发现，临界未着火时，粉尘层内各监控点的温度变化曲线与图 3.13 相同，最终层内各点温度趋于稳定，不会发生温度突变。当发生临界着火时，粉尘层内各监控点的温度变化曲线如图 3.15、图 3.16 所示。可以看出，受热过程中

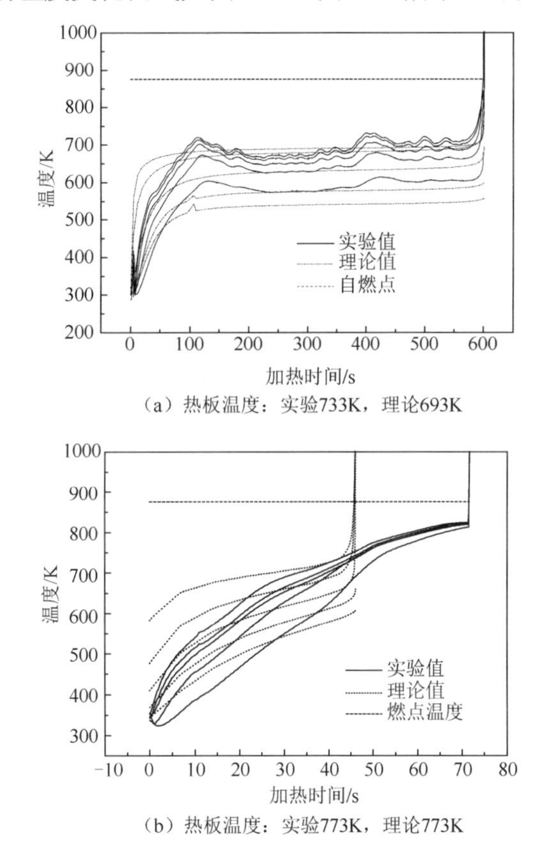

（a）热板温度：实验733K，理论693K

（b）热板温度：实验773K，理论773K

图 3.15　6μm 镁粉最低着火温度时的理论与实验温度变化曲线

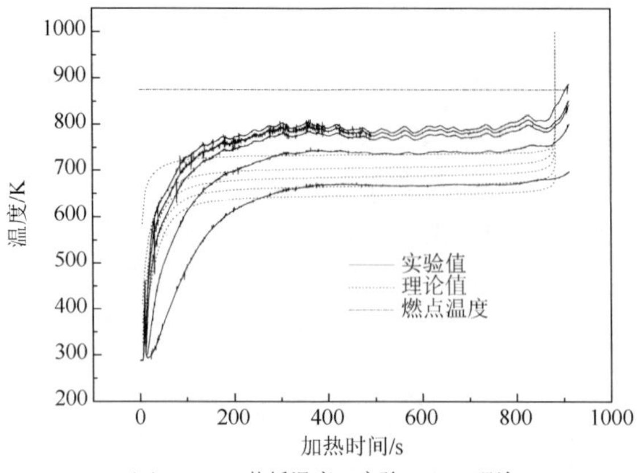

（a）47μm，热板温度：实验753K，理论736K

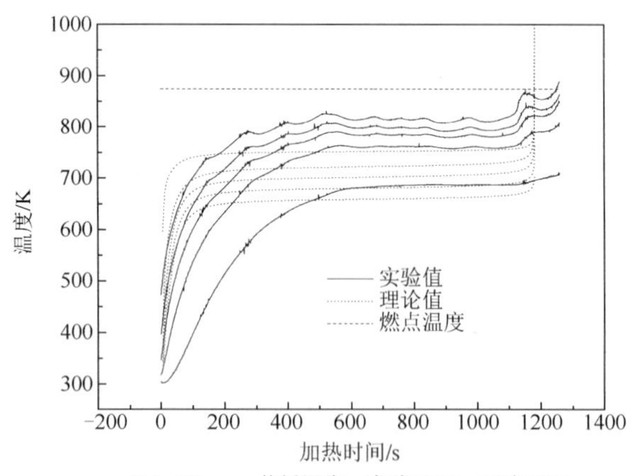

（b）104μm，热板温度：实验773K，理论754K

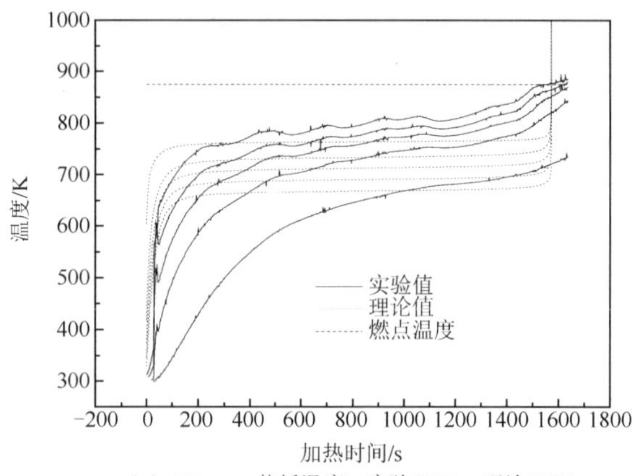

（c）173μm，热板温度：实验783K，理论766K

图 3.16　最低着火温度时不同粒径镁粉尘层的温度变化曲线

层内各监控点的理论与实验温度变化趋势是一致的。这种一致性可描述为粉尘层受热一段时间后，各监控点温度逐渐达到稳定状态并保持一段时间，然后温度出现突升，且温度值超过了镁粉燃点 875K，即发生了着火。

不同粒径镁粉尘层着火的理论及实验热板温度结果如表 3.7 所示。由表 3.7 中数据可以看出，实验值与理论值具有一致性，相对误差小于 10%，说明本书所述的理论模型可以用于计算预测粉尘层热板受热条件下的温度分布。同时，根据表 3.7 中结果，粒径较小的镁粉颗粒有着较大的比表面积，在相同的受热条件下有着较大的化学反应放热速率源项值，从而使粉尘层更易发生着火，着火所需的临界热板温度更低。

表 3.7　空气条件下不同粒径镁粉尘层的最低着火温度

中位粒径/μm	实验值/K	理论值/K	相对误差/%
6	733.0	693.0	5.5
47	753.0	736.0	2.3
104	773.0	754.0	2.5
173	783.0	766.0	2.2

3.8.3　层内着火过程分析

根据图 3.15、图 3.16，发生着火时粉尘层内的温度变化过程可分为两个阶段。第一个阶段与未发生着火时的温度变化相同，在刚开始受热时粉尘层内各点温度上升较快，直至达到稳定温度。第二个阶段为稳定温度保持阶段。经过第二个阶段后，粉尘层内各点温度陆续发生突跃，即发生了着火。第二个阶段稳定状态持续时间的长短与热板温度有关，层内各点温度发生突跃的次序与优先着火的位置有关。

3.8.3.1　热板温度影响分析

本节以 6μm 镁粉为例，阐述热板温度对层着火过程的影响。在 733K 和 773K 两个不同的热板温度下，镁粉尘层着火过程中实验与理论温度变化如图 3.15（a）、图 3.15（b）所示。热板温度越高，粉尘层着火发生前稳定状态持续的时间、着火所需的时间均相对较短。如 733K 临界热板温度时，镁粉尘层发生着火所需时间约为 600s，稳定状态持续的时间约为 500s；当热板温度上升为 773K 时，在 80s 内粉尘层即发生了着火，稳定状态持续的时间仅为 5s。

3.8.3.2　着火位置敏感性分析

前述理论分析结果表明：热板加热过程中，层内各点的着火敏感性是不同的。

当热板温度较高时，粉尘层内存在一个率先发生着火的位置。对于镁粉尘层而言，该着火位置与热板无量纲距离的理论值为 0.2，并得到了实验验证。以 47μm 的镁粉为例，在 753K 临界热板温度下，无量纲距离为 0.1、0.2、0.3 温度监测点的理论与实验变化规律如图 3.17 所示。从图 3.17 中着火段放大部分的温度上升曲线可以看出，无量纲距离为 0.2 的点首先发生着火，其次为 0.1 和 0.3 无量纲距离处的点，从而从实验手段验证了率先发生着火的点既不在粉尘层底部和表面，也不在粉尘层的几何中心，而是位于热板与粉尘层几何中心之间的某一点处。

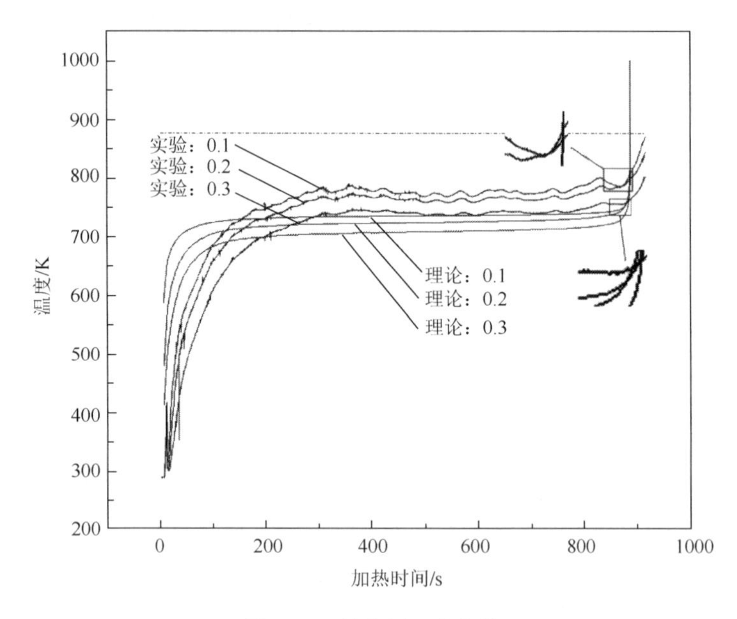

图 3.17　粉尘层温度变化

3.8.3.3　层着火后的表面燃烧现象

0.2 无量纲距离处着火开始后，层内各点由下至上依次着火。图 3.18 为粉尘层着火过程的观测结果。从图 3.18 中可以看出，在热板受热条件下粉尘层底部首先出现着火，一段时间后粉尘层顶部出现着火并逐渐蔓延至整个表面。粉尘层表面着火后的燃烧现象陈述如下：粉尘层顶部出现着火后，表面火焰波逐渐从着火点蔓延至整个表面，此阶段颗粒燃烧速度较慢，表面火焰的温度相对较低(图 3.19)；该阶段的表面燃烧结束后，颗粒的反应放热使粉尘层内颗粒出现熔融，并在此基础上开始气化，反应机制从初始的非均相表面反应转向均相的气化反应，粉尘层表面出现了气相反应产生的耀眼火焰。

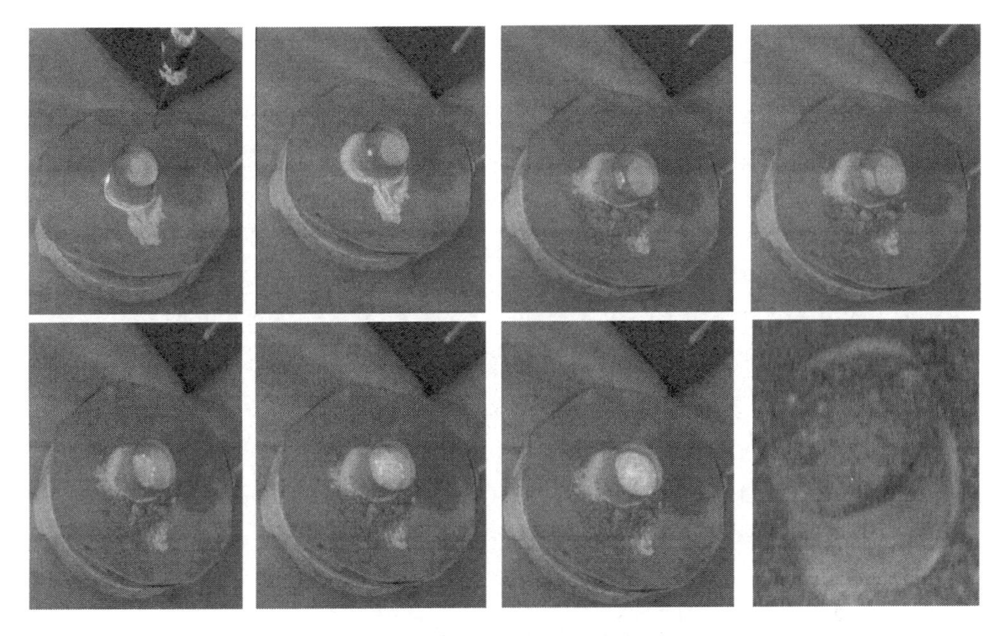

图 3.18　空气条件下镁粉着火过程

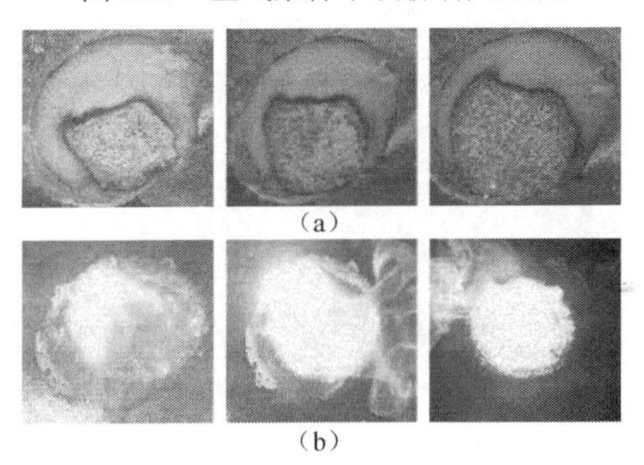

（a）

（b）

图 3.19　粉尘层的着火蔓延现象

图 3.20 为着火后镁粉层沙石淬熄后的形态。由图 3.20 可以看出，镁粉表面着火后，镁粉尘层内部均已经着火。

图 3.20　着火后镁粉淬熄后形态

3.8.3.4 敏感着火点的温度特征

上述的实验与理论研究结果表明，镁粉尘层内存在着火敏感位置。现以 47μm 的镁粉为例讨论该着火敏感位置的温度特征。根据图 3.15，刚发生着火时 0.2 无量纲距离处的温度是最高的。在该过程中，层内各点温度梯度变化如图 3.21 所示。与温度变化规律相同，层内各点的温度梯度变化也分为两个阶段。第一阶段依次为曲线 1～5，在曲线 5 时层内各点温度达到稳定状态，梯度为零。随着加热时间的推进，温度梯度进入第二阶段（曲线 6～8）。随着第二阶段加热时间的延长，各点的温度梯度逐渐增加，但温度梯度极值点所在的位置在 0.2 无量纲距离处。

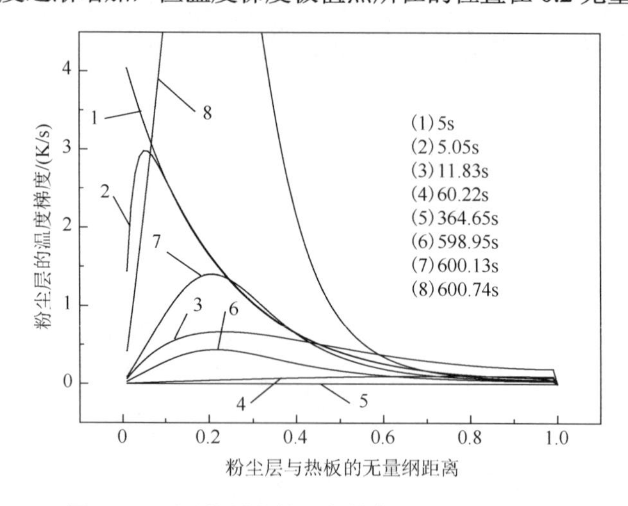

图 3.21　不同位置处的温度梯度（736K，47μm）

3.8.3.5 粉尘层的内部焖烧现象

热板加热过程中层内出现敏感着火点，说明在粉尘内部先发生了着火，即发生了粉尘层的焖烧现象，该现象在煤矿生产过程中尤为普遍。焖烧现象出现的本质原因是可燃粉尘的化学反应放热。以镁粉为例，假设金属粉尘的化学反应放热速率很低，能量守恒方程式（3.2）右端的化学反应放热速率源项无限小，则粉尘层在热板上的受热问题变成了纯粹的热传导问题。此种情况下，粉尘层内的温度分布如图 3.22 所示，即使在较高的热表面温度时（低于镁粉的燃点 875K 时），也不会发生层内的温度突变，层内温度分布只可能沿热板表面至粉尘层顶部逐渐降低，不会发生层着火现象。化学反应放热是导致层内焖烧自燃，以及层内敏感着火点出现的根本原因。正是因为可燃颗粒的化学反应放热，当热板温度等于或大于临界着火温度时，该着火敏感点处的化学放热速率远大于其由热传导向相邻粉尘层的散热速率，从而发生了局部热爆炸现象引起温度突变，最终导致着火。

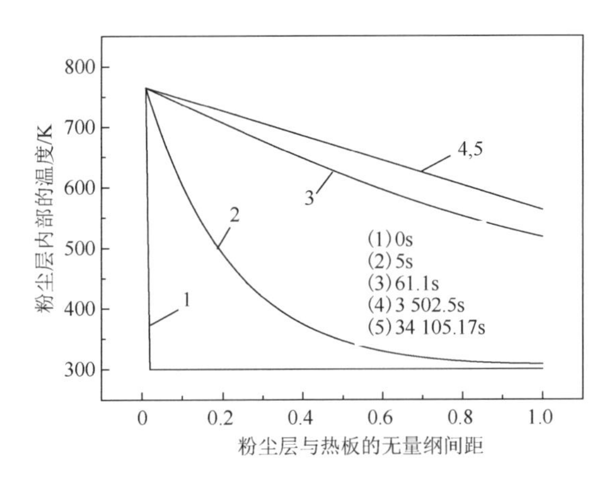

图 3.22　无化学反应源项时的温度分布（765K，6μm）

3.8.4　气相惰化条件下的临界热板温度

3.8.4.1　气相惰化因子

气相惰化的本质是降低气氛环境中总的化学反应放热速率，不同介质的惰化程度可用 3.6.2 节中定义的惰化因子表示。图 3.23 为常压温度为 800K 时，氮气、氩气惰化剂与空气混合时，惰化剂添加量与惰化因子之间的关系。图 3.24 为常压下温度为 800K 时，氮、氩惰化剂与氧气混合时，惰化剂的体积分数与惰化因子的关系。由图 3.23 和图 3.24 可以看出，当环境温度较低，氩气的惰化因子高于氮气的惰化因子，即氩气较氮气的惰化程度高，氮气与镁存在缓慢的化学反应放热。随着惰化剂含量的增加，两者的惰化程度逐渐接近。

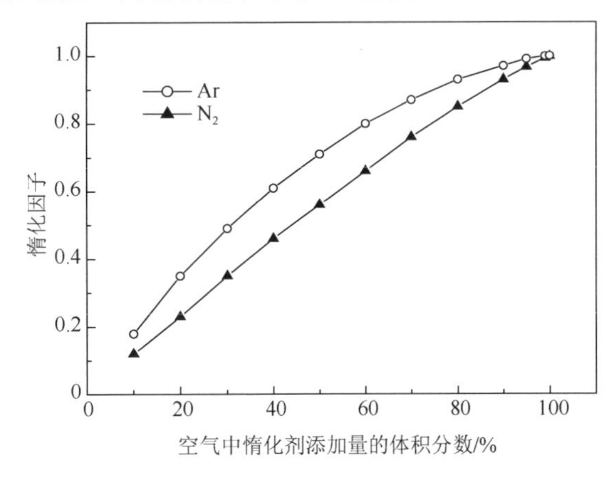

图 3.23　惰化因子与惰化剂添加量的关系（氮、氩气体与空气混合）

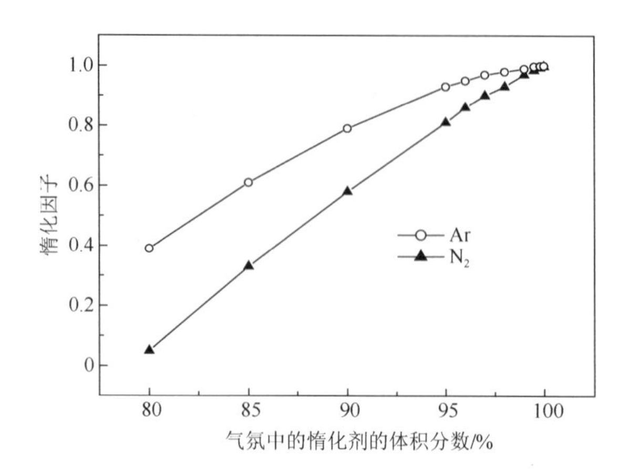

图 3.24　惰化因子与惰化剂含量的关系（氮、氩气体与氧气混合）

图 3.25、图 3.26 表示环境温度对惰化因子的影响。根据惰化因子的定义，当空气中的氮气全部被替换为氩气时，氧-氩混合物的惰化因子可表示为

$$\chi = \frac{Q_{\mathrm{Air,O_2}}(T) + Q_{\mathrm{Air,N_2}}(T) - Q_{\mathrm{Ar,O_2}}(T)}{Q_{\mathrm{Air,O_2}}(T) + Q_{\mathrm{Air,N_2}}(T)} = \frac{1}{1 + Q_{\mathrm{Air,O_2}}(T) / Q_{\mathrm{Air,N_2}}(T)} \tag{3.44}$$

式中，$Q_{\mathrm{Air,O_2}}(T)$ 为气氛温度为 T 时，镁与空气中的氧反应时的化学反应放热速率；$Q_{\mathrm{Air,N_2}}(T)$ 为气氛温度为 T 时，镁与空气中的氮反应时的化学反应放热速率；$Q_{\mathrm{Ar,O_2}}(T)$ 为气氛温度为 T 时，镁与氧-氩混合物中氧反应时的化学反应放热速率，当氧-氩混合物中氧含量与空气中的氧含量相同时，$Q_{\mathrm{Ar,O_2}}(T) = Q_{\mathrm{Air,O_2}}(T)$。

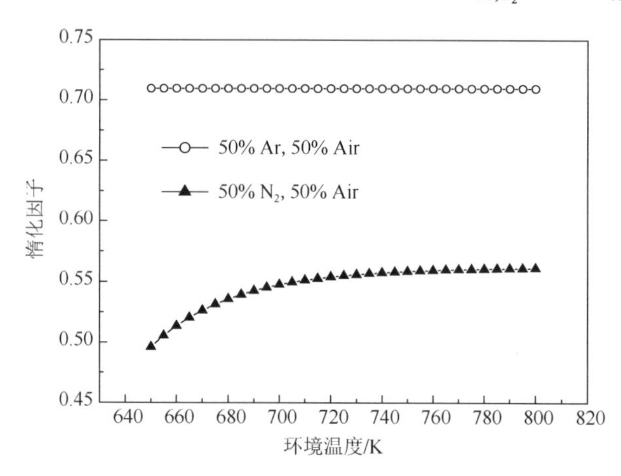

图 3.25　惰化因子与环境温度的关系（惰性气体与空气体积比为 1∶1）

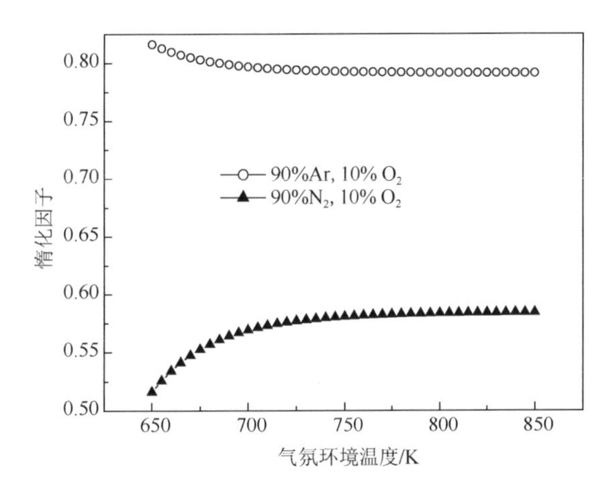

图 3.26　惰化因子与环境温度的关系（惰性气体与氧气体积比为 9∶1）

随着温度的升高，镁与氮气的反应放热速率在增加，但远低于与氧发生反应时的放热速率增加量，$Q_{\mathrm{Air,O_2}}(T)/Q_{\mathrm{Air,N_2}}(T)$ 的值随温度递增。根据式（3.44），随着温度的升高氩气的惰化因子在降低。

根据图 3.27，尽管氩气的惰化因子随温度的升高而降低，但氧-氩混合物的反应放热速率却是增加的，但增加量低于同浓度的氮气，即氩气惰化效果仍优于氮气的惰化效果。

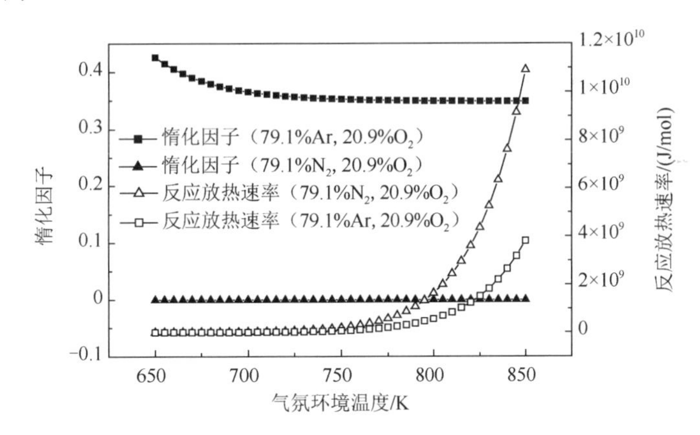

图 3.27　惰化因子及放热速率与温度的关系

3.8.4.2　气相惰化时的临界着火温度

图 3.28、图 3.29 以 6μm 的镁粉为例，表示粉尘层最低着火温度与惰化气体浓度之间的关系。可以看出，随着气氛中氮或氩含量的增加，粉尘层的最低着火温度逐渐增加。由图 3.29 的实验与理论对比曲线可知，随着惰化程度的增加，实验值与理论值的变化趋势是一致的，最大相对误差为 5.8%。惰化条件下实验测试

时，粉尘层的着火观察结果如图 3.30 所示。是否发生着火是根据层内监控点的温度是否达到燃点或出现明火（或亮点）进行判断的。

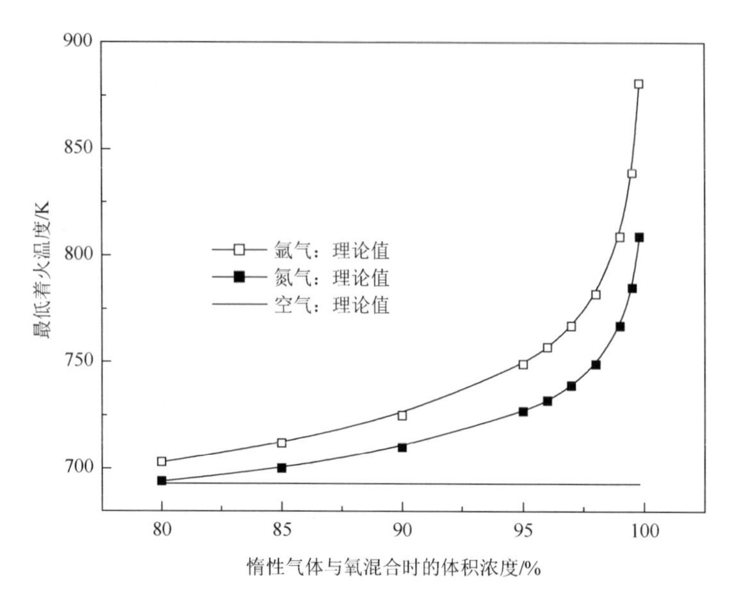

图 3.28　与氧气混合时惰化气体含量对最低着火温度的影响

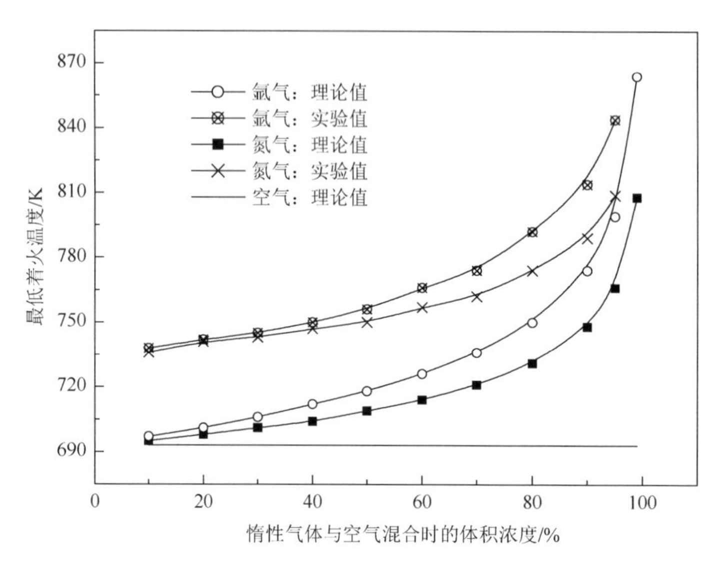

图 3.29　与空气混合时惰化气体含量对最低着火温度的影响

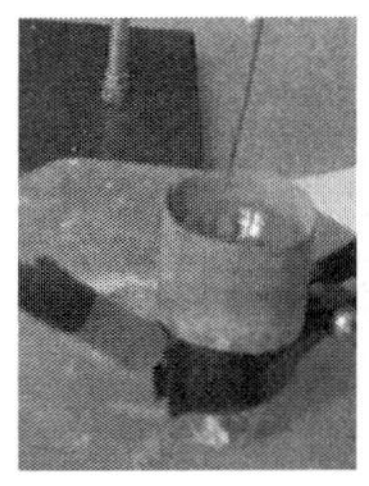  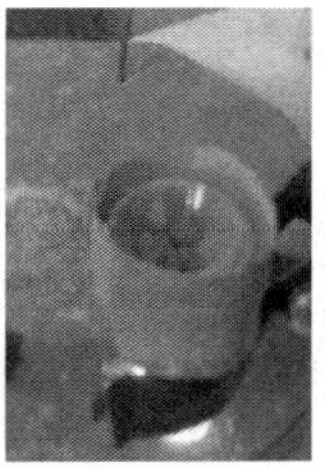 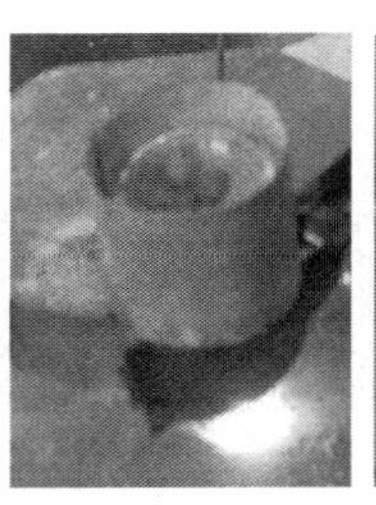 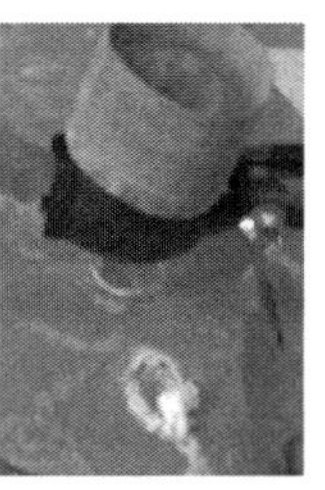

图 3.30　惰化条件下镁粉尘层着火过程

3.8.5　粉体混合物的临界着火温度

3.8.5.1　可燃粉体混合物的临界着火温度

将着火敏感性相对较弱的粉体物质加入到着火敏感性较强的粉体物质是本质安全缓和机制的应用。着火敏感性不同的锆（Zr）和钽（Ta）两种金属混合粉尘的最低着火温度研究结果得出：纯锆和钽金属粉尘层的最低着火温度分别为200℃和 360℃[24]。随着敏感性相对较弱的钽金属粉尘含量的增加，混合金属粉尘层的着火敏感性降低，最低着火温度呈现非线性递增，活性较差的钽对混合粉尘有惰化作用。

根据调和模型，粉尘混合物的最低着火温度可表示为

$$\frac{1}{\mathrm{MIT_{mixture}}}=\frac{\psi}{\mathrm{MIT_{Ta}}}+\frac{1-\psi}{\mathrm{MIT_{Zr}}} \tag{3.45}$$

式中，ψ为混合粉尘中 Ta 的含量；$\mathrm{MIT_{Zr}}$、$\mathrm{MIT_{Ta}}$和 $\mathrm{MIT_{mixture}}$ 分别为 Zr、Ta、混合物的最低着火温度。根据图 3.31 所示结果，调和模型可以用于估算不同着火敏感性粉体混合物的最低着火温度。

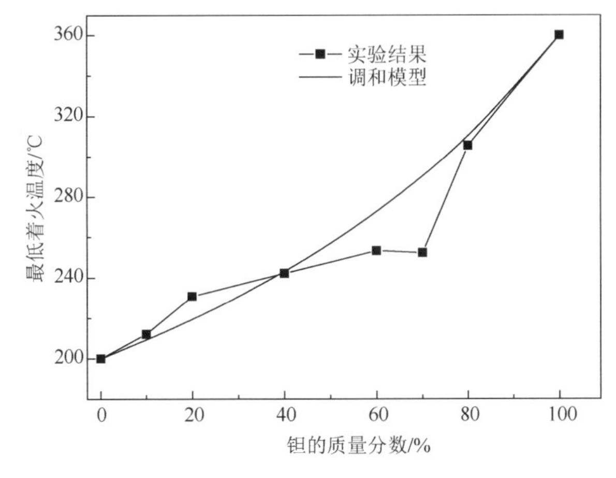

图 3.31　锆和钽混合粉尘最低着火温度与钽含量之间的关系

图 3.32 为不同着火敏感性金属粉尘锆、钽发生层着火后的火蔓延过程[24]。锆

粉热板受热过程中层内温度上升较快，着火过程可在 60s 内迅速完成，持续时间较短，层表面有耀眼闪光。在 13～30s 时间段内，层表面存在气相燃烧的火焰，该火焰是层内少许氢化锆杂质热解产生的氢气，逸出层表面与空气接触引起的燃烧现象。与锆粉相比，钽粉着火过程的热辐射强度较低，燃烧不剧烈，层表面无耀眼的闪光，但有表面燃烧形成的微弱暗淡的火蔓延。着火燃烧过程较长，持续了近 10 分钟。钽粉氧化产物五氧化二钽的皮林-贝德沃恩比（the Pilling and Bedworth ratio，PBR）较高，为 2.44，氧化产物的体积远大于金属粉尘本身。着火过程中，反应产物体积逐渐膨胀，最终溢出粉尘层。

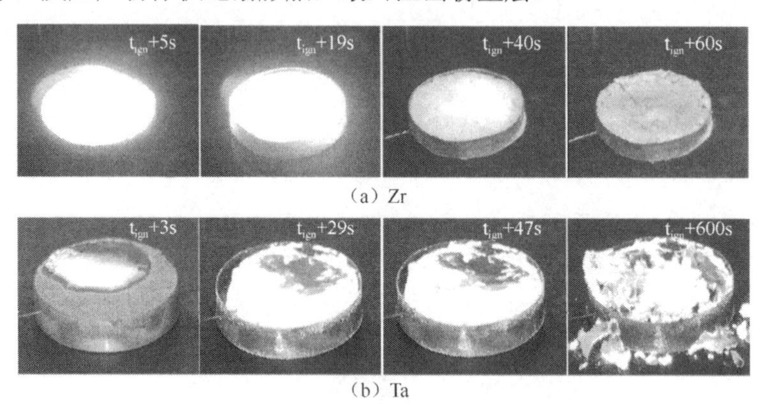

图 3.32　锆、钽层着火的火蔓延过程

可燃固-固非金属粉尘也存在上述的规律性[25]。难燃粉尘（如微晶纤维素、炭黑）与易燃粉尘（如硫黄、烟酸）混合后，随着混合粉尘中难燃成分的增加，混合粉尘的着火敏感性逐渐降低，最低着火温度呈非线性的增加，具体如图 3.33 所示。

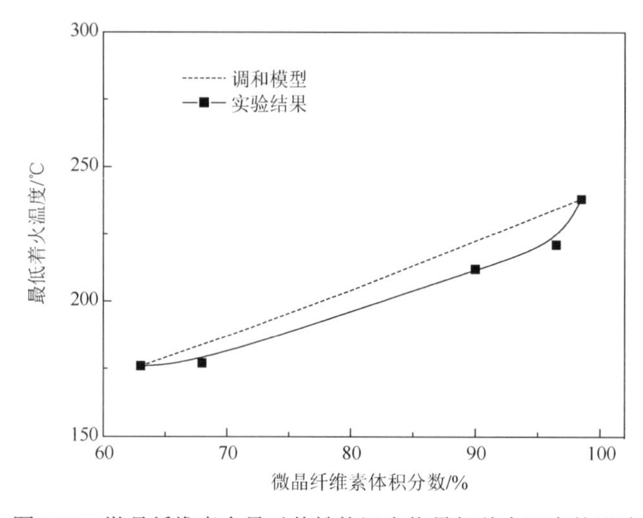

图 3.33　微晶纤维素含量对其粉体混合物最低着火温度的影响

3.8.5.2 粉末惰化混合物的临界着火温度

将不燃的惰性粉末加入至可燃粉体中是粉末惰化技术的应用形式。相对于难燃粉体而言，不燃惰性粉体对易燃粉体着火敏感性的影响更为显著[25]。如图 3.34 所示，随着惰性氧化铝粉体的加入，金属锆粉的粉尘层最低着火温度逐渐增加，着火敏感性逐渐降低，且当混合粉尘中氧化铝质量分数超过 65%时，混合粉尘在热板加热条件下不再具有可燃性，着火温度急剧增加。

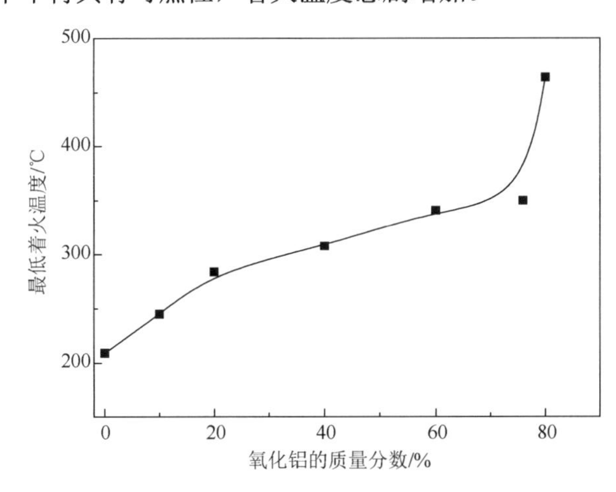

图 3.34　混合粉尘最低着火温度与氧化铝含量的关系

当惰性粉体介质加入到非金属可燃粉尘中时，惰化介质含量对可燃粉尘着火敏感性的影响与金属粉尘的情况相似[26]。如图 3.35 和图 3.36 所示，将硅藻土、

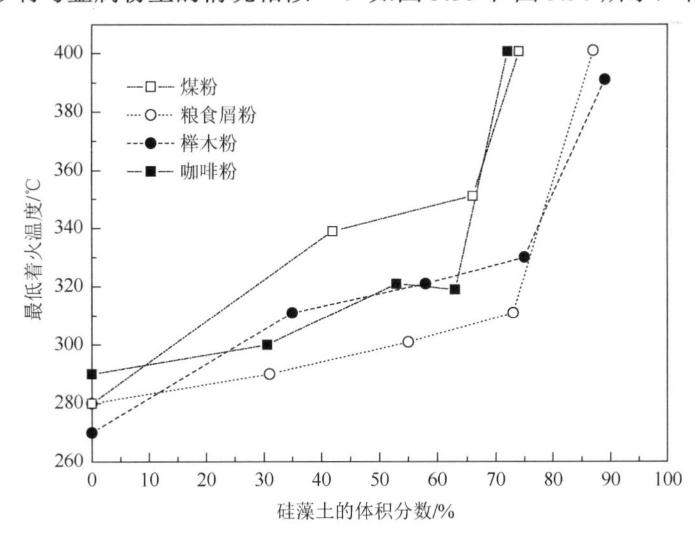

图 3.35　有机粉尘最低着火温度与硅藻土含量之间的关系

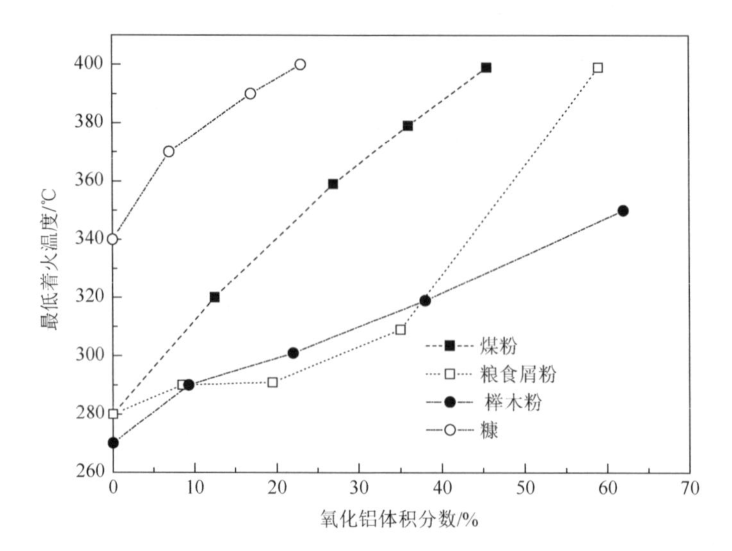

图 3.36　有机粉尘最低着火温度与氧化铝含量之间的关系

氧化铝等惰性粉末加至煤粉、木质粉尘等可燃粉体后，粉体混合物的最低着火温度随着惰化介质含量增加而升高。若使惰化效果明显，通常情况下惰化介质含量需达到 85%以上，如碳酸氢钠和二氧化硅惰化硬脂酸镁时，惰化粉末的质量分数需达到 95%，才能实现完全惰化。

参 考 文 献

[1] 李刚, 钟英鹏, 苑春苗, 等. 基于着火敏感性的镁粉防爆方法研究[J]. 东北大学学报（自然科学版）, 2007, 28(12): 1775-1778.

[2] Leisch S O, Kauffman C W, Sichel M. Smoldering combustion in horizontal dust layers [J]. Twentieth Symposium on Combustion, 1996,20(1): 1601-1610.

[3] Krause U, Schmidt M. The influence of initial conditions on the propagation of smouldering fires in dust accumulations [J]. Journal of Loss Prevention in the Process Industries, 2001, 14(6): 527-532.

[4] Nelson M. Detection and Extinction of Fire and Smoldering in Bulk Powder [M]. London: Technical-Service, 1995: 11-12.

[5] Reddy P D, Amyotte P R, Pegg M J. Effect of inerts on layer ignition temperatures of coal dust [J]. Combustion and Flame, 1998, 114(1-2): 41-53.

[6] Ward T S, Trunov M A, Schoenitz M, et al. Experimental methodology and heat transfer model for identification of ignition kinetics of powdered fuels [J]. International Journal of Heat and Mass Transfer, 2006, 49(25): 43-54.

[7] Dyduch Z, Majcher B. Ignition of a dust layer by a constant heat flux- heat transport in the layer [J]. Journal of Loss Prevention in the Process Industries, 2006, 19: 233-237.

[8] Lebecki K, Dyduch Z, Fibich A, et al. Ignition of a dust layer by a constant heat flux [J]. Journal of Loss Prevention in the Process Industries, 2003, 16: 243-248.

[9] Sweis F K. The effect of admixed material on the ignition temperature of dust layer in hot environments[J]. Journal of Hazardous Materials, 1998, A63(1): 25-35.
[10] 苑春苗. 惰化条件下镁粉爆炸性参数的理论与实验研究[D]. 沈阳:东北大学, 2009.
[11] Semenov N N. Some Problems of Chemical Kinetics and Reactivity[M]. New York: Pergamon Press, 1958: 1-18.
[12] Frank-Kamenetskii D A. Diffusion and Heat Transfer in Chemical Kinetics[M]. New York: Plenum Press, 1969.
[13] 杨世铭, 陶文铨. 传热学[M]. 北京: 高等教育出版社, 2006.
[14] Bowes P C. Self-heating: Evaluating and Controlling the Hazards[M]. New York: Elsevier, 1984: 5-80.
[15] 孙志忠. 偏微分方程数值解法[M]. 北京: 科学出版社, 2005.
[16] 陶文铨. 数值传热学[M]. 西安: 西安交通大学出版社, 2005.
[17] 张铁, 阎家斌. 数值分析[M]. 北京: 冶金工业出版社, 2001.
[18] Wei H, Yoo C S. Dynamic responses of reactive metallic structures under thermal and mechanical ignitions[J]. Journal of Materials Research, 2012, (27): 2705-2717.
[19] Gol'dshleger U I, Amosov S D. Combustion mode and mechanisms of high-temperature oxidation of magnesium in oxygen[J]. Combustion, Explosion and Shock Waves, 2004, 40 (3):275-284.
[20] 陈萍, 张茂勋. 镁及镁合金燃点的测试[J]. 特种铸造及有色合金, 2001, 2: 75-77.
[21] 刘兆晶, 李凤珍, 张莉, 等. 镁及其合金燃点和耐蚀性的研究[J]. 哈尔滨理工大学学报,2000, 5(6): 56-59.
[22] 国家技术监督局. 粉尘层最低着火温度测定方法: GB/T 16430—1996[S]. 北京: 中国标准出版社, 1996.
[23] Methods for determining the minimum ignition temperatures of dust—Part 1: Dust layer on a heated surface at a constant temperature: IEC 61241-2-1:1994[S]. International Electrotechnical Commission, 1994: 11-23.
[24] Dufaud O, Bideau D, Guyadec F L, et al. Self ignition of layers of metal powder mixtures[J]. Powder Technology, 2014, 254: 160-169.
[25] Dufaud O, Perrin L, Bideau D, et al. When solids meet solids: A glimpse into dust mixture explosions[J]. Journal of Loss Prevention in the Process Industries, 2012, 25(5): 853-861.
[26] Janès A, Vignes A, Dufaud O, et al. Experimental investigation of the influence of inert solids on ignition sensitivity of organic powders[J]. Process Safety and Environmental Protection, 2014, 92(4): 311-323.

第 4 章　金属粉尘云表面受热着火理论

本章主要讨论粉尘云遭受高温热表面时的着火敏感性，主要包括两种实际情形：一种是粉尘云悬浮接触热表面；另一种是粉尘云与热表面之间存在快速的相对运动。本章分别通过建立相应的理论模型，以 G-G 炉和 BAM 炉实验验证的方式阐述这两种受热情形下粉尘云的热表面着火规律。

4.1　输运状态粉尘云表面受热的着火理论

4.1.1　着火模型的构建方法

粉体气力输运是流化态技术的一种具体应用，又称为气流输送。它是利用气体动力，在密闭管道中使颗粒悬浮并随气体流动的工艺操作。气力输运作为一项自动化输送技术，早在 19 世纪就已被人们尝试应用，输送对象从几微米量级的粉体到数毫米大小的颗粒。然而，当设备运行故障（如皮带打滑、轴承过热）等原因引起局部高温时，实际输运过程中的可燃粉体将可能被引燃进而发生粉尘爆炸事故。

现有基于 IEC 标准的 G-G 炉是模拟上述粉尘云着火现象的一种典型实验装置。图 4.1 物理重现了堆积粉尘在气流作用下进入热区的过程，即位于储粉室的

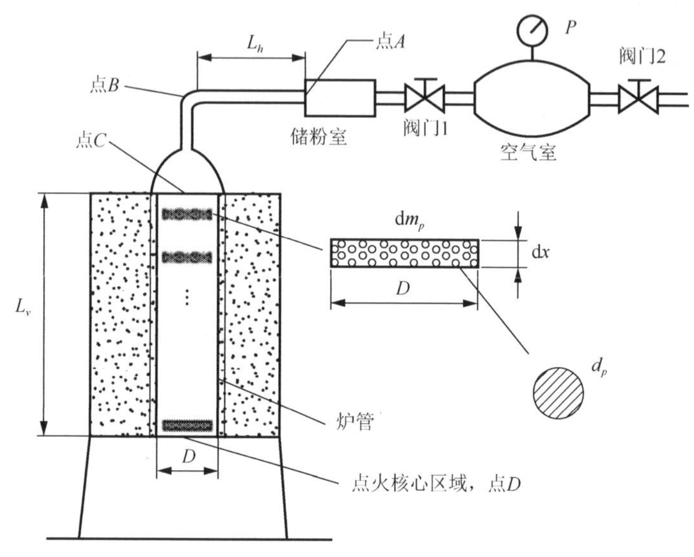

图 4.1　堆积粉尘进入热区着火的过程示意图

堆积粉尘在气流作用下从点 A 出发，沿途经长为 L_h 的水平管道加速至点 B，经 90° 弯管后，从点 C 开始以一定流速 v 和初始温度 T_0 进入长度为 L_v、壁温为 T_p 的热区，最后由点 D 驶离热区。本章首先讨论该情形下的粉尘云流经该热区是否可以发生着火及影响其着火的因素。在该受热环境下，粉尘云的着火情况与气–粒两相的瞬时温度有关，因此相应的理论模型又简称为瞬时温度模型。

4.1.2　输运状态下的气–粒两相运动

粉尘在管内的气力输运是一个复杂的物理工艺过程，获知输运状态下气体及输运颗粒的流动速度是进行后续着火计算的重要前提。考虑到实际生产过程中输运管道的多样性，这里仅介绍一种图 4.1 所示的待输送粉尘在水平管道中喷吹扬起后，经水平管道流经垂直管道的输运过程。气力输运过程中，单个粉尘颗粒的受力[1]如下所示：

$$\frac{4}{3}\pi r^3\rho_p\frac{\mathrm{d}^2x}{\mathrm{d}t^2}=C\cdot\left[6\pi\mu_g\cdot r(v_g-\frac{\mathrm{d}x}{\mathrm{d}t})\right]+F_t-\frac{4}{3}\pi\cdot r^3(\rho_p-\rho_{g,0})g \tag{4.1}$$

式中，C 为肯宁汉阻力修正系数，如果输运颗粒的中位粒径大于 5μm，则气流阻力项 $6\pi\mu_g\cdot r(v_g-\frac{\mathrm{d}x}{\mathrm{d}t})$ 不需肯宁汉修正[2]，即 $C=1.0$； F_t 为热泳力。

开始输运时，储气室内的压缩气体突然泄放产生很高的气流喷吹速度。根据伯努利方程，储气室出口处气流速度 $v_{g,0}$ 应满足下式：

$$\frac{v_{g,0}^2}{2}=gy+\frac{P}{\rho_{g,0}} \tag{4.2}$$

式中，$\rho_{g,0}$ 为标准大气压下空气的密度；P 为储气室相对压力；g 为重力加速度；y 为颗粒在垂直方向上的位移，此处由于气流喷吹速度很快，颗粒在垂直方向位移较小，$y=0$。

因此，喷射出口处气流速度可表示为 $v_{g,0}=\sqrt{\frac{2P}{\rho_{g,0}}}$。

假设颗粒在水平管道运动过程中不计重力和热泳力影响，令输运过程中气体的运动速度为 v_g，颗粒的运动速度为 u，颗粒水平输送的距离为 x，则 $u=\frac{\mathrm{d}x}{\mathrm{d}t}$。根据式（4.1）及假设条件，粉尘颗粒在水平管道中的运动方程及初始条件如下式所示：

$$\frac{4}{3}\pi\cdot r^3\rho_p\frac{\mathrm{d}u}{\mathrm{d}t}=6\pi\mu_g r(v_g-u) \tag{4.3}$$

式中，r 为颗粒的半径；ρ_p 为颗粒密度；μ_g 为气体的黏性系数。初始条件为 $t=0,u=0,x=0,v_g=v_{g,0}$。

假定水平输送管道的摩擦阻力系数较小，忽略粉尘云在水平管道流动时与管壁的摩擦阻力，则粉尘云内气体与其输运粉尘之间的动量守恒方程为

$$m_g(v_{g,0}-v_g)=m_s u \tag{4.4}$$

式中，m_s 为输运粉尘的质量；m_g 为储气室内空气的质量，$m_g=\dfrac{p_0+P}{p_0}\rho_{g,0}V$，其中 V 为储气室的容积（$V=500\text{ml}$）。

令 $k=\dfrac{9\mu_g}{2\rho_p r^2}=\dfrac{18\mu_g}{\rho_p d_p^2}$，$M'=\dfrac{m_s}{m_g}+1$，将式（4.4）代入式（4.3）积分整理后得

$$x=\frac{v_{g,0}}{M'}[t-\frac{1}{kM'}(1-\mathrm{e}^{-k\cdot M'\cdot t})] \tag{4.5}$$

$$u=\frac{v_{g,0}}{M'}(1-\mathrm{e}^{-k\cdot M'\cdot t}) \tag{4.6}$$

$$v_g=\frac{v_{g,0}}{M'}\left[1+(M'-1)\mathrm{e}^{-k\cdot M'\cdot t}\right] \tag{4.7}$$

根据上述计算关系式，颗粒在管内的输运速度 u 受多重因素影响，如输运粉尘质量与粒径、喷吹压力等。以粉体粒径为 6μm 的镁粉为例，颗粒在输送过程中速度、位移、时间之间的关系如图 4.2（a）所示。计算条件如下：水平输送距离 $x=0.1\text{m}$，喷吹压力 0.1MPa，质量为 5g，时间迭代步长为 0.01ms。计算结果表明上述计算条件下镁粉到达热区末端时，粉尘颗粒基本达到与输运气流相同的速度，即 $u\approx v_g=79\text{m/s}$。当粉尘质量较小，喷吹压力较大时，高喷吹压力下形成的激波射流将使粉尘和气流达到很高的速度，如当粉尘质量减少为 0.3g 时，粉体颗粒达到水平管道末端时颗粒速度为 309m/s，此时气流速度为 330.5m/s，具体如图 4.2（b）所示。激波吹扫管道堆积粉体的相关实验研究结果表明：在实际生产过程中，爆炸冲击产生的激波可使喷吹气流速度达到 319m/s，与本书理论模型的计算结果一致。鉴于实际粉体工业中气流输运形式多样，建立具有普遍意义的理论模型，获得具体生产条件下的气-粒两相速度，对于避免粉体管道堆积等本质安全的工艺设计具有指导意义。

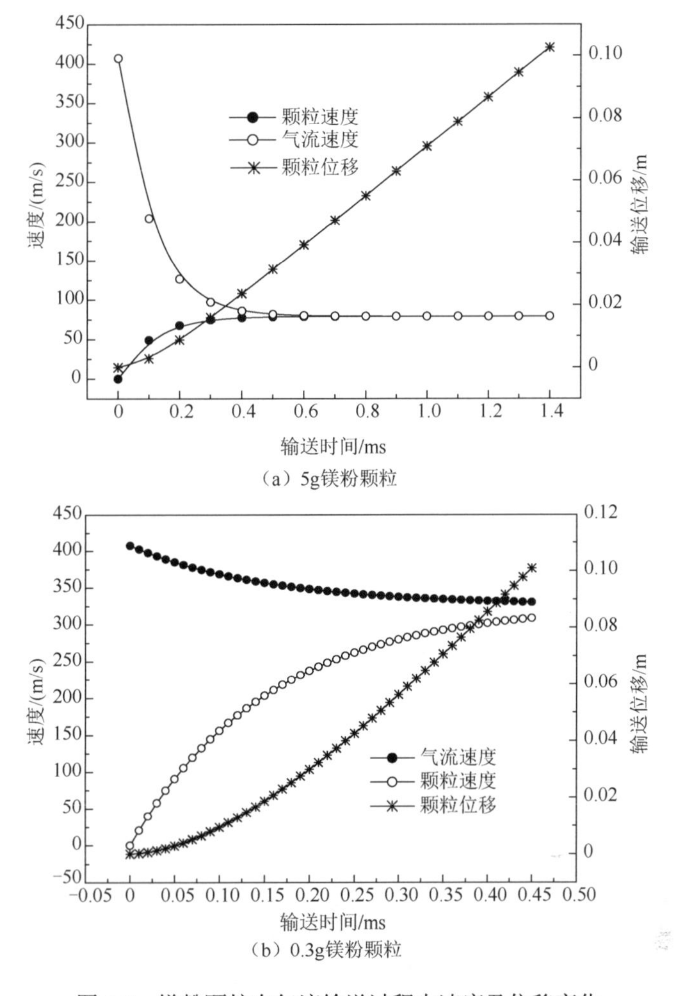

（a）5g镁粉颗粒

（b）0.3g镁粉颗粒

图 4.2　镁粉颗粒在气流输送过程中速度及位移变化

根据图 4.1 所示的实验装置，镁粉颗粒达到水平管道末端后经 90º 弯头进入垂直热区，弯头处的摩擦阻力将导致颗粒、气体速度变小，直角弯头的摩擦阻力系数 ξ 约为 0.21[2]。经过弯管后颗粒及气流速度为

$$u' = \sqrt{1-\xi} \cdot u \tag{4.8}$$

$$v_g' = \sqrt{1-\xi} \cdot v_g \tag{4.9}$$

与水平管道不同，气体及颗粒经 90℃弯管进入垂直管道后，重力作用将对颗粒运动状态产生较大影响，故垂直管道中的气粒运动应考虑重力作用，具体计算式如下：

$$\frac{\mathrm{d}v_{p,v}}{\mathrm{d}t} = \frac{3C_D\rho_g(v_{g,v} - v_{p,v})^2}{4d_p\rho_p} + \frac{(\rho_p - \rho_g)g}{\rho_p} \tag{4.10}$$

将式（4.10）与式（4.4）联立，通过对时间迭代计算，即可获得气-粒两相在垂直管道中的瞬时速度，具体迭代方法如下所示：

$$v_{p,v}(t+\mathrm{d}t)=v_{p,v}(t)+\left[\frac{3C_D\rho_g\left[v_g-v_{p,v}(t)\right]^2}{4d_p\rho_p}+\frac{(\rho_p-\rho_g)g}{\rho_p}\right]\cdot\mathrm{d}t \tag{4.11}$$

$$x_v(t+\mathrm{d}t)=x_v(t)+v_{p,v}(t)\cdot\mathrm{d}t \tag{4.12}$$

4.1.3　输运状态下气-粒两相能量守恒

根据前述物理模型，假设垂直管道意外受热成为恒温壁面的高温点火源，那么流经该管道的粉尘云将与器壁发生能量交换，具体能量交换形式讨论如下。

4.1.3.1　化学反应放热速率

本节以氧化膜不具有保护作用的镁粉颗粒为例，详细阐述输运状态粉尘云表面受热的着火理论。由于氧化膜不具有保护作用，镁粉颗粒在热区运动过程中，整个颗粒表面将不断地与气氛中的氧或氮等发生化学反应，并放出大量的热。粉尘云中所有颗粒的化学反应放热速率 Q_{sum} 可表示为

$$Q_{\mathrm{sum}}=N\cdot S\cdot Q(T) \tag{4.13}$$

式中，S 为单个金属颗粒的表面积，$S=\pi\cdot d_p^2$；N 为粉尘云中颗粒的数量，$N=\dfrac{6m}{\pi\rho\cdot d_p^3}$，其中，$m$ 为待喷吹金属颗粒的质量。

从常温状态受热直至颗粒发生着火，此过程中金属粉尘的化学反应模式为表面反应。式中 $Q(T)$ 为单个金属颗粒表面单位面积上的化学反应放热速率，对于不同的反应气氛，$Q(T)$ 的表达式不同。为便于理论研究，建立 $Q(T)$ 的通用表示式如下：

$$Q(T)=q\cdot k_0(\rho_g n_0)^{\nu}\exp(-E/RT) \tag{4.14}$$

式中，q 为单位质量金属粉尘的放热量；E 为金属颗粒的反应活化能；R 为普适气体常数；k_0 为反应的指前频率因子；ρ_g 为气体的密度；n_0 为可与金属发生化学反应的某气体组分含量；ν 为反应级数。

4.1.3.2　颗粒相能量守恒

根据前述，管道输运过程中气-粒两相存在相对运动，气-粒两相存在强制对流换热。颗粒与气体之间热交换的机制取决于 K_n，即气体分子的平均自由程和颗粒半径的比值，表示形式如下：

$$K_n = \frac{\lambda_{\text{FM}}}{r_p} \tag{4.15}$$

如果 K_n 大于 10（即颗粒很小），气体分子与颗粒碰撞的机会较少，一旦发生碰撞，气体分子可以有效地将颗粒的能量在不与其他气体分子碰撞的前提下带回气体块中。这种气粒换热机制称为自由分子机制（free molecular regime），其换热速率可以表示为

$$Q_{\text{FM}} = \alpha\pi r_p^2 \frac{p_g}{2}\left(\frac{8K_B T_g}{\pi m_g}\right)^{1/2} \frac{\overline{r}+1}{\overline{r}-1}\left(\frac{T_p - T_g}{T_g}\right) \tag{4.16}$$

式中，Q_{FM} 为粉气在自由分子机制中的换热速率；α 为调节系数；$\overline{r}$ 为气体的平均绝热指数；p_g 为气体压力；T_g 为气体温度；m_g 为气体分子的质量；T_p 为颗粒温度；K_B 为玻尔兹曼常量。

由于气体分子的平均自由程很小，如标准状况下空气分子的平均自由程约为 7×10^{-8}m，通常情况下 K_n 小于 10。此时，单个颗粒与气体的换热速率可以表示为 $H_{c,s,p}$：

$$H_{c,s,p} = \frac{Nu_s \lambda}{d_p} \cdot S \cdot (T_s - T_g) \tag{4.17}$$

式中，λ 为金属颗粒的热传导系数；Nu_s 为金属颗粒与气相换热时的 Nusselt 数；T_s, T_g 分别为颗粒及气流的温度。

根据牛顿冷却公式[3]，粉尘云中所有颗粒对流换热量可表示为

$$H_c = N \cdot H_{c,s,p} = h \cdot N \cdot S \cdot \Delta T \tag{4.18}$$

式中，$H_{c,s,p}$ 为单个金属颗粒与气相的对流换热量；h 为单个金属颗粒与气相的对流换热系数；ΔT 为气-粒两相温度差。

同时，金属颗粒与热区筒体之间也存在能量交换，换热形式为热辐射，辐射换热量为 H_r。根据 Stefan-Boltzmann 定律[3]，粉尘云中金属颗粒向器壁的辐射换热量为

$$H_r = \varepsilon_{\text{eff}} \sigma \cdot S_T (T_s^4 - T^4) \tag{4.19}$$

式中，S_T 为热区的表面积，对于圆形管道 $S_T = \pi DL$；σ 为 Stefan-Boltzmann 常数；T 为 G-G 炉热区壁面温度；ε_{eff} 为金属颗粒的有效热辐射系数[4]，可表示为

$$\varepsilon_{\text{eff}} = \varepsilon_0 [1 - \exp(-NS / 2S_T)] \tag{4.20}$$

其中，ε_0 为金属颗粒的发射率[5]。

4.1.3.3　气相能量守恒

粉尘云在热区运动过程中，携带粉尘的气体与热区筒体之间存在相对运动，两者之间的能量交换形式主要为对流换热，设换热量为 $H_{c,c}$，则

$$H_{c,c} = \frac{Nu_g \lambda}{D} \cdot S_T (T_g - T) \tag{4.21}$$

式中，Nu_g 为气流与炉体壁面换热时的 Nusselt 数。

式（4.17）和式（4.21）中 Nusselt 数的大小与气-粒两相的瞬时速度有关。颗粒相 Nusselt 数可表示为

$$Nu_p(t) = 2.0 + 0.6 Pr^{1/3} \cdot \left[\frac{\left| v_{p,v}(t) - v_{g,v} \right| \cdot \rho_g d_p}{\mu_g} \right]^{1/2} \tag{4.22}$$

根据格尼林斯基关于圆管内湍流强制对流换热关联式[2]，气相的 Nusselt 数为

$$Nu_g(t) = \frac{(f/8) \cdot (Re - 1000) \cdot Pr}{1 + 12.7 \cdot \sqrt{f/8} \left(Pr^{2/3} - 1 \right)} \cdot \left[1 + \left(\frac{D}{L_h} \right)^{2/3} \right] \cdot c_t \tag{4.23}$$

式中，$f = (1.82 \cdot \lg Re - 1.64)^{-2}$；$Re = \dfrac{D v'_g \rho_g}{\mu_g}$；$c_t = \left(\dfrac{T_f}{T_w} \right)^{0.45}$，其中，$T_f, T_w$ 分别为流体平均温度及壁面温度。

4.1.3.4　粉尘云能量守恒方程

根据粉尘云在热区运动过程中，喷吹气流及携带颗粒所有的能量交换形式，颗粒相与气相的能量守恒方程式可表示如下。

颗粒相：

$$m_s c_s \frac{\mathrm{d}T_s}{\mathrm{d}t} = Q_{\text{sum}} - N \cdot H_{c,s,p} - H_r \tag{4.24}$$

气相：

$$m_g c_g \frac{\mathrm{d}T_g}{\mathrm{d}t} = N \cdot H_{c,s,p} - H_{c,c} \tag{4.25}$$

粉尘云刚进入热区时的气流及携带颗粒的温度均为环境温度 T_A，故初始条件为

$$t = 0\text{，}\ T_s = T_A\text{，}\ T_g = T_A \tag{4.26}$$

4.1.4　粉尘云着火判据

在工业现场或实验研究中，经常通过观察是否存在火焰判定金属粉尘云是否

发生着火，这是一种直接的、定性的判定方法。粉尘云着火的本质是云中颗粒温度突升，导致剧烈的化学反应放热，一般将金属颗粒刚发生温度突升时的颗粒温度定义为燃点。金属粉尘燃点的测试一般在水平的管式加热炉内进行，根据炉中堆积粉尘内部的颗粒温度变化进行判定。金属颗粒未着火之前，颗粒温度由于炉温的加热作用逐渐升高，开始发生着火时颗粒温度将出现急剧上升。

现有研究表明，颗粒在未达熔点之前属于低温氧化阶段，颗粒的反应遵循扩散氧化机制（diffusion oxidation mechanism，DOM）[6,7]。当金属颗粒的温度抵达熔点时，颗粒熔融引起的形变及氧化膜内的累积内压将使熔融的金属颗粒分散为更小的液滴（melt dispersion mechanism，MDM），更多金属成分接触氧气并产生较快的化学反应放热，进而发生闪燃着火现象[8,9]，如图 4.3 所示。陈萍和张茂勋[10]、刘兆晶等[11]对镁粉颗粒的实验结果表明镁粉的燃点与其熔点十分接近。当某一给定金属颗粒的燃点温度未知时，可用金属熔点近似计算。本书粉尘云着火理论模型中，粉尘云着火判据是云中颗粒的温度抵达其熔点。对于 4.1.1 节所述的物理情形而言，着火判据为粉尘颗粒在热区内或刚刚离开热区时，颗粒温度抵达其熔点；对于 4.4 节将要描述的悬浮状态下的粉尘云着火理论，颗粒在热区悬浮 5s 时，颗粒温度若大于或等于熔点，也认为粉尘云发生了着火。

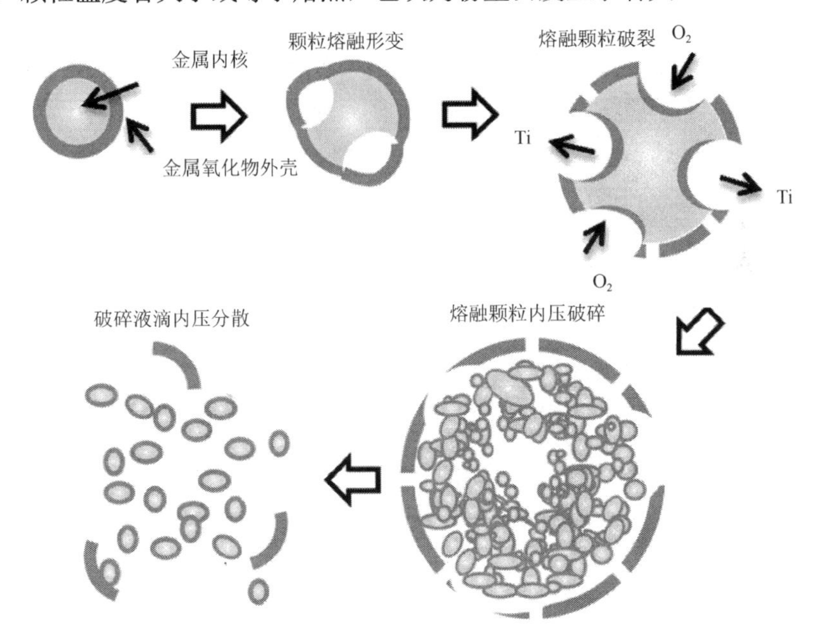

图 4.3　金属颗粒的闪燃着火[8]

4.1.5　能量守恒方程的求解

根据着火判据，粉尘云中颗粒流经垂直热区过程中的瞬时温度是判定粉尘云是否发生着火的关键参数。瞬时温度的求解计算过程如图 4.4 所示，大致分为以下步骤：

（1）获得理论模型的计算参数。具体包括喷吹压力、粉尘粒径与质量、管道布置、热区尺寸及温度等。

（2）计算气-粒两相在热区入口处的瞬时速度。该速度经 90° 弯管修正后，将作为垂直热区中气-粒两相的初速度，用于计算粉尘云在垂直管道热区中的能量交换，进而确定气-粒两相在热区运动过程中的瞬时速度和瞬时温度。计算过程中，不论是颗粒运动方程［如式（4.10）～式（4.12）］，还是能量守恒方程［如式（4.24）、式（4.25）］，所涉及的方程均为一阶常微分方程。通常采用四阶标准 Runge-Kutta 方法求解计算[12]，该方法为单步显式方法，计算简单且精度较高。

（3）当粉尘云中颗粒的温度在热区运动过程中或刚离开热区时达到其燃点，则粉尘云视为发生着火；否则，未达燃点的颗粒离开热区后，经由空气的冷却作用，温度逐渐降低，粉尘云不会发生着火。

依照上述步骤，当热区面积、粉尘云属性等一定时，可以确定粉尘云发生着火的最低热区壁面温度，即粉尘云最低着火温度。

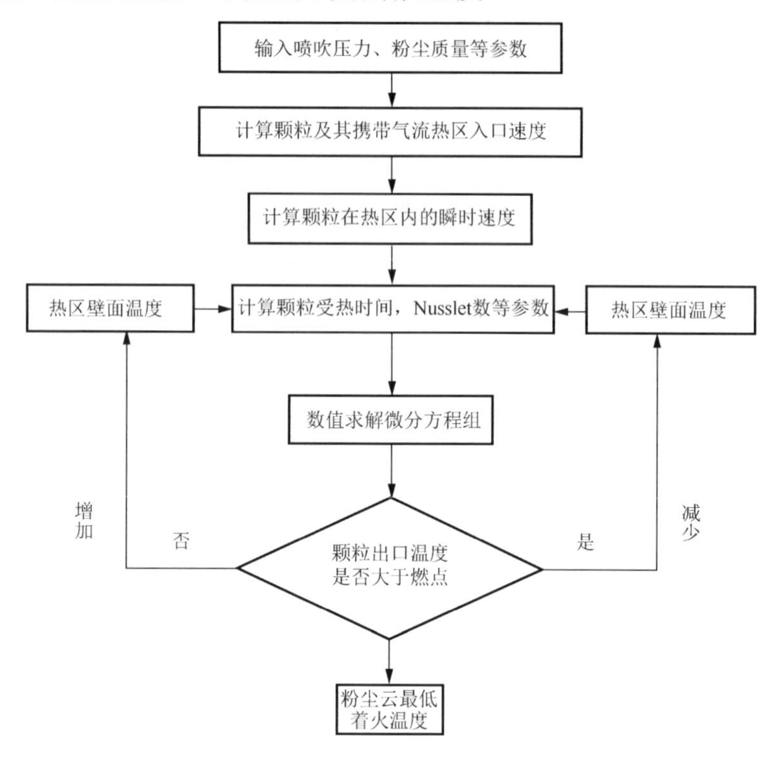

图 4.4　粉尘云气-粒两相瞬时温度计算流程

4.2　热爆炸理论模型

热爆炸理论模型是用热爆炸的理论思想[5]，理论研究热环境中可燃粉尘云着火问题的理论模型。与前述瞬时温度模型相比，该理论模型不考虑粉尘云在热环境中的运动状态。该模型假定一定浓度的粉尘云持续悬浮于恒温壁面的热环境内，粉尘云中的可燃颗粒由于壁面的高温加热作用，化学反应放热速率加快。当粉尘云的热产生速率大于或等于热损失速率时，粉尘云发生温度突变，产生热爆炸。根据热爆炸理论思想，当壁面温度达到某一临界值时，粉尘云将出现临界热爆炸状态，此时粉尘云中气-粒两相的温度均达到了热稳定状态。当壁面温度高于临界温度时，粉尘云的热产生率大于热损失率，粉尘云的温度不断升高，最终发生着火。因此，在恒温壁面热区中粉尘云的最低着火温度也为导致粉尘云热爆炸的临界壁面温度。

为便于理论分析，将前述气相及颗粒相能量守恒方程式、初值条件等方程式表示为无量纲方程。其中，温度、时间等参数的无量纲形式定义如下：

$$\theta_s = \frac{E}{RT^2} \cdot (T_s - T) \tag{4.27}$$

$$\theta_g = \frac{E}{RT^2} \cdot (T_g - T) \tag{4.28}$$

$$\theta_A = \frac{E}{RT^2} \cdot (T_A - T)，\quad \alpha = \frac{RT}{E} \tag{4.29}$$

$$\tau = \frac{qk_0(\rho_g n_0)^{\nu} NS \cdot E\exp(-E/RT)}{m_s c_s RT^2} t \tag{4.30}$$

式中，$\theta_s, \theta_g, \theta_A$ 分别为无量纲颗粒温度、气相介质温度及环境温度；τ 为粉尘云在热区的无量纲受热时间。

根据附录 A 中的推导过程，无量纲化后颗粒相及气相的能量守恒方程如下所示。

颗粒相：

$$\frac{\mathrm{d}\theta_s}{\mathrm{d}\tau} = \exp\left(\frac{\theta_s}{1+\alpha\theta_s}\right) - \frac{\theta_s\left(1+\frac{\omega_g}{\eta}\right) - \theta_g}{\psi} \tag{4.31}$$

气相：

$$\frac{1-M}{M} \frac{\mathrm{d}\theta_g}{\mathrm{d}\tau} = \frac{\theta_s - \theta_g}{\psi} - \frac{\theta_g}{\eta\psi} \tag{4.32}$$

式（4.31）、式（4.32）中各变量的表示形式分别如下所示：

$$\eta = \frac{NS \cdot Nu_s \cdot D}{S_T Nu_g d_p} \tag{4.33}$$

$$M = \frac{m_s c_s}{m_s c_s + m_g c_g} \tag{4.34}$$

$$\omega_g = \frac{4\varepsilon_{\text{eff}} \sigma \cdot DT^3}{Nu_g \lambda} \tag{4.35}$$

$$\psi = \frac{qk_0 (\rho_g n_0)^{\nu} Ed_p}{Nu_s \lambda RT^2} \cdot \exp(-\frac{E}{RT}) \tag{4.36}$$

$$\frac{\mathrm{d}\theta_s}{\mathrm{d}\tau} = 0, \quad \frac{\mathrm{d}\theta_g}{\mathrm{d}\tau} = 0 \tag{4.37}$$

当粉尘云发生热爆炸时，其中气-粒两相的温度均达到了稳定的状态，即存在下述无量纲式：

$$\text{固相：} \frac{\mathrm{d}\theta_s}{\mathrm{d}\tau} = 0\text{；气相：} \frac{\mathrm{d}\theta_g}{\mathrm{d}\tau} = 0 \tag{4.38}$$

将式（4.38）的热爆炸临界条件代入无量纲能量守恒方程式（4.31）、式（4.32）中，整理后得

$$\psi = \exp\left[\frac{-\theta_s}{1+\alpha\theta_s}\right] \cdot \left[\theta_s (1 + \frac{\omega_g}{\eta}) - \theta_g\right] \tag{4.39}$$

$$\theta_g = \frac{\eta}{\eta + 1} \cdot \theta_s \tag{4.40}$$

将式（4.40）代入式（4.39）整理后得

$$\psi = \exp\left[\frac{-\theta_s}{1+\alpha\theta_s}\right] \cdot \left[\frac{1}{\eta+1} + \frac{\omega_g}{\eta}\right] \cdot \theta_s \tag{4.41}$$

对于大多数金属粉体颗粒而言，反应的活化能一般为 10^5 数量级，故 $\alpha = \frac{RT}{E} << 1$，$\exp(\frac{-\theta_s}{1+\alpha\theta_s}) \approx \exp(-\theta_s)$ [4]，则式（4.41）可简化为

$$\psi = \exp(-\theta_s) \cdot (\frac{1}{\eta+1} + \frac{\omega_g}{\eta}) \cdot \theta_s \tag{4.42}$$

令 $K = \frac{1}{\eta+1} + \frac{\omega_g}{\eta}$，式（4.42）中 ψ 与 θ_s 的关系如图 4.5 所示。

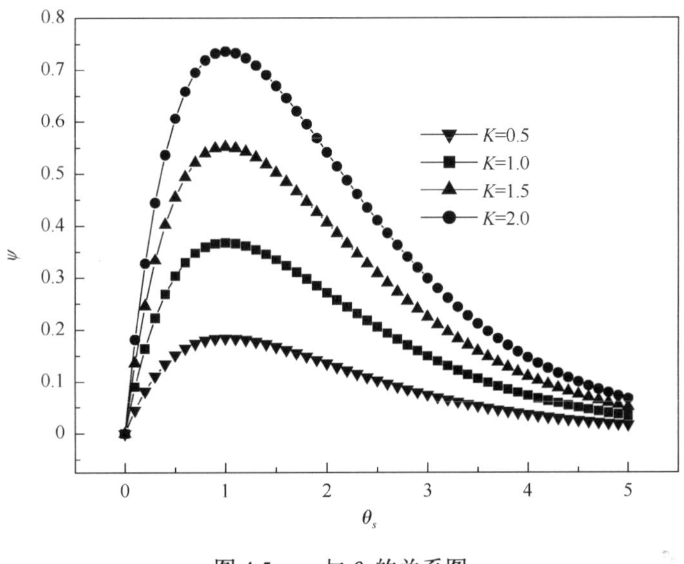

图 4.5　ψ 与 θ_s 的关系图

由图 4.5 可知，函数 ψ 在 $\frac{\mathrm{d}\psi}{\mathrm{d}\theta_s}=0$ 处存在一极值点，该点对应的热爆炸临界条件为

$$\theta_{\mathrm{cr},s}=1，\quad \psi_{\mathrm{cr}}=(\frac{1}{\eta+1}+\frac{\omega_g}{\eta})\cdot \mathrm{e}^{-1} \tag{4.43}$$

式中，$\theta_{\mathrm{cr},s}$ 为无量纲临界温度。

将各无量纲参数表达式代入式（4.43），得

$$T_{\mathrm{cr},s}=\frac{RT_{\mathrm{cr}}^2}{E}+T_{\mathrm{cr}} \tag{4.44}$$

$$\frac{qk_0(\rho_g n_0)^{\nu}E}{Nu_s\lambda RT_{\mathrm{cr}}^2}\cdot\exp(-\frac{E}{RT_{\mathrm{cr}}})=(\frac{4\varepsilon_{\mathrm{eff}}\sigma\cdot S_T T_{\mathrm{cr}}^3}{\lambda NSNu_s}+\frac{S_T Nu_g}{NSNu_s D+S_T Nu_g d_p})\cdot \mathrm{e}^{-1} \tag{4.45}$$

通过采用牛顿迭代法[6]等数值计算方法求解式（4.45），即可获得导致粉尘云热爆炸的临界壁面温度 T_{cr}，将临界壁面温度代入式（4.44），可得到热爆炸临界着火时金属颗粒的温度 $T_{\mathrm{cr},s}$。

4.3　瞬时温度模型与热爆炸理论模型对比分析

4.3.1　粉尘云最低着火温度的计算结果

以 d_{50} 为 6μm 的镁粉为例，现分别讨论采用上述热爆炸模型和瞬时温度模型的计算结果。假设计算条件如下：0.3g 镁粉在 0.1MPa 的喷吹压力下，颗粒经水

平管道输运后，进入垂直热区，计算时所用参数列于表 4.1 中。

表 4.1　计算参数表

参数	单位	数值	参数	单位	数值
D	m	0.04	ρ	kg/m^3	1740
L	m	0.26	T_A	K	292
X	m	0.1	σ	$W/(m^2 \cdot K^4)$	5.67×10^{-8}
V	ml	500	R	$J/(mol \cdot K)$	8.314

根据上述计算条件，热爆炸理论模型得到的镁粉尘云热爆炸的临界条件是 807K，即粉尘云的最低着火温度为 807K。该理论主要关注反应体系能否发生热爆炸以及发生热爆炸时的临界条件。对于 G-G 炉实验条件下的温度环境，如果热区壁面足够高，粉尘云经由热区将会发生热爆炸。在临界热爆炸的壁面温度下，粉尘云发生热爆炸时的镁粉颗粒温度为 818K，未达到镁粉燃点 875K，即由于粉尘云内部颗粒之间的相互作用，虽然单个颗粒未达到其着火温度，但微小的热区温度偏离即可导致颗粒温度的急剧升高，从而使整个粉尘云发生着火爆炸。

根据上述计算条件，瞬时温度模型得到的粉尘云最低着火温度为 815K，即在该壁面温度下镁粉颗粒驶离热区时刚好发生着火。该模型主要跟踪计算粉尘云中颗粒温度，并根据颗粒温度是否达到其燃点判断其是否发生着火。在上述计算条件下，粉尘云进入热区时的颗粒运动速度为 309.0m/s，气流入口速度为 330.5m/s。图 4.6 所示为热区壁面温度为 815K 时，镁粉颗粒在热区内的温度及速度变化。整个热区运动过程历时 0.84ms。图 4.6 中颗粒刚驶离炉体热区末端时，气流温度为 818.5K，颗粒温度为 875.6K。

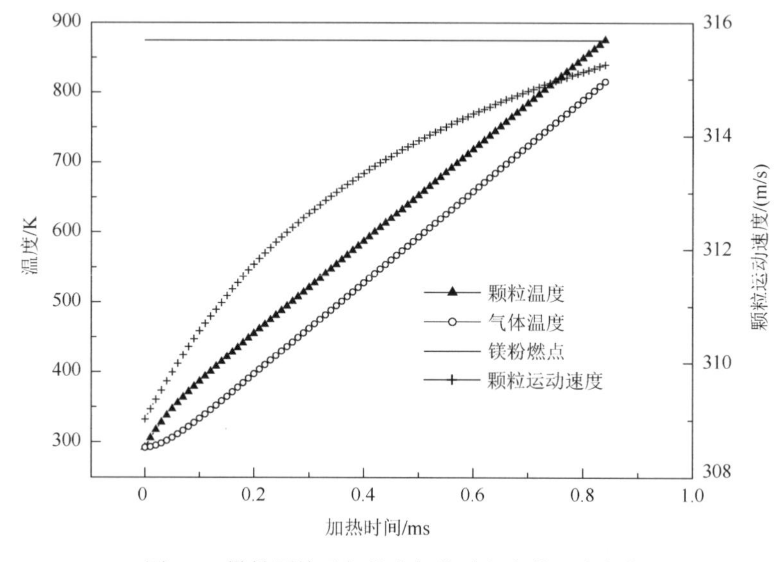

图 4.6　镁粉颗粒及气体在加热过程中的温度变化

上述两个模型均考虑了热区壁面温度对粉尘云着火可能性的影响，但两者差异之处在于热爆炸理论模型不考虑粉尘云在热区运动过程中的速度变化及受热时间，认为粉尘云永久悬浮静置于热环境中，不存在颗粒沉降。在粉尘云运动规律较为复杂的工业生产环境中，采用瞬时温度模型更能体现实际生产条件下粉尘云在热区运动过程中的速度、温度变化，与热爆炸理论模型相比，对粉尘云着火过程的描述更为精确。

4.3.2 瞬时温度模型的参数敏感性分析

瞬时温度理论对应的物理情形是根据粉尘云最低着火温度测试装置 G-G 炉抽象得来，故基于 G-G 炉的粉尘云最低着火温度实验结果可以用于验证分析该理论的参数敏感性。本章主要讨论喷吹压力、粉尘浓度、粉尘粒径、气氛氧浓度这四个关键参数，对热区中气-粒两相的运动速度、粉尘颗粒在热区的受热时间以及粉尘云最低着火温度的影响。下面分别讨论这四个因素对镁粉尘云最低着火温度的影响。

1. 喷吹压力的影响

以质量为 0.3g、d_{50} 为 6μm 的镁粉为例，喷吹压力对镁粉尘云最低着火温度的影响结果如表 4.2 所示。在较高的喷吹压力下，气-粒两相在热区中的运动速度增加、滞留时间减少，更容易导致颗粒还未充分反应就已脱离热区，需要更高的热区壁面温度粉尘云才能发生着火。瞬时温度模型的计算结果高于热爆炸理论模型，也表明实际工业生产中粉尘云在热区的滞留时间对粉尘爆炸的发生概率影响较大。同壁面温度条件下，喷吹压力越大，滞留时间越短、粉尘云越不容易发生着火。如果以热爆炸理论模型为假设条件，粉尘云长时间悬浮于热区内，着火所需的壁面温度则较低，爆炸发生的风险也会增加。同时，该计算结果也解释了现有粉尘云最低着火温度测试装置为什么对同种可燃粉尘的测试结果不同，其主要原因在于各装置测试条件下粉尘云在热区的滞留时间存在差异。

表 4.2　不同喷吹压力下镁粉尘云着火温度测试结果

喷吹压力/MPa	实验值/K	热爆炸理论值/K	瞬时温度模型理论值/K	热爆炸模型误差/%	瞬时温度模型误差/%
0.10	813	807	815	0.74	−0.2
0.12	833	808	818	3.00	1.8
0.15	853	810	821	5.00	3.8
0.20	853	813	826	4.70	3.2

2. 粉尘浓度的影响

以 d_{50} 为 6μm 的镁粉为例，喷粉压力为 0.1MPa 时，浓度对粉尘云最低着火温度的影响如表 4.3 所示。粉尘浓度由待测粉尘质量与炉管热区体积（$V' = \frac{\pi D^2}{4} \cdot L =$

326.68ml）之比计算得来[4]。在实验与理论验证的浓度范围内，随着粉尘浓度的增加，粉尘云着火所需的热区壁面温度逐渐地降低并趋于平缓。对于镁粉而言，在本章实验范围内粉尘浓度越大，着火过程越剧烈。与气体爆炸相比，粉尘爆炸的爆炸极限较宽，下限为 15～60g/m^3，上限浓度可高达 2～6kg/m^3。

表 4.3　不同粉尘浓度下镁粉的着火温度测试结果

粉尘质量/g	粉尘浓度/（g/m^3）	实验值/K	热爆炸理论值/K	瞬时温度模型理论值/K	热爆炸理论误差/%	瞬时温度模型误差/%
0.1	424	873	835	835	4.35	4.35
0.3	1271	813	807	815	0.74	−0.25
0.5	2119	793	792	806	0.13	−1.64
0.8	3390	753	777	790	−3.19	−4.91
1.2	5085	753	768	791	−1.99	−5.05

在本章所涉及的非密闭受限空间内，粉尘浓度的增加对反应气体的消耗可以通过敞口处浓度扩散得以及时补充，以使单位体积粉尘云内颗粒的总化学反应放热逐渐增加、最低着火温度降低。当浓度增大到一定值且未达上限，氧化剂消耗速率大于其浓度扩散速率时，受限空间内的氧化剂只能维持一定量的可燃粉尘进行有限程度的化学反应，此条件下粉尘云最低着火温度将会趋于稳定。需要注意的是，本章所述的热爆炸模型或瞬时温度模型忽略了反应气体（氧化剂）的扩散阻力，即对于任意浓度的可燃粉尘而言，氧化剂的量均是足够的，该假设在接近上限的较高粉尘浓度时，可能导致理论着火温度低于实验值。

3. 粉尘粒径的影响

以 0.1MPa 喷吹压力下质量为 800mg 的镁粉为例，粒径对粉尘云最低着火温度的影响规律如表 4.4 所示。需要说明的是在 G-G 炉最高测试温度 973K 下，d_{50} 为 173μm 的镁粉未能发生着火，其粉尘云最低着火温度大于 973K。

表 4.4　不同粒径镁粉云的最低着火温度

d_{50} /μm	实验值/K	热爆炸理论值/K	瞬时温度模型理论值/K	热爆炸理论误差/%	瞬时温度模型误差/%
6	753	779	798	−3.5	−6.0
47	793	835	847	−5.3	6.8
104	875	856	862	2.2	1.5
173	>973	869	872	—	—

正如前述，在着火过程中镁粉颗粒的化学反应是在颗粒表面上进行的。粉尘粒径越小，单位体积粉尘云中颗粒的总比表面积越大，与气相介质反应时放热速率越快，粉尘云最低着火温度越低。当粉尘颗粒细到一定程度时，颗粒之间范德瓦尔斯力、静电引力增大，颗粒之间易发生凝并、团聚现象[6,13]，导致有效的总

比表面积减少。随着粒径的减小，粒径对粉尘云最低着火温度的影响减弱。需要注意的是本章针对微米金属粉尘的理论模型，没有考虑颗粒之间的凝并、团聚现象，该假设将导致随着粒径减小，最低着火温度理论值下降很快。

当粉体颗粒较大时，重力将使颗粒在热区有着较大的沉降速度和较长的松弛时间（$v_s \propto d_p^2$，$\tau \propto d_p^2$）[2]，导致颗粒在热区的受热时间大大缩短，使最低着火温度较高。如对于 173μm 的镁粉，热爆炸理论模型在计算时忽略了粉尘滞留时间的影响，导致理论计算结果较实验值偏低。瞬时温度模型考虑了粒径对滞留时间的影响，但没有考虑颗粒内部温度梯度引起的传导热，使理论计算值偏低。其他三种粒径的镁粉，理论值与实验值较为一致，最大误差小于 10%。

4. 氧浓度的影响

实验条件：喷吹压力为 0.1MPa，粉尘质量为 0.3g，环境温度为 292K。以 d_{50} 为 6μm 的镁粉为例，氮、氩介质对粉尘云最低着火温度的影响如图 4.7、图 4.8 所示，惰化剂对粉尘层及粉尘云最低着火温度的影响规律是相似的。随着惰化程度的增加，最低着火温度升高，且升高梯度变大。同氧浓度时，氩气的惰化效果优于氮气，根据前述分析，原因为氮气的惰化因子较氩气低。根据图 4.8 中实验与理论对比结果，实验值与理论值随惰化剂浓度的变化规律是一致的。实验值较理论值低，最大相对误差为 7.6%。主要原因为实验过程中添加镁粉时，热区底部密封不严及加粉孔渗入空气使整个气氛环境中的氧浓度增加。

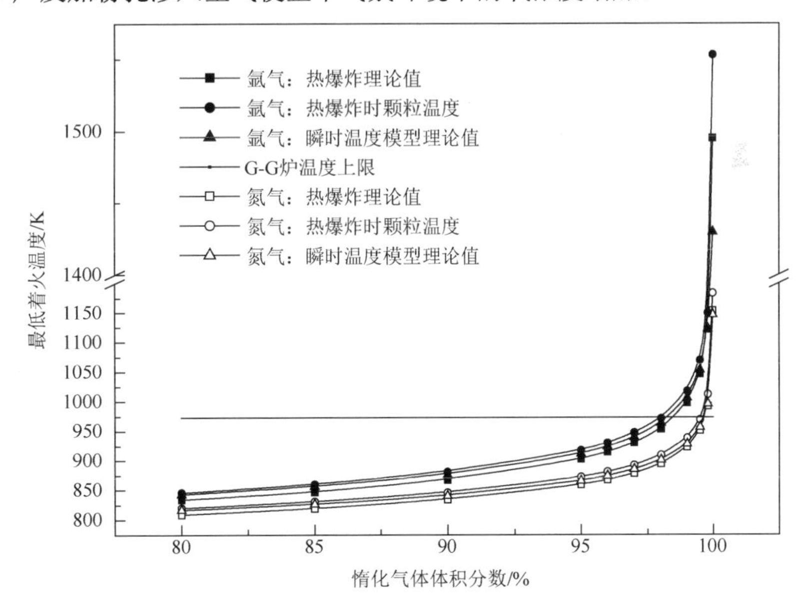

图 4.7　惰化气体含量对最低着火温度的影响

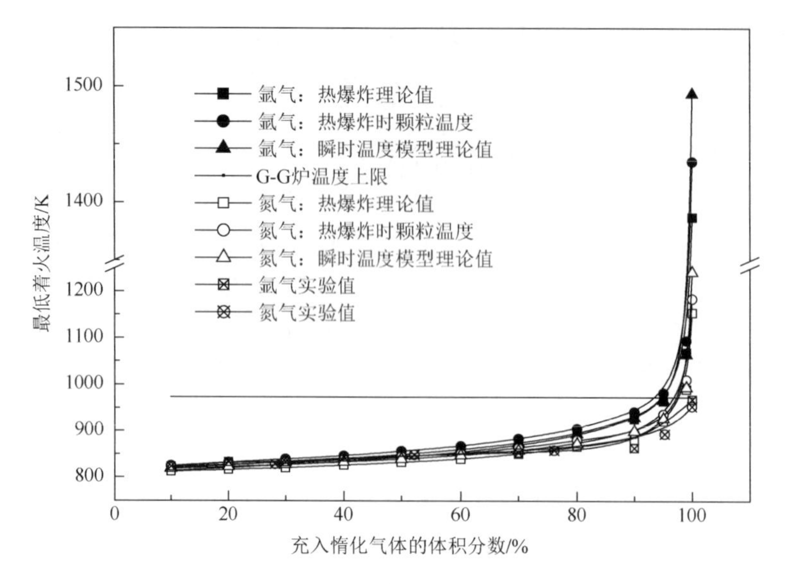

图 4.8　空气中惰化气体含量对最低着火温度的影响

4.4　悬浮状态下粉尘云颗粒的着火理论

在实际工业生产过程中，可燃粉体颗粒悬浮于表面过热的加热器或干燥器中，也有可能发生粉尘爆炸。下面将以氧化膜具有保护作用的钛粉为例，讨论该可燃金属粉体在圆柱形 BAM 炉热区环境中悬浮时的着火理论。

4.4.1　悬浮状态下粉尘云的能量守恒

4.4.1.1　化学反应放热速率表达

根据金属颗粒氧化过程的膜增长理论[14-16]，钛金属颗粒的 PBR 为 1.73，即 $1 < \mathrm{PBR} < 2$ 。反应过程中产生的氧化膜对颗粒表面的氧化反应具有抑制作用，需要考虑反应过程氧化膜对化学反应速率的影响，该条件下氧化膜的增长模式如下所示[9]：

$$\frac{\mathrm{d}h_p}{\mathrm{d}t} = \frac{KC_{\mathrm{OX}}}{h_p}\exp(-\frac{E}{RT_p}) \tag{4.46}$$

初始条件：

$$t = 0 \text{，}\quad h_p = h_0 \tag{4.47}$$

式中，h_p 为钛粉的氧化膜厚度（mm）；K 为指前频率因子；C_{OX} 为气相中氧气体积分数（即 20%）；E 为钛粉表观活化能（J/mol）；R 为普适气体常数（J/mol·K）；

T_p 为颗粒温度（K）；h_0 为初始氧化膜的厚度（mm）（图 4.9）。

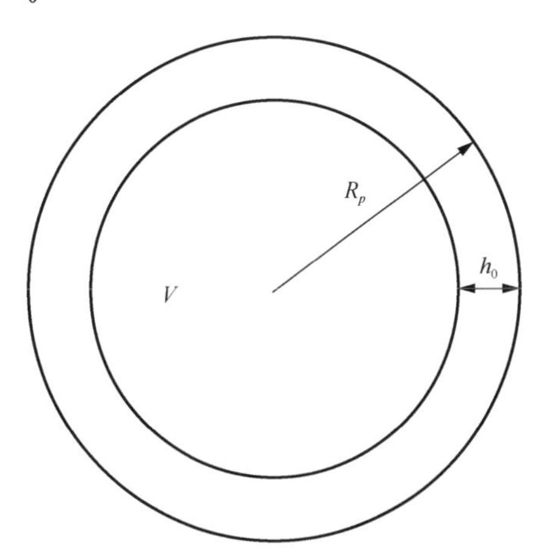

图 4.9　金属颗粒氧化膜增长模型

根据图 4.9 所示的氧化膜增长模型，初始氧化膜的金属颗粒的纯度 ϕ 可表示为

$$\phi = \frac{\frac{4\pi}{3}\rho_{\text{Ti}}\left(R_p - h_0\right)^3}{\frac{4\pi}{3}\rho_{\text{Ti}}\left(R_p - h_0\right)^3 + \frac{4\pi}{3}\rho_{\text{TiO}_2}\left[R_p^3 - \left(R_p - h_0\right)^3\right]} \tag{4.48}$$

初始氧化膜的厚度 h_0 可表示为

$$h_0 = R_p\left(1 - \sqrt[3]{\frac{\phi \cdot \rho_{\text{TiO}_2} / \rho_{\text{Ti}}}{\phi \cdot \rho_{\text{TiO}_2} / \rho_{\text{Ti}} + 1 - \varphi}}\right) \tag{4.49}$$

根据金属颗粒的初始粒径及纯度，由上式即可计算颗粒的初始氧化膜厚度，如纯度为 90%、粒径为 55μm 的钛粉，其氧化膜初始厚度 $h_0 = 0.05\mu\text{m}$；纯度为 99.9%、初始粒径为 70nm 的纳米钛粉，其氧化膜初始厚度 $h_0 = 0.012\ \text{nm}$。

钛粉颗粒在热区悬浮的过程中，伴随着氧化膜的不断增长，钛粉与气氛中的氧气不断发生式（4.50）所示的化学反应，并放出大量的热。

$$\text{Ti} + \text{O}_2 \longrightarrow \text{TiO}_2 - Q \tag{4.50}$$

根据式（4.46），单个钛粉颗粒的氧化放热速率 $Q_{G,p}$ 可以表示为

$$Q_{G,p} = q \cdot \rho_{\text{TiO}_2} \cdot \frac{S_p \cdot \text{d}h_p}{\text{d}t} \tag{4.51}$$

式中，q 为单位质量二氧化钛的生成热（kJ/mol）；ρ_{TiO_2} 为钛的密度（kg/m^3）；S_p 为单个钛粉颗粒的表面积，$S_p = 4\pi \cdot d_p^2$；d_p 为颗粒金属内核部分的直径（m）。随着氧化膜的增厚，金属内核尺寸将逐渐变小，即 $d_p = d_{p,0} - 2h_p$。

粉尘云中所有钛粉颗粒的总化学反应放热速率 Q_G 可表示为

$$Q_G = N \cdot Q_{G,p} \tag{4.52}$$

式中，N 为粉尘云中钛粉颗粒的数量，$N = \dfrac{6m}{\pi \rho_p \cdot d_p^3}$；$m$ 为喷吹钛粉的质量（kg）。

4.4.1.2　颗粒相能量守恒

钛粉尘云在热区悬浮的过程中，钛粉颗粒将与粉尘云中的气体及恒温器壁发生能量交换。根据牛顿冷却定律，设单个钛粉颗粒与热区内气体的对流换热量为 $Q_{L,p}$，则

$$Q_{L,p} = \frac{Nu \cdot \lambda_g}{d_p} \cdot S_p \cdot (T_p - T_g) \tag{4.53}$$

式中，T_p 和 T_g 分别为颗粒及热区气体的温度（K）；λ_g 为气体的热传导系数［W/（m·K）］，可表示为

$$\lambda_g = 2.4 \times 10^{-2} (T_g / T_A)^{0.75} \tag{4.54}$$

其中，T_A 为环境气体的温度（K）；Nu 为钛粉与热区气体对流换热时的 Nusselt 数[17]，可以表示为

$$Nu = 2.0 + 0.6 \left[\frac{|u_g - u_p| \rho_g d_p}{\mu_g} \right]^{1/2} Pr^{1/3} \tag{4.55}$$

其中，对于空气介质约为 0.7，u_p 和 u_g 分别为颗粒及其周围气流的速度（m/s），$|u_g - u_p|$ 则为颗粒与气流的相对速度，ρ_g 和 μ_g 分别为空气的密度和动力黏性系数。为便于理论研究，假定粉体颗粒与当地的气流速度是相同的（即 $|u_g - u_p| = 0$），$Nu = 2.0$。

粉尘云中所有钛粉颗粒与气流的总换热损失速率 Q_L 可表示为

$$Q_L = N \cdot Q_{L,p} \tag{4.56}$$

钛粉颗粒与筒体壁面之间的能量交换形式为热辐射，辐射换热量为 Q_r。根据 Stefan-Boltzmann 定律[3]，粉尘云中钛粉颗粒向器壁的辐射换热量为

$$Q_r = \sigma \cdot \varepsilon_{\text{eff}} \cdot S_T (T_p^4 - T_w^4) \tag{4.57}$$

式中，S_T 为热区的表面积，对于圆柱形热区 $S_T = \pi DL$，D、L 分别为热区的直径和长度；σ 为 Stefan-Boltzmann 常数；T_w 为热区壁面温度，K；ε_{eff} 为颗粒的有效热辐射系数，表示形式与式（4.20）相同。

4.4.1.3　气相能量守恒

粉尘云在热区悬浮过程中，筒体内气体与热区壁面之间的能量交换形式主要

为对流换热，设换热量为$Q_{c,g}$，则

$$Q_{c,g}=\frac{Nu\cdot\lambda_g}{D}\cdot S_T(T_g-T_w) \tag{4.58}$$

综上，气相、颗粒相的能量守恒方程分别如下。

气相：

$$m_g c_g\cdot\frac{\mathrm{d}T_g}{\mathrm{d}t}=Q_L-Q_{c,g} \tag{4.59}$$

颗粒相：

$$mc_p\cdot\frac{\mathrm{d}T_p}{\mathrm{d}t}=Q_G-Q_L-Q_r \tag{4.60}$$

初始条件为$t=0$，$T_p=T_g=T_A$。

4.4.2 悬浮状态下粉尘云颗粒温度的计算

4.4.2.1 悬浮状态着火模型计算程序

上述悬浮状态下气-粒两相的能量守恒方程均为常微分方程。本节首先采用上风差分格式将式（4.46）及式（4.59）～式（4.60）等微分方程离散化，然后以均时间步长迭代求解。设时间步长为Δt，以上标i代表当前时刻，$i-1$为前一时刻，离散化后的代数方程组整理如下：

$$h_p^i=h_p^{i-1}+\Delta t\cdot\frac{KC_{\mathrm{OX}}}{h_p^{i-1}}\exp\left(-\frac{E}{RT_p^{i-1}}\right) \tag{4.61}$$

$$T_p^i=T_p^{i-1}+\frac{\Delta t}{mc_p}\left[NS_e\cdot q\cdot\rho_{\mathrm{TiO_2}}\frac{\Delta h_p}{\Delta t}-\frac{Nu\lambda_g NS_e}{D_p}\left(T_p^{i-1}-T_g^{i-1}\right)\right.$$
$$\left.-\varepsilon_{\mathrm{eff}}\sigma S_T\left(\left(T_p^{i-1}\right)^4-T_W{}^4\right)\right] \tag{4.62}$$

$$T_g^i=T_g^{i-1}+\frac{m_g c_g}{\Delta t}\cdot\left(\frac{Nu\lambda_g NS_e}{D_p}(T_p^{i-1}-T_g^{i-1})-\frac{Nu\cdot\lambda_g}{D}\cdot S_T(T_g^{i-1}-T_w)\right) \tag{4.63}$$

式中，$i=1,2,\cdots,N_t$。

当$i=0$时，即初始条件为

$$t=0,\quad T_p^0=T_g^0=T_A,\quad h_p^0=h_0 \tag{4.64}$$

计算终止条件存在两种情况：①氧化膜的厚度等于或大于颗粒半径时，颗粒消耗完毕；②颗粒在热环境中的悬浮时间过长，粉尘云中的颗粒将陆续沉降于热环境底部，难以维持稳定的粉尘云状态。本书指定的最长允许悬浮时间为5s，若粉尘云在热环境中持续5s仍未发生着火，则计算终止，视为未着火。具体计算终止条件用下式表示：

$$h_p \geqslant D_p/2 \quad 或 \quad N_t \cdot \Delta t \leqslant 5 \tag{4.65}$$

4.4.2.2　计算参数的确定方法

1. 指前频率因子的确定方法

根据式（4.46），微米钛粉颗粒在热区受热时的膜增长速率与颗粒的表观活化能E和指前频率因子K有关。微米钛粉的活化能介于1.7×10^5～2.1×10^5 J/mol[14, 15, 18-20]，模型计算时选取了中间值，即1.9×10^5 J/mol。指前频率因子的大小可在理论计算粉尘云最低着火温度的基础上，由实验测试结果调整确定[21]。理论计算过程中需要的输入参数如表4.5所示。

表 4.5　着火模型输入参数表

参数	数值	单位	文献
表观活化能 E	1.9×10^5	J/mol	[14,15, 18-20]
钛金属密度 ρ_p	4.506×10^3	kg/m^3	[22]
钛熔点 T_{melting}	1941	K	[22]
化学反应热 q	1.18×10^7	J/kg	[21]
钛的热辐射率 ε	0.75	—	[21]
钛的比热 c_p	520.8	J/(kg·K)	[22]
二氧化钛的比热 c_l	687.5	J/(kg·K)	[22]
二氧化钛的密度 ρ_{TiO_2}	4.2×10^3	kg/m^3	[22]
氧浓度 C_{OX}	0.21	—	—
空气密度 ρ_g	1.205	kg/m^3	[18]
空气比热 c_g	1000	J/(kg·K)	[18]
钛颗粒直径 d_p	33×10^{-6}	m	—
钛粉颗粒质量 m	1.513×10^{-3}	kg	—

在BAM炉悬浮状态下，微米钛粉尘云最低着火温度的实验测试结果为733K。理论计算时，首先将悬浮热区壁面温度T_W设为733K，然后不断调整指前因子。当指前因子调整为K=0.15m^2/s时，颗粒温度在4870.6ms时达到了钛粉的熔点。根据前述的着火判据，钛粉尘云在该指前因子下发生了着火，具体着火曲线如图4.10所示。同样计算条件下，降低热区壁面温度T_W至732K，颗粒温度在5000ms时为879.9K，明显低于钛粉的熔点，即未发生着火。因此，当指前因子K=0.15m^2/s时，粉尘云的理论最低着火温度为733K。在0.15m^2/s附近进一步细化调整指前因子，增大K值为0.20m^2/s或减小K值为0.10m^2/s时，理论值与实验值的相对误差分别为0.9%和1.4%，故指前因子K的大小可确定为0.15m^2/s，具体计算结果如表4.6所示。

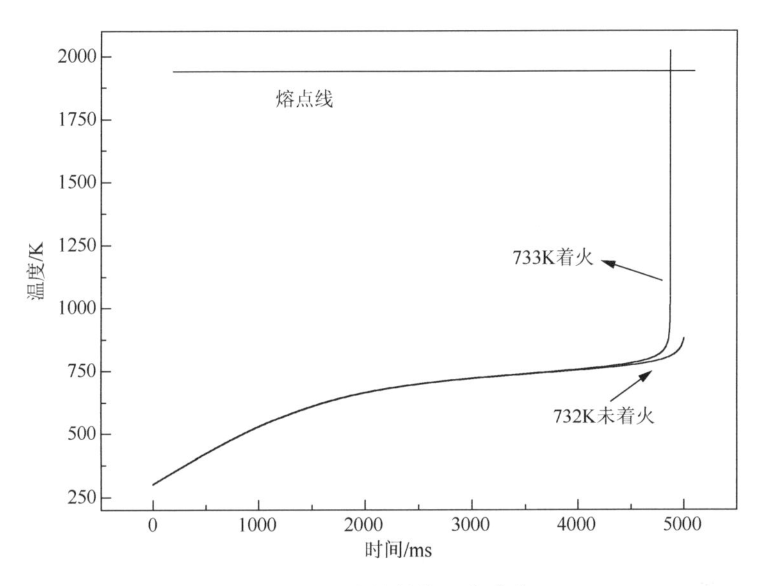

图 4.10　微米钛粉的温度曲线

表 4.6　指前频率因子的确定

序号	K/(m^2/s)	T_p /K	T_W /K	着火温度计算值/K	相对误差/%
1	0.15	2856.3（>1941）	733（着火）	733	0
		879.9	732（未着火）		
2	0.20	2242.0（>1941）	726（着火）	726	−0.9
		899.31	725（未着火）		
3	0.10	2245.7（>1941）	743（着火）	743	1.4
		840.2	742（未着火）		

2. 计算时间步长的确定方法

计算时间步长如果太多，将导致计算无法收敛。确定计算步长时，通常采用不同时间步长的计算结果进行对比分析。如表 4.7 中时间步长 0. 01ms 和 0.001ms 所对应的着火温度理论计算值相同，说明两种时间步长均可以用于数值计算。考虑到较小的时间步长将消耗较多的计算资源，本节模型计算时选择 0.01ms 作为时间步长。

表 4.7　计算时间步长的确定

时间步长/ms	T_p /K	T_W /K	着火延迟时间/ms	着火温度计算值/K
0.01	2856.3（>1941）	733（着火）	4870.6	733
	879.9	732（未着火）	>5000	
0.001	2015.5（>1941）	733（着火）	4877.5	733
	866.1	732（未着火）	>5000	

4.4.3 悬浮状态下粉尘云最低着火温度的影响因素分析

4.4.3.1 粉尘粒径及浓度对最低着火温度的影响

BAM 炉实验条件下三种微米钛粉的最低着火温度如表 4.8 所示。理论计算的悬浮状态下颗粒粒径对粉尘云最低着火温度的影响规律如图 4.11 所示。粒径的增加降低了颗粒的比表面积，导致粉尘云最低着火温度升高。粉尘颗粒的粒径越大，越容易在给定的悬浮时间内（如 5s）发生沉降，导致热区粉尘云的实际浓度较低，需要更高的热区壁面温度才会发生着火。如图 4.11 中粒径为 33μm 的钛粉，其粉尘云最低着火温度的实验值与理论值一致；当粒径增大至 113μm 时，在 BAM 炉热区最高的壁面温度 863K 下仍未发生着火，实验着火温度高于理论值 788K。BAM 炉实验粉尘质量对粉尘云最低着火温度的影响规律如图 4.12 所示，存在最佳的粉尘质量，该质量下粉尘云的着火温度最低。

表 4.8　微米钛粉粉尘云最低着火温度实验值

微米钛粉样品	d_{50} /μm	实验值/K
–100 目	113	>863
–325 目	33	733
≤20μm	33	733

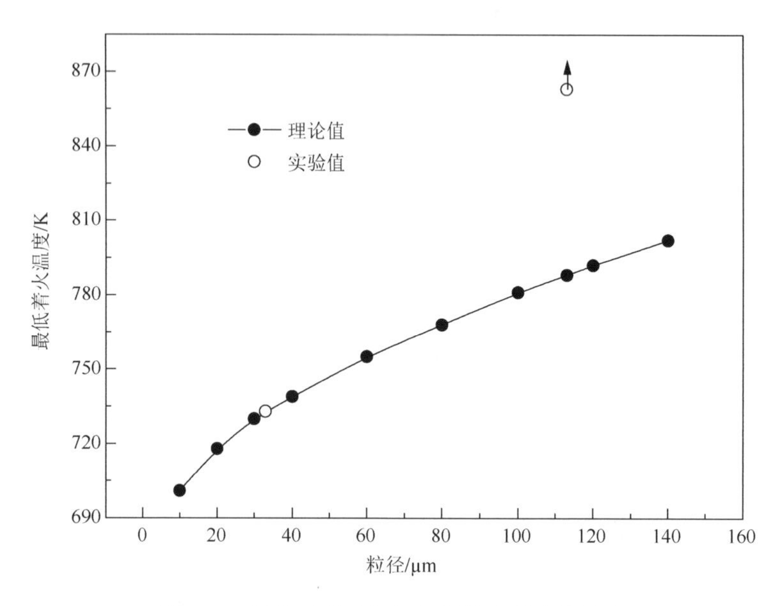

图 4.11　微米钛粉粒径与最低着火温度的关系

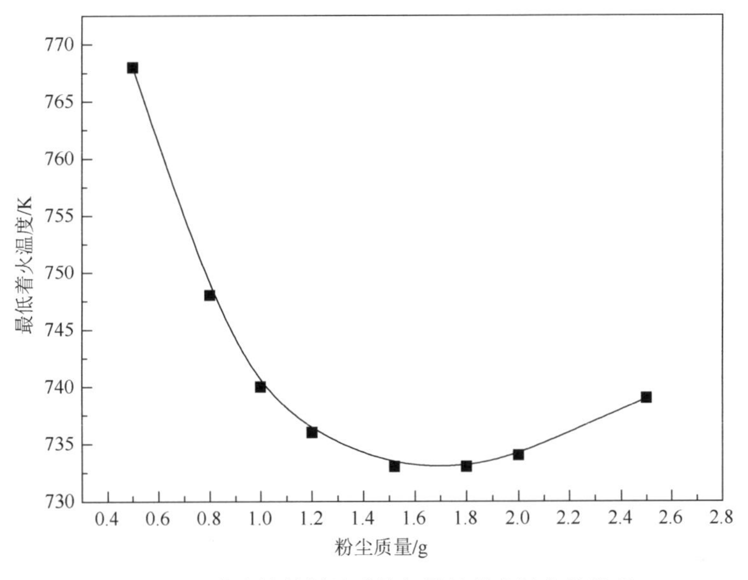

图 4.12 微米钛粉样品质量与最低着火温度的关系

4.4.3.2 热区壁温对颗粒温度的影响

以质量为 1.513g、中位径为 33μm 的钛粉为例，该计算条件下钛粉尘着火所需的最低壁面温度为 733K。若热区壁面温度低于该温度，该钛粉样品在 5000ms 悬浮时间内将不能发生着火，即着火延迟时间大于 5000ms，具体如图 4.13 所示。当热区壁面温度高于粉尘云的最低着火温度时，粉尘云将发生着火，且着火延迟时间随着壁面温度的升高而降低。图 4.14 表示当 BAM 炉温度高于粉尘云最低着

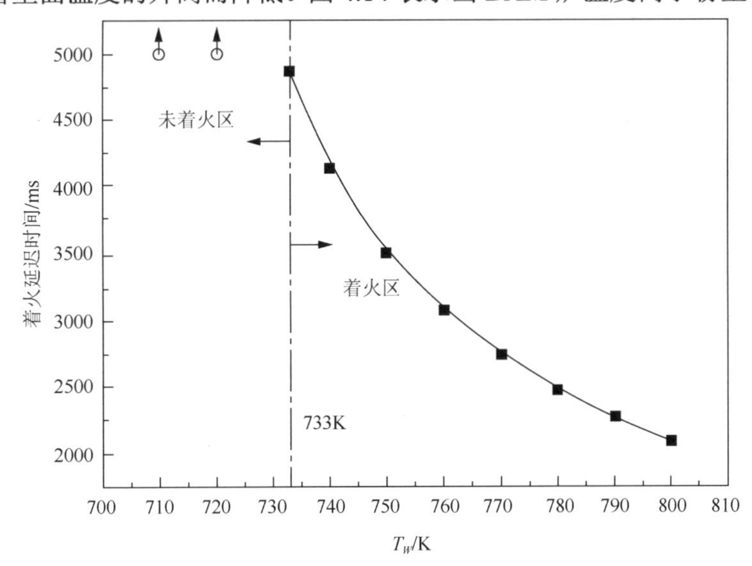

图 4.13 BAM 炉温与着火延迟时间的关系

火温度时，不同炉温下的颗粒温度变化。在不同的热区壁面温度下颗粒温升曲线走势基本相同，但壁面温度越高，颗粒出现温度突变、发生着火所需的时间越短。

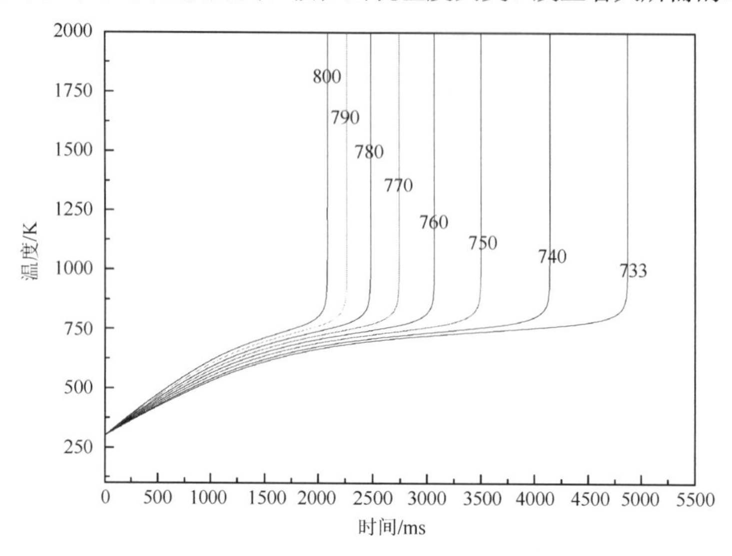

图 4.14　不同 BAM 炉温下钛粉颗粒温度的变化

4.5　微纳米金属粉尘云最低着火温度的差异

4.5.1　微纳米颗粒的形态差异

4.5.1.1　纳米颗粒的凝并特性

根据 2.7 节所示的各粉体样品扫描电镜样图，纳米粉体与单个微米颗粒的构成不同，是以凝并团块形式出现的，且每个凝并颗粒均由大量初始粒径的纳米微细粒子组成。纳米粉体出现颗粒凝并的原因主要为纳米粒子之间较强的相互作用力，如范德瓦尔斯力、静电引力和有液滴存在时的黏附力[23-25]。

在层状堆积状态时，纳米颗粒间较强的相互作用力可以抑制重力沉降，使颗粒堆积较为松散，堆积密度 ρ_b 较小。表 4.9 中列出了常见纳米粉体的堆积密度及颗粒材料密度。一般情况下，纳米颗粒的堆积密度 ρ_b 低于 1.0g/cm^3[26]，远低于其所属材料的密度 ρ_p。设 φ 为堆积密度与金属材料密度比，则其可表示为

$$\varphi = \frac{\rho_b}{\rho_p} \tag{4.66}$$

表 4.9 纳米颗粒的堆积密度

纳米颗粒类型	堆积密度 ρ_b / (g/cm^3)	颗粒材料密度 ρ_p / (g/cm^3)
铁粉	0.1～0.25	7.87
铜粉	0.15～0.35	8.94
金刚砂	0.068	3.22
氧化锌	0.3～0.45	5.606
氧化铁	0.8～0.9	4.8～5.1
氧化锆	0.74	5.89
锌粉	0.7～0.85	7.14
纳米碳纤维	0.06～0.08	1.9
钛粉	0.24	4.506
二氧化钛	0.364	4.2

当纳米粒子以最紧密堆积时，$\varphi=0.74$[5]，如图 4.15 所示；以随机堆积时，$0.6\leqslant\varphi\leqslant0.64$[27]。相对于微米粉体，纳米粉体堆积时的块密度小、孔隙度大，表面受热时热传导系数小，有较高的自燃风险。

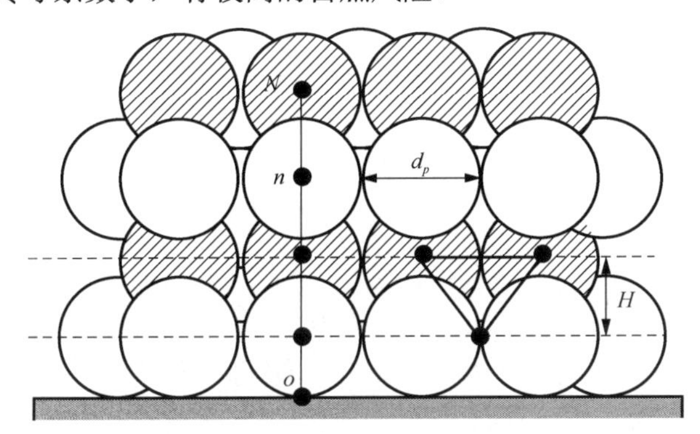

图 4.15 紧密堆积时团块内部颗粒分布状态

当堆积的纳米颗粒被喷吹分散成粉尘云时，凝结团块内部颗粒间的较强相互作用力将影响颗粒的分散程度。分散程度的大小取决于颗粒间作用力以及喷吹气流形成的剪切力。一般情况下，气流速度越快，分散程度越好，即分散后粉尘云中的颗粒团块越小[24,25]。

导致粉尘云中出现纳米团块的另一个因素是喷吹过程中纳米颗粒间较高的接触碰撞几率和凝结速率[28]。对于一定浓度的粉尘云（图 4.16），颗粒间距离 L_p 可以表示为

$$L_p=\sqrt[3]{\frac{\pi\cdot\rho_p}{6\cdot C}}\cdot d_p \tag{4.67}$$

式中，C 为粉尘云的浓度（g/m^3）。由上式可以看出，$L_p\propto d_p$，粉体颗粒的粒径

越小，颗粒间距也越小，颗粒间发生接触碰撞的几率越大。因此，对于粒径极小的纳米粒子，粉尘喷吹分散后极易发生碰撞，导致碰撞粒子黏附在一起凝结成团。

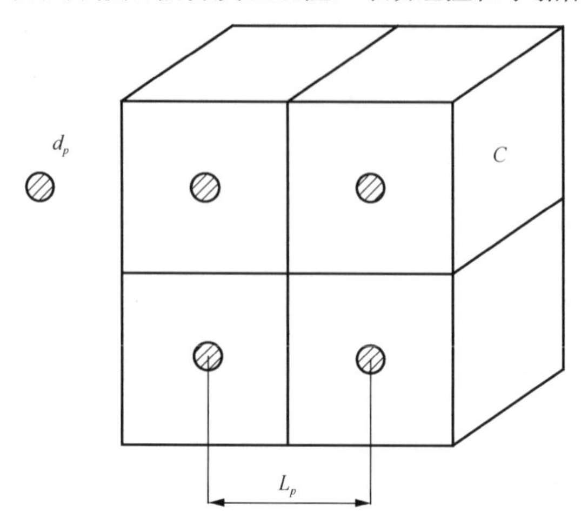

图 4.16　粉尘云中颗粒分布模型

纳米粉尘在容积为V的密闭容器内分散时，粉尘颗粒凝结的速度$\mathrm{d}N/\mathrm{d}t$也与粒径有关，可表示为

$$N=\frac{6C\cdot V}{\pi\rho_p\cdot d_p^3}\propto\frac{1}{d_p^3} \tag{4.68}$$

$$\mathrm{d}N/\mathrm{d}t=k_pN^2=k_p\left(\frac{6C\cdot V}{\pi\rho_p\cdot d_p^3}\right)^2\propto\frac{1}{d_p^6} \tag{4.69}$$

式中，k_p为颗粒的凝结常数；N为粉尘云中颗粒的数量。

由式（4.68）、式（4.69）可知，$\mathrm{d}N/\mathrm{d}t\propto 1/d_p^6$，颗粒尺寸越小，颗粒间凝结的速率越大。

4.5.1.2　纳米颗粒结团模型

根据纳米粒子的凝并特性，不论呈层状堆积，还是喷吹分散，纳米颗粒均是以凝结团块的形式出现的。为便于理论研究，假设凝结团块呈球形，半径为R_p，如图 4.17 所示。球形的纳米团块与球形的单个微米颗粒不同，其表面布满了单个纳米粒子，设表面的纳米颗粒以图 4.17 所示的两种形式排列在团块表面[29]，则每种排列形式将对应不同的比表面积，具体介绍如下。

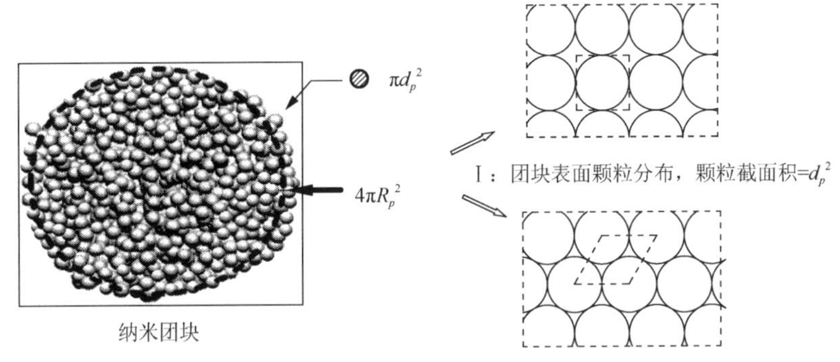

图 4.17　纳米团块及表面积

1. 正方形排列

单个纳米颗粒占用的表面区域为正方形，面积为 d_p^2。由于整个纳米团块的表面积为 $S = 4\pi R_p^2$，整个团块表面的纳米颗粒数为

$$N_s = \frac{S}{d_p^2} = \frac{4\pi R_p^2}{d_p^2} \tag{4.70}$$

根据单个纳米颗粒的表面积 πd_p^2，可知纳米团块的有效表面积为

$$S_e = N_s \cdot \pi d_p^2 = \frac{4\pi R_p^2}{d_p^2} \cdot \pi d_p^2 = 4\pi^2 R_p^2 \tag{4.71}$$

2. 平行四边形排列

单个纳米颗粒占用的表面区域为平行四边形，面积为 $\frac{\sqrt{3}}{2} d_p^2$。与正方形排列计算方法相同，平行四边形排列时纳米团块的有效表面积为

$$S_e = N \cdot \pi d_p^2 = \frac{4\pi R_p^2}{d_p^2 \cdot \sqrt{3}/2} \cdot \pi d_p^2 = \frac{8}{\sqrt{3}} \pi^2 R_p^2 \tag{4.72}$$

4.5.2　纳米钛粉尘云的能量守恒方程式

由图 4.17 所示的纳米颗粒结团模型可知，纳米颗粒的粉尘云与微米颗粒粉尘云存在以下不同：

（1）微米颗粒以单个粒子存在于粉尘云中，纳米颗粒以单个团块颗粒出现。前者颗粒密度为 ρ_p，即所属材料密度，后者密度为块密度 ρ_b，且 $\rho_b \ll \rho_p$[19]。

（2）对于一定浓度的粉尘云，即密闭容器中喷吹的粉尘重量 m 一定时，微纳米粉尘分散后形成的颗粒数量 N 可能不同。

对于微米粉尘而言，$N=\dfrac{6m}{\pi\rho_p\cdot d_p^3}$。

对于纳米粉尘，设结团粒径为 D_p，即 $D_p=2\cdot R_p$，则 $N=\dfrac{6m}{\pi\rho_b\cdot D_p^3}$。

（3）颗粒的表面积不同。

对于单个微米颗粒，表面积为 $S_p=4\pi\cdot d_p^2$。

对于纳米颗粒团块，表面积为 $S_e=\pi^2D_p^2$ 或 $S_e=\dfrac{2}{\sqrt{3}}\pi^2D_p^2$。

根据纳米团块与单个微米粒子以上不同特征，参照前述式（4.59）和式（4.60）中针对微米金属粉尘云的能量守恒方程式，可得到纳米钛粉尘云的气-粒两相能量守恒方程式。

颗粒相：

$$mc_p\frac{\mathrm{d}T_p}{\mathrm{d}t}=NS_e\cdot q\cdot\rho_{\mathrm{TiO_2}}\frac{\mathrm{d}h_p}{\mathrm{d}t}-\frac{Nu\lambda_g NS_e}{D_p}(T_p-T_g)-\varepsilon_{\mathrm{eff}}\sigma S_T(T_p^4-T_W{}^4) \quad (4.73)$$

气相：

$$m_gc_g\cdot\frac{\mathrm{d}T_g}{\mathrm{d}t}=\frac{Nu\lambda_g NS_e}{D_p}(T_p-T_g)-\frac{Nu\cdot\lambda_g}{D}\cdot S_T(T_g-T_w) \quad (4.74)$$

初始条件：

$$t=0,\quad T_p=T_g=T_A,\quad h_p=h_0 \quad (4.75)$$

4.5.3 基于云着火理论的纳米团块尺寸估计方法

4.5.3.1 纳米钛粉团块的颗粒尺寸估算方法

纳米颗粒分散后通常是以团块形式出现的，如初始粒径分别为35nm和100nm的铝粉经20L球形爆炸测试装置分散后，颗粒团块尺寸大于纳米初始粒径，约为161.3～167.5nm。在实际工业生产中，喷吹后凝并团块的大小由于受喷吹气流的剪切力、颗粒类型和分散形式等多种因素的影响，采用直接测试的方法通常比较困难。为此，这里提供一种间接获取喷吹后纳米颗粒团块尺寸的方法。该方法是以实验测量得到的纳米粉尘云最低着火温度为出发点，利用粉尘粒径与最低着火温度之间的关系，实现喷吹后着火瞬间纳米粉尘云中颗粒团块的尺寸估计。

根据4.5.2节所述的纳米钛粉粉尘云的着火温度计算模型，通过差分方法可以得到不同堆积密度下，团块尺寸与理论粉尘云最低着火温度的关系，具体如图4.18所示。根据计算结果，不论是随机堆积（$0.6\leqslant\varphi\leqslant0.64$）还是最紧密堆积（$\varphi$=0.74），随着团块粒径的增加，纳米团块的最低着火温度均逐渐增大。实验测得该纳米粉尘的最低着火温度为 513K。通过图 4.18 中最低着火温度与理论曲线的交点可知，三种堆积密度对应的理论估算粒径分别为 1.38μm、1.46μm 和 1.51μm。根据随机堆积情况下纳米颗粒团块的堆积密度，该纳米团块在 BAM 炉喷吹条件下，分散后形成的团块尺寸应介于 1.46μm 和 1.51μm 之间，即约为 1.5μm。该数值明显大于上述 20L 球形爆炸测试装置喷吹条件下的纳米团块尺寸，主要原因是喷吹形式及分散压力不同。对于 20L 球形爆炸测试装置，储粉罐的压力为 20bar，爆炸罐内压力为–0.6bar，压差为 20.6bar；对于 BAM 炉，采用的是手动喷吹模式，根据附录 B 中所述的分散压力估算过程，BAM 炉喷吹粉尘的分散压力约为 0.45bar，远低于 20L 球形爆炸测试装置的分散压力，因此其分散形成的纳米颗粒团块尺寸相对较大。

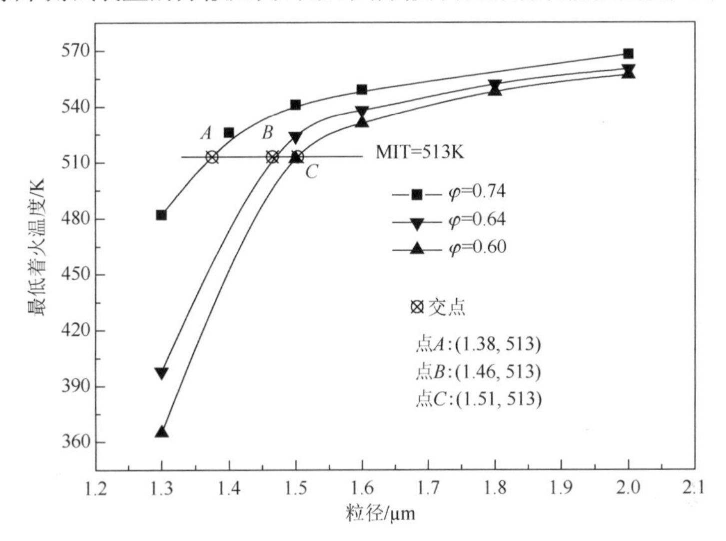

图 4.18 不同堆积密度时团块尺寸与最低着火温度的关系

4.5.3.2 堆积密度对团块尺寸估计值的影响

当密闭容器中喷吹粉尘的重量 m 一定时，分散后的纳米粉尘云中所有颗粒的总比表面积 S 可以表示为

$$S = N \cdot S_e = \frac{6\pi m}{\rho_b \cdot D_p} \tag{4.76}$$

根据前述纳米粉尘云着火理论模型的气-粒两相守恒方程组，对于质量为 m 的纳米粉体，影响粉尘云最低着火温度的本质参数是粉尘云中所有颗粒的总比表面积 S。当纳米粉尘云的最低着火温度一定时，团块尺寸 D_p 的大小取决于堆积密度 ρ_b，两者关系如图 4.19 所示。根据计算结果，团块尺寸随着堆积密度的增加线性地降低，线性拟合时的相关系数为 0.998。对于粒径相同的单个颗粒团块，堆积

密度越大，内部充填的纳米粒子越多，单个颗粒团块的质量越大。因此，当颗粒的总质量一定时，为维持恒定最低着火温度所需的总比表面积，团块粒径需要降低以平衡因堆积密度增加而引起的单个颗粒团块质量增加。

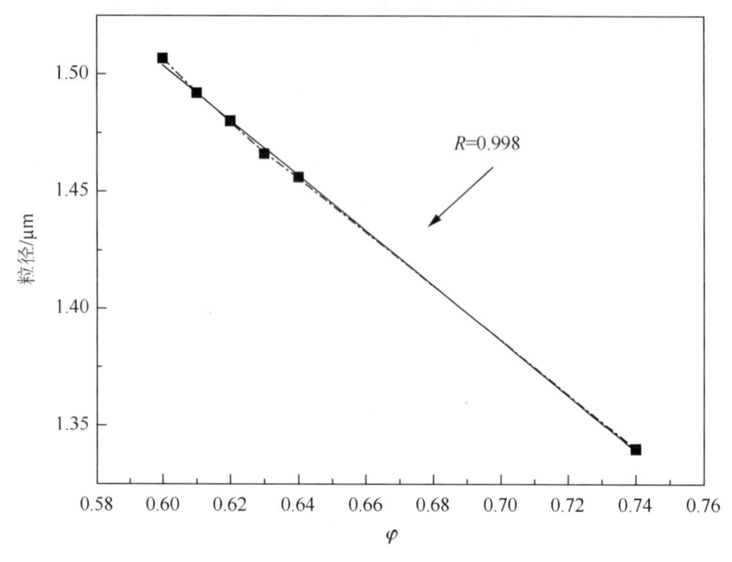

图 4.19　堆积密度与团块尺寸估计值的关系

4.5.3.3　堆积密度对团块粉尘云最低着火温度的影响

当纳米颗粒团块的尺寸一定时，堆积密度与团块粉尘云最低着火温度之间的关系如图 4.20 所示。随机堆积时，最低着火温度值随堆积密度线性增加，相关系

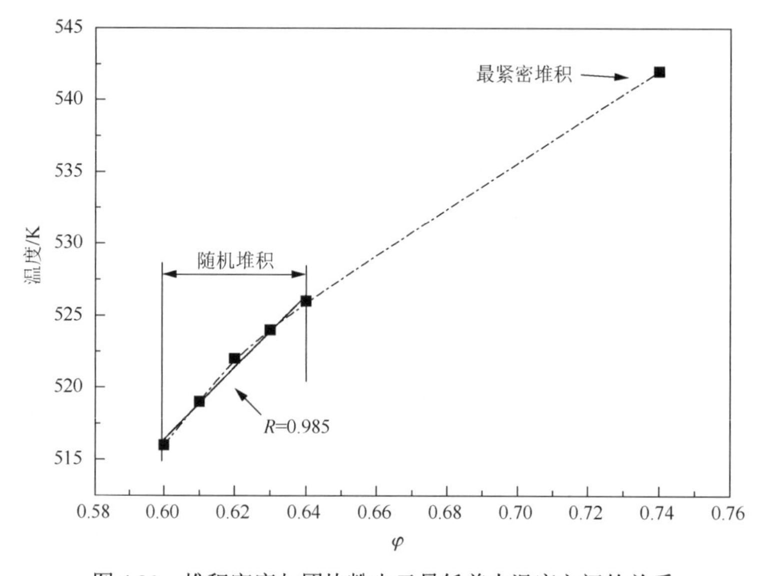

图 4.20　堆积密度与团块粉尘云最低着火温度之间的关系

数为 0.985。当粉尘质量及团块尺寸一定时，堆积密度增加导致单个团块的质量增加，从而导致粉尘云中团块总数量的减少，进而减少了粉尘云中颗粒的总比表面积，使最低着火温度上升[21]。

4.5.3.4　纳米钛粉初始粒径对团块粒径的影响

根据前述理论，影响粉尘云最低着火温度的本质因素是纳米团块的总比表面积，与构成纳米团块的单个纳米粒子的初始粒径没有直接关系。根据表 4.10 中所示三种纳米钛粉的最低着火温度实验研究结果，150nm 和 40～60nm 两种纳米钛粉的着火温度实验值均为 523K，相应的理论团块尺寸均为 1.5～1.54μm，具体如图 4.21 所示。60～80nm 钛粉的最低着火温度实验值稍低于上述两种纳米钛粉，估算得到的团块尺寸略低。根据 ASTM E1491—2006[30]，BAM 测试装置的测试误差应在±30K 以内。表 4.10 中三种纳米粉体的着火温度差在测试误差范围内，可认为它们的最低着火温度基本相同，初始粒径对最低着火温度的影响不大，三种纳米粉尘分散后的理论团块尺寸均在 1.5μm 左右。

表 4.10　纳米钛粉粒径与团块尺寸的关系

纳米钛粉样品初始粒径/nm	实验值/K	团块粒径估计值/μm
150	523	1.5～1.54
60～80	513	1.4～1.51
40～60	523	1.5～1.54

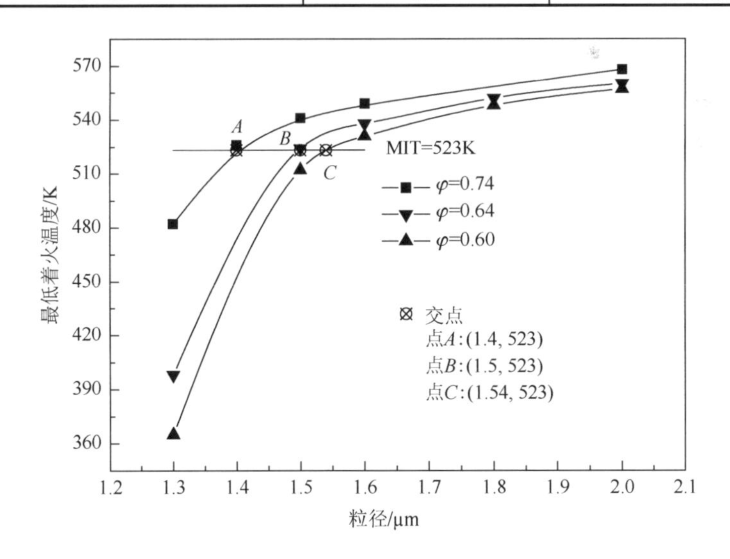

图 4.21　不同堆积密度时团块尺寸与最低着火温度的关系

4.6　微纳米钛粉混合物的着火理论

金属燃烧剂是现代固体推进剂的重要组分之一，不仅价格低廉、生产时安全性高，而且可以提高推进剂的爆热和密度。然而，微米级金属粉末由于点火延迟较长和燃烧速率较慢限制了它的使用。同时微米金属粉尘的着火温度相对较高，激光等非接触式弱能量点火源很难将其引燃，导致其在作为燃料应用时的灵活性降低[31,32]。高活性纳米金属粉尘的加入，不仅可提高推进剂的能量和燃速，同时也提高了其着火敏感性。图 4.22 中所示的实验研究结果表明，加入 10%体积分数的纳米钛粉可使微米钛粉的最低着火温度从 733K 降低至 543K，非常接近纯纳米钛粉的最低着火温度 513K。因此，纳米钛粉的加入将明显增加微米钛粉的着火敏感性，有助于解决微米钛粉较难被弱能量火源引燃的问题。

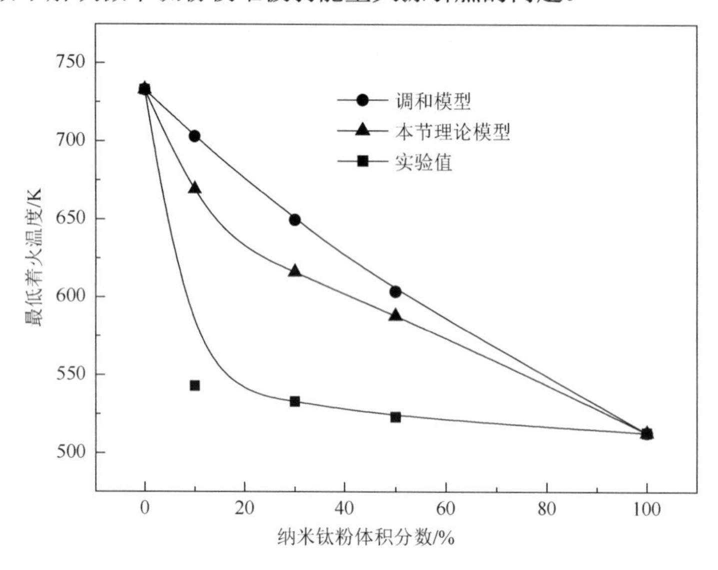

图 4.22　微纳米混合物的最低着火温度

为系统获得混合物粒径对最低着火温度的影响规律，由上述微米及纳米钛粉的能量守恒方程建立微纳米混合物的着火理论模型如式（4.77）～式（4.79）所示。

颗粒相：

$$
\begin{aligned}
(m_M + m_N)c_p \frac{\mathrm{d}T_p}{\mathrm{d}t} = & \left(N_M \cdot S_p \frac{\mathrm{d}h_{M,p}}{\mathrm{d}t} + N_N \cdot S_e \frac{\mathrm{d}h_{N,p}}{\mathrm{d}t} \right) \cdot q \cdot \rho_{\mathrm{TiO_2}} \\
& - \left(\frac{N_M \cdot S_p}{d_p} + \frac{N_N \cdot S_e}{2 \cdot R_e} \right) Nu \lambda_g (T_p - T_g) - \varepsilon_{\mathrm{eff}} \sigma S_T (T_p^4 - T_W{}^4)
\end{aligned}
\tag{4.77}
$$

气相：

$$m_g c_g \cdot \frac{\mathrm{d}T_g}{\mathrm{d}t} = \left(\frac{N_M \cdot S_p}{d_p} + \frac{N_N \cdot S_e}{2 \cdot R_e} \right) Nu\lambda_g (T_p - T_g) - \frac{Nu \cdot \lambda_g}{D} \cdot S_T (T_g - T_w) \quad (4.78)$$

初始条件：

$$t = 0 \text{，} \quad T_{M,p} = T_{N,p} = T_g = T_A \text{，} \quad h_{N,p} = h_{N,0} \text{，} \quad h_{M,p} = h_{M,0} \quad (4.79)$$

式中，下标 M 代表微米；N 代表纳米。

采用差分方法求解上述方程组，得到微纳米混合物的理论最低着火温度如图 4.22 所示。随着混合物中纳米钛粉体积分数的增加，理论着火温度值与实验曲线变化趋势一致，粒径不同的微纳米钛粉混合物的粉尘云最低着火温度值，主要取决于其中粒径较小组分的最低着火温度值[32-34]。对于其他非金属混合物也存在类似的规律性，如糖粉、油页岩粉等。

从图 4.22 中也可以看出，理论计算结果高于实验值。主要原因在于实验中的着火判据是观察 BAM 炉尾部是否发生着火火焰，而不是粉尘云中全部可燃颗粒均发生了着火。纳米团块具有较低的着火温度，因此其将率先着火放热，然后引燃部分尚未着火的微米颗粒，从而在较低的实验温度下能够观察到着火现象[21]。该混合物理论模型没有涉及颗粒着火后的燃烧过程，仅考虑了颗粒受热过程中的温度变化。对微纳米混合物的最低着火温度理论计算时，是假定受热过程中微米颗粒和纳米团块具有相同的颗粒温度，并同时发生着火。根据计算模型，纳米颗粒的反应放热瞬间被粉尘云吸收并用于加热微米颗粒，微米颗粒的瞬间冷却作用降低了纳米团块的化学反应发热速率，以实现同时着火。因此，理论计算时微纳米颗粒同时着火所需的炉体温度要高于实验中部分颗粒着火所需的着火温度。尽管如此，模型计算结果仍优于式（4.80）所示的调和模型计算结果[35]：

$$\frac{1}{\mathrm{MIT_{mixture}}} = \frac{\psi}{\mathrm{MIT_{nano}}} + \frac{1-\psi}{\mathrm{MIT_{micro}}} \quad (4.80)$$

式中，ψ 为纳米钛粉的体积分数（%）；$\mathrm{MIT_{nano}}$，$\mathrm{MIT_{micro}}$，$\mathrm{MIT_{mixture}}$ 分别为纳米钛粉、微米钛粉及微纳米钛粉混合物的最低着火温度，K。

4.7　微米钛粉惰化混合物的着火理论

以纳米二氧化钛作为粉末惰化剂，不同惰化程度下惰化混合物的最低着火温度如图 4.23 所示。混合物的最低着火温度随着惰化剂体积分数的增加逐渐增加。

当惰化剂的含量达 70%时，最高炉温（即 873K）条件下该混合物未能着火。考虑到惰化剂的物理吸热作用，理论计算时需对微米颗粒能量守恒方程式中的颗粒相进行修正，修正后的颗粒相方程如下所示：

$$\left(m_M + m_I\right)c_p \cdot \frac{\mathrm{d}T_p}{\mathrm{d}t} = Q_G - Q_L - Q_r \tag{4.81}$$

式中，m_M 和 m_I 分别为混合物中微米钛粉和纳米二氧化钛的质量，可分别为由堆积密度及惰化剂的体积分数计算求得。

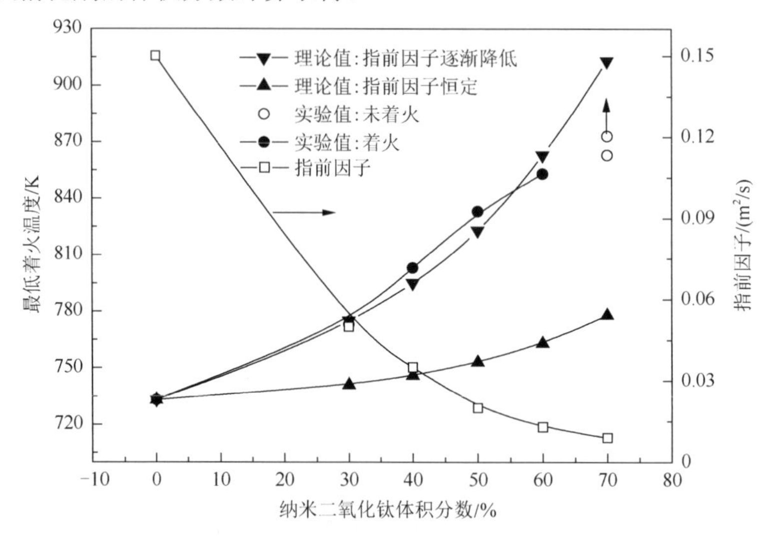

图 4.23　纳米二氧化钛惰化时微米钛的最低着火温度

根据图 4.23 中的理论计算结果，随着惰化程度增加，理论着火温度值的发展趋势与实验测试结果一致，但低于实验值。主要原因是理论计算仅考虑惰化剂的物理吸热作用，没有考虑纳米惰化剂对微米钛粉化学反应放热速率的影响，即在模型计算时采用了相同的放热速率表达式，即式（4.46）。现有研究表明，对于微纳米混合物，部分较小的纳米团块将被吸附在较大的微米颗粒表面，增大微米颗粒表面的钝化保护面积，导致化学反应放热速率的降低和着火温度实验值的增加[31]。根据图 4.23，如将式（4.46）中 K 从原来的 $K = 0.15$ 调整到 $K = 0.01$，即考虑纳米颗粒的钝化作用，降低模型中的化学反应放热速率，则实验值与理论值将具有更好的一致性。

4.8　纳米钛粉惰化混合物的着火理论

以纳米二氧化钛惰化纳米钛粉时，不同惰化程度下惰性混合物的最低着火温度如图 4.24 所示。当粉末惰化程度（体积分数）达到 90%时，混合物的最低着火温度仍然具有较低的数值，即 583K。该实验结果表明：即使采用纳米惰性粉末作为惰化介质，纳米钛粉仍然具有较高的着火敏感性，惰化效果并不理想。

与 3.7 节类似，考虑到惰化剂的物理吸热作用，理论计算时需对纳米颗粒能量守恒方程式中的颗粒相进行修正，修正后的颗粒相方程如下所示：

$$(m_N + m_I)c_p \frac{\mathrm{d}T_p}{\mathrm{d}t} = NS_e \cdot q \cdot \rho_{\mathrm{TiO_2}} \frac{\mathrm{d}h_p}{\mathrm{d}t} - \frac{Nu\lambda_g NS_e}{D_p}(T_p - T_g) - \varepsilon_{\mathrm{eff}}\sigma S_T(T_p^4 - T_W{}^4) \quad (4.82)$$

式中，m_M 和 m_I 分别为混合物中纳米钛粉和纳米二氧化钛的质量，可分别由堆积密度及惰化剂的体积分数计算求得。

根据图 4.24，随着惰化程度增加，理论着火温度值的发展趋势与实验结果一致。与微米钛粉不同的是，惰化后纳米钛粉混合物的着火温度理论值高于实验值。主要原因是实验时纳米二氧化钛不仅具有前述的物理吸热作用，同时也将增强纳米钛粉的分散性[36]，进而降低着火温度值。分散引起的着火温度降低部分平衡了物理吸热导致的着火温度增加，从而使着火温度的实验值低于理论值。

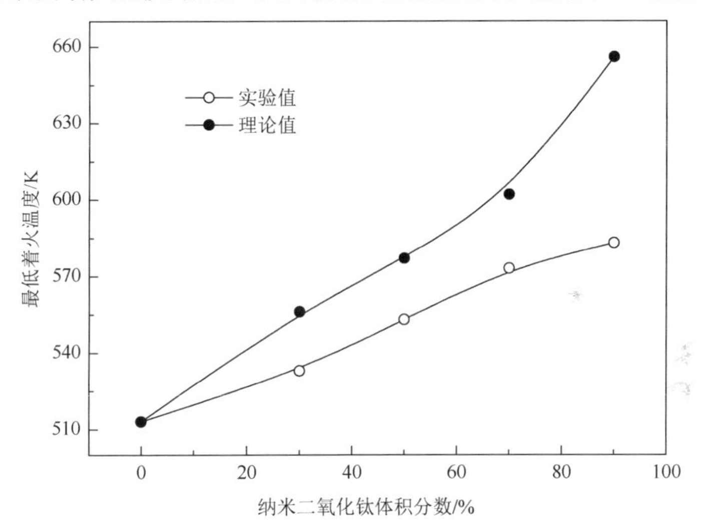

图 4.24　纳米二氧化钛惰化时纳米钛的最低着火温度

参 考 文 献

[1] Sun J H, Dobashi R, Hirano T. Concentration profile of particles across a flame propagating through an iron particle cloud[J]. Combustion and Flame, 2003, 134(4): 381-387.

[2] 茅清希. 工业通风[M]. 上海: 同济大学出版社, 1998.

[3] 陶文铨. 传热学[M]. 西安: 西北工业大学出版社, 2006.

[4] Ezhovskii G K, Ozerov E S, Roshchenya Y V. Critical conditions for the ignition of gas suspension of magnesium and zirconium powders [J].Combustion, Explosion and Shock Waves, 1979, 15(2): 194-199.

[5] Ward T S, Trunov M A, Schoenitz M, et al. Experimental methodology and heat transfer model for identification of ignition kinetics of powdered fuels [J]. International Journal of Heat and Mass Transfer, 2006, (49): 4943-4954.

[6] Trunov M A, Schoenitz M, Dreizin E L. Effect of polymorphic phase transformations in alumina layer on ignition of aluminium particles [J]. Combustion Theory and Modelling, 2006, 10(4): 310-318.

[7] Schoenitz M, Patel B, Agboh O, et al. Oxidation of aluminum powders at high heating rates [J].Thermochim Acta, 2010, 507-508: 115-122.

[8] Zhang S, Badiola C, Schoenitz M, et al. Oxidation, ignition, and combustion of $Al{\cdot}I_2$ composite powders [J]. Combust and Flame, 2012, 159: 1980-1986.

[9] Ohkura Y, Rao P M, Zheng X. Flash ignition of Al nanoparticles: Mechanism and applications [J]. Combustion and Flame, 2011, 158(12): 2544-2548.

[10] 陈萍, 张茂勋. 镁及镁合金燃点的测试[J]. 特种铸造及有色合金, 2001, 2: 75- 77.

[11] 刘兆晶, 李凤珍, 张莉, 等. 镁及其合金燃点和耐蚀性的研究[J]. 哈尔滨理工大学学报, 2000, 5(6): 56-59.

[12] 张铁, 阎家斌. 数值分析[M]. 北京: 冶金工业出版社, 2001: 12-102.

[13] 赵海亮, 由长福, 祁海鹰, 等. 细颗粒间相互作用力的研究[J]. 工程热物理学报, 2008, 19(1) : 78-80.

[14] Chernenko E V, Griva V A, Rozenband V I. Investigation of the laws of ignition of titanium powders[J]. Combustion, Explosion and Shock Waves, 1983, 18(5): 513-518.

[15] Schulz O, Eisenreich N, Kelzenberg S, et al. Non-isothermal and isothermal kinetics of high temperature oxidation of micrometer-sized titanium particles in air[J]. Thermochimica Acta, 2011, 517(1-2): 98-104.

[16] Kubaschewski O, Hopkins B E. Oxidation of Metals and Alloys[M]. London: Butterworths, 1962: 132-169.

[17] Ju W J, Dobashi R, Hirano T. Dependence of flammability limits of a combustible particle cloud on particle diameter distribution[J]. Journal of Loss Prevention in the Process Industries, 1998, 11(3): 177-185.

[18] Phuoc T X, Chen R H. Modeling the effect of particle size on the activation energy and ignition temperature of metallic nanoparticles [J]. Combust and Flame, 2012, 159: 416-419.

[19] Huang Y, Risha G A, Yang V, et al. Combustion of bimodal nano/micron sized aluminum particle dust in air [J]. Proceedings of the Combustion Institute, 2007, 31: 2001-2009.

[20] Bouillard J X, Marchal P, Henry F, et al. Re-examination of safety parameters using kinetic theory of nano granular flows [J]. Journal of Physics: Conference Series, 2011, 304: 012079.

[21] Yuan C M, Chang L, Gang L, et al. Ignition temperature of magnesium powder clouds: A theoretical model[J]. Journal of Hazardous Materials, 2012, 239-240: 294-301.

[22] Lide D R. CRC Handbook of Chemistry and Physics: A Ready-reference Book of Chemical and Physical Data [M]. London: CRC Press, 2007.

[23] Bouillard J, Vignes A, Dufaud O, et al. Ignition and explosion risks of nanopowders [J]. Journal of Hazardous Materials, 2010, 181(1-3): 873-880.

[24] Eckhoff R K. Influence of dispersibility and coagulation on the dust explosion risk presented by powders consisting of nm-particles [J]. Powder Technology, 2013, 239: 223-230.

[25] Eckhoff R K. Does the dust explosion risk increase when moving from μm-particle powders to powders of nm-particles [J]. Journal of Loss Prevention in the Process Industries, 2012, 25(3): 448-459.

[26] Holbrow P, Wall M, Sanderson E, et al. Fire and explosion properties of nanopowders[N]. HSL research report, 2010, RR782.

[27] Gotoh K, Finney J L. Statistical geometrical approach to random packing density of equal spheres[J]. Nature, 1974, 252: 202-205.

[28] Bind V K, Roy S, Rajagopal C. A reaction engineering approach to modeling dust explosions[J]. Chemical Engineering Journal, 2012, 207-208: 625-634.

[29] Yuan C M, Amyotte P R, Hossain M N, et al. Minimum ignition temperature of nano and micro Ti powder clouds in the presence of inert nano TiO2 powder[J]. Journal Hazardous Materials, 2014,275:1-9.

[30] Standard Test Method for Minimum Autoignition Temperature of Dust Clouds: ASTM E1491—2006 [S]. ASTM, 2006.

[31] Ohkura Y, Rao P M, Cho I S, et al. Reducing minimum flash ignition energy of Al microparticles by addition of

WO_3 nanoparticles[J]. Applied Physics Letters, 2013,102(4):1.

[32] Sweis F K. The effect of mixtures of particle sizes on the minimum ignition temperature of a dust cloud[J]. Journal of Hazardous Materials, 1987, 14: 241-246.

[33] Cashdollar K L. Overview of dust explosibility characteristics[J]. Journal of Loss Prevention in the Process Industries, 2000, 13:183-199.

[34] Dufaud O, Traoré M, Perrin L, et al. Experimental investigation and modelling of aluminum dusts explosions in the 20 L sphere [J]. Journal of Loss Prevention in the Process Industries, 2010, 23(2): 226-236.

[35] Dufaud O, Perrin L, Bideau D, et al. When solids meet solids: a glimpse into dust mixture explosions[J]. Journal of Loss Prevention in the Process Industries, 2012, 25: 853-861.

[36] Boilard S P, Amyotte P R, Khan F I, et al. Explosibility of micron- and nano-size titanium powders[J]. Journal of Loss Prevention in the Process Industries, 2013, 26(6): 1646-1654.

第5章　电火花作用条件下金属粉尘云的着火理论

5.1　电　火　花

在粉体加工和运输等生产过程中，粉尘与粉尘之间或粉尘与生产设备之间的摩擦很容易产生电荷积聚，积聚在生产设备或块状粉末上的电荷根据实际生产情形主要存在以下六种释放方式[1]：

（1）火花放电（包括电气火花和静电火花）。

（2）刷形放电。

（3）电晕放电。

（4）传播型刷形放电。

（5）料仓堆表面放电。

（6）闪电放电。

除闪电放电是自然现象外，其他各种放电形式均可能存在于工业生产中，且点燃能力各不相同，具体如表5.1所示[2]。放电等效能量E_{eq}表示放电过程中静电场减少的静电能；放电有效点燃能量E_{ef}表示通过耦合能被可燃物吸收用于点火的放电火花能量；最小静电点火能量E_{ig}简称最小点火能，即静电放电火花点燃实际工况条件下的可燃物所需的最小静电放电火花能量。

表5.1　不同静电火花点燃能力对比

放电类型	放电火花点燃能力		
	E_{eq} /mJ	E_{ef} /mJ	能点燃的可燃物最小点火能 E_{ig} 范围
电晕放电	≤0.025	≤0.025	危险性较小，仅能点燃 E_{ig} ≤0.025mJ 的可燃气体、含能混合物
刷形放电	≤30	≤3	可燃气体、可燃液体蒸气，E_{ig} ≤30mJ 的可燃粉尘及其杂混合物
料仓堆表面放电	$\leqslant 9\times10^3$	≤10	可燃气体、可燃液体蒸气，E_{ig} ≤10mJ 的可燃粉尘及其杂混合物
人体放电	≤30	≤30	可燃气体、可燃液体蒸气，E_{ig} ≤30mJ 的可燃粉尘及其杂混合物
电气火花放电	$\leqslant 10^3$	$\leqslant 10^3$	可燃气体、可燃液体蒸气，E_{ig} ≤1J 的可燃粉尘及其杂混合物
传播型刷形放电	$\leqslant 9\times10^5$	$\leqslant 10^4$	能点燃所有的可燃气体、可燃液体蒸气，以及可燃粉尘及其杂混合物

火花放电是较为危险的电荷释放方式，放电产生的温度有时可达 4000℃以上，极易引起粉尘爆炸事故。根据图 5.1 所示的事故统计结果[3]，粉体工业生产中电气火花和静电引发粉尘爆炸的比例高达 14%。尤其在不导电零件愈加广泛使用的今天，忽略未接地导体更易增大火花引发事故的概率。

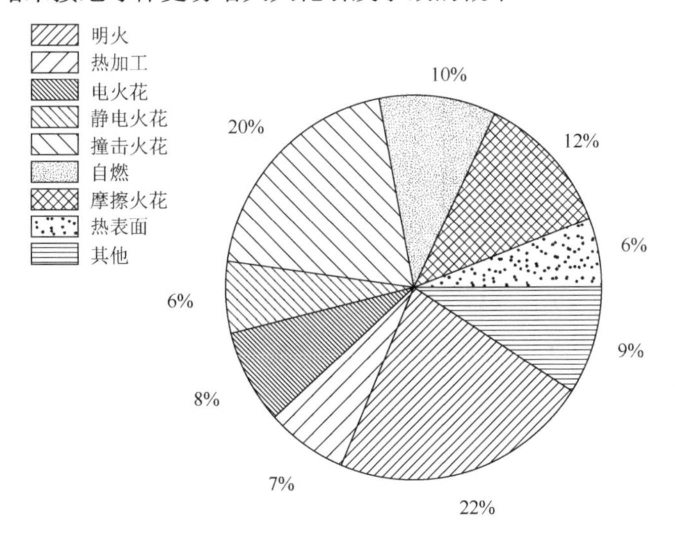

图 5.1　粉尘爆炸事故点火源分布

与可燃气体相比，电火花作用下粉尘云的着火过程较为复杂，着火所需的最小点火能也相对较高，具体能量大小与粉尘种类、粉尘云粒径分布、粉尘浓度和湍流以及电火花或电弧能量的空间、时间分布等很多因素有关。鉴于电火花的放电周期短至微妙量级，目前很难通过实验手段精确测试该短暂放电周期内的温度场分布规律。本章重点讨论电火花对粉尘云空间温度场分布的影响规律，及其诱发粉尘爆炸的发展过程。

5.1.1　电火花放电能量的测试

电火花放电过程的实验室模拟是通过一对电极实现的，最早采用铂电极在 50L 玻璃制容器中尝试引燃褐煤粉尘，后被用于实验研究铝粉等其他可燃性粉尘。电火花实际引燃粉尘云的能量，也是电极间隙损耗的欧姆能量 E_s，称为净火花能量[4]。该能量值通常通过实验测量放电时火花电流 I_s 和火花间隙电压 V_s，然后由下式计算：

$$E_s = \int_0^{t_{\max}} I_s V_s \mathrm{d}t \tag{5.1}$$

实验研究表明，在给定的温度和压力下，空间介质在电极间单位长度的电阻与通过电极间隙的电流之间存在式（5.2）所示的稳定函数关系。对于给定的电流，火花电阻与火花间隙长度成比例。

$$R_s = 40 \cdot l_g I_s^{-1.46} \tag{5.2}$$

根据欧姆定律，式（5.1）可以表示为

$$E_s = 40 \cdot l_s \int_0^{t_{\max}} I_s^{0.54} \mathrm{d}t \tag{5.3}$$

由式（5.3）可知，通过测量火花电流 $I_s(t)$，即可得出净火花能量[4]。

5.1.2　火花放电过程对粉尘浓度的影响

电火花放电时间的增加以及电火花能量的减少会降低粉尘云受放电冲击波引起的湍流度。在大放电能量以及短放电时间的条件下，电极点火区附近的冲击波可使点火区附近粉尘云浓度瞬间下降，甚至形成无尘区，不利于粉尘云的着火。如在放电回路中加入电感（0.1～1.0H）或电阻（0.45～0.90 MΩ）延长火花放电时间后，可燃粉体的最小点火能可下降大约 1 个数量级。Enstad 建立的数学模型理论证明了短放电火花产生的冲击波可使无尘区存在[5]。

5.1.3　非电气火花

5.1.3.1　摩擦与撞击

除电火花外，机械运动等产生的非电气火花也是工业生产中常见的火源类型。这些机械运动形式包括打磨、切削、撞击等。实际工业生产中，可能引发粉尘爆炸的非电气火花可分为两大类：一是生产活动中不可避免的打磨、切削等工序持续产生的大量摩擦金属火花及炽热颗粒；二是单次意外撞击导致的金属火花及炽热颗粒[4]。不同机械火花引燃粉尘云的能力通常采用等效电气火花能量 E_{E} 衡量，其定义为与机械摩擦或碰撞产生的火花拥有同等点火能力的电容放电能量。

这两类非电气火花的产生过程具有明显的区别。摩擦是接触的物体之间相对运动并持续一段时间的过程。这个过程可能产生高温的热表面（如传送带滑动），也可能同时产生非电气火花（如金属制品打磨）。撞击是两个固体在强大的机械作用力下相互碰撞的瞬间过程。撞击可能导致高温碎片飞溅，也可能同时在撞击处形成局部高温“热点”。若撞击重复出现在某一特定位置，反复撞击产生的“热点”和高温碎片将可能拥有足够的火源尺寸和温度，足以直接引燃粉尘云。

5.1.3.2　摩擦火花

摩擦过程产生的非电气火花能否引燃粉尘云，取决于其等效电气火花能量及粉体的物性。等效电气火花能量的大小与产生火花的材料有关，现有研究已证实金属打磨、切削过程中产生的火花能够引燃粉尘云。不同材料产生的摩擦火花引燃粉尘云的能力由强至弱可分为以下五等[6]：

（1）燧石，摩擦或打磨火花。

（2）锆，打磨火花。

（3）钛，打磨与撞击火花。

（4）钢，打磨火花。

（5）铝/锈铁，撞击火花。

除火花能量外，图 5.2 中的实验结果表明粉尘云的着火敏感性也是引燃成功的关键[6]。图 5.2 中交叉点的坐标为（615℃，20mJ），含义为最低着火温度为 615℃的粉尘云如果可被燧石火花引燃，其最小点火能需低于 20mJ。

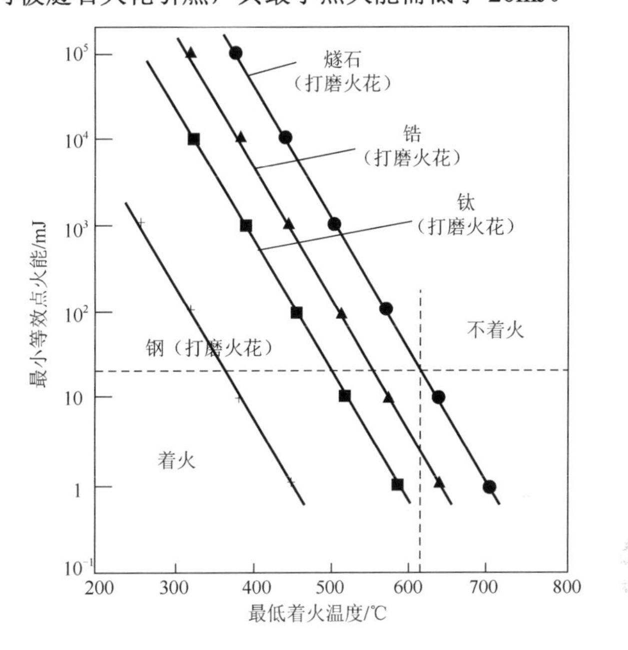

图 5.2　不同打磨火花作用下等效电气能量与最低着火温度的关系

5.1.3.3　撞击火花

与摩擦火花类似，意外撞击火花引燃粉尘云的能力也与撞击材质密切相关，如图 5.3 所示[6]。当撞击能量在 20×10^3mJ 以下时，材质较软的金属铝与锈铁间的撞击不会产生可见火花。虽然铁和钛两种材料产生的撞击火花温度都能达到 2500℃，但金属铁做撞击材料产生的火花数量远低于金属钛撞击产生的火花数量。铁之间、铁与锈铁或混凝土之间单次撞击产生的火花无法引燃干燥的谷物或饲料粉尘；金属钛撞击产生的火花则可以引燃含水量不超过 10%的玉米淀粉粉尘云。

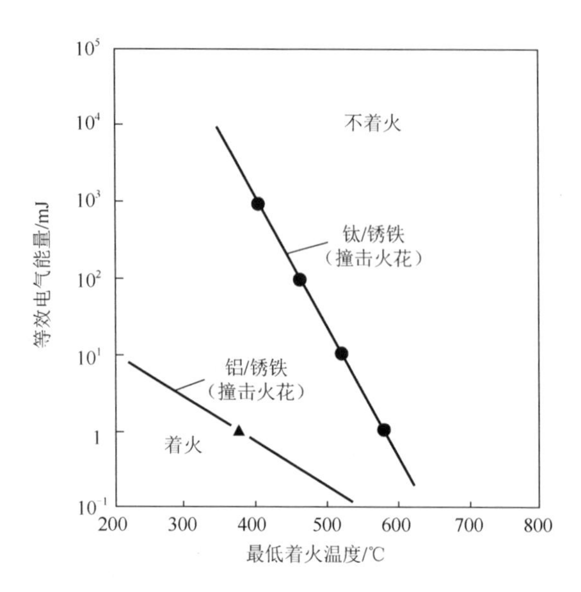

图 5.3　不同撞击火花作用下等效电气能量与最低着火温度的关系

5.2　电火花作用下粉尘云的着火理论模型

5.2.1　粉尘云点火过程分析

一般来讲，点火可分为两种：自燃点火和强迫点火。电火花作用下的粉尘云着火属于后者。点火过程主要是由系统的化学动力学特性所控制，通常时间间隔很短，点火成功可使可燃混合物从不反应状态转变到反应状态，并出现随后的自持燃烧（火焰传播）。与单颗粒着火不同的是，粉尘云中颗粒之间的相互作用对粉尘云的点火过程有着非常重要的影响。对于单个颗粒的着火，所需点火能量是能够将一个颗粒的温度加热到其着火温度；对于粉尘云而言，所需点火能量是能够将点火源所在区域内足够的颗粒引燃，颗粒引燃后能够触发后续的火焰传播[7]。

对于电火花作用下的点火过程，在电极附近的一定体积内，火花放电的热产生速率远超过热损失速率，火花区域的温度就会不断升高，其内部的粉尘颗粒将被引燃。对于一定粉尘浓度的可燃粉体而言，放电期间被火花引燃的颗粒数量取决于火花能量属性及粉体物性，火花能量属性及粉体物性同时也决定了是否可以发生可持续的火焰传播。

与可燃气体相比，非常准确地描述粉尘云的点火过程是一件复杂的事情。粉尘云中颗粒沉降引起的浓度变化、不同物性粉尘反应机理的差异等因素均会影响粉尘云的点火过程及后续可能发生的火焰传播。

5.2.2　模型假设

为便于理论研究，模型假设如下：

（1）电火花点火过程与粉尘云中颗粒沉降过程相比，时间周期非常短，可认为在放电点火瞬间粉尘云是静止的[8,9]。

（2）颗粒均以中位粒径均匀地分散于粉尘云中，并与周围气体在颗粒表面发生氧化反应，忽略着火过程中气体的膨胀[10,11]。

（3）电火花在放电周期内能量释放速率是恒定的。

对于微米颗粒，不考虑其喷吹后可能发生的颗粒凝并，认为所有微米颗粒的分散是充分的［图 5.4（a)］，均以单个中位径粒子［图 5.4（b)］的形式均布于粉尘云中。对于纳米颗粒，由于颗粒间作用力很强，需考虑其在喷吹过程中的凝并，凝并后团块形状近似为球形，如图 5.4（c）所示，颗粒内部包含有很多单个的纳米粒子［图 5.4（d)］，颗粒堆积密度φ取随机堆积密度范围的中间值 0.62。

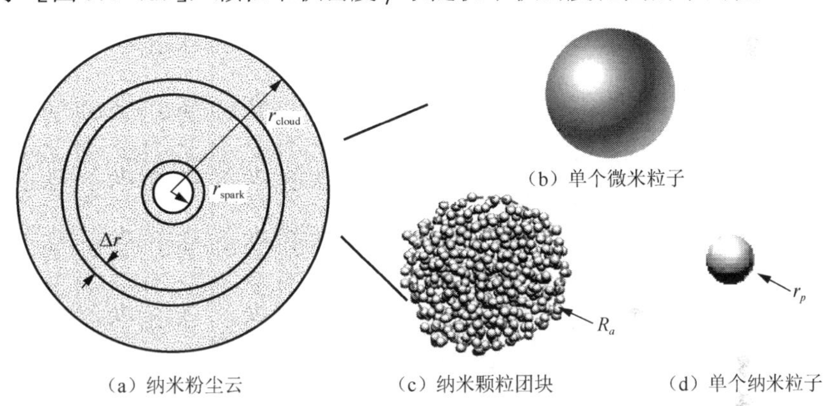

图 5.4　钛粉尘云的物理结构

5.2.3　守恒方程及初边值条件

根据上述假设和图 5.4（a）中的火花放电模型，建立球坐标下气相和颗粒相的能量守恒方程式如下。

气相：

$$c_g\rho_g\frac{\partial T_g}{\partial t}=\lambda_g'\frac{1}{r^2}\frac{\partial}{\partial r}\left(r^2\frac{\partial T_g}{\partial r}\right)+N4\pi r_p^2 h_c(T_p-T_g)+4\pi r_p^2 q\rho_g c_s k_0\exp(-E/RT_p)$$
$$-\frac{3\sigma\varepsilon}{r_s}(T_g^4-T_0^4)+Q_s \tag{5.4}$$

$$\lambda_g'=\lambda_g+\xi c_g\rho_g \tag{5.5}$$

式中，λ_g' 和 λ_g 分别为湍流和静止空气的热传导系数；ξ 为湍流系数；$\xi c_g\rho_g$ 为由湍流引起的热传导系数的增加；Q_s 为放电火花区域单位体积的能量释放速率：

$$Q_s = \frac{E}{\frac{4}{3}\pi r_s^3 \cdot t_s} \tag{5.6}$$

其中，E 为最小点火能（J）；r_s 为放电火花半径（m）；t_s 为放电火花时间（s）。

颗粒相：

$$\begin{aligned} c_p \rho_p \frac{4}{3}\pi r_p^3 \frac{\partial T_p}{\partial t} &= 4\pi r_p^2 q \rho_g c_s k_0 \exp(-E / RT_p) \\ &\quad + 4\pi r_p^2 h_c (T_g - T_p) + 4\pi r_p^2 \sigma\varepsilon (T_g^4 - T_0^4) \end{aligned} \tag{5.7}$$

考虑到反应过程中颗粒反应消耗引起的粒径变化，颗粒粒径变化应满足如下方程式：

$$\rho_p \frac{4}{3}\pi \frac{\partial r_p^3}{\partial t} = -4\pi r_p^2 \rho_g c_s k_0 \exp(-E / RT_p) \tag{5.8}$$

初始条件：

$$t = 0\,,\ \ T_g = T_p = T_0\,,\ \ r_p = r_{p,0} \tag{5.9}$$

边值条件包括两部分：粉尘云中心和粉尘云外边界，分别介绍如下。

着火过程中粉尘云中心各变量的变化以球对称分布，球形粉尘云中心区域内的颗粒及气体温度的梯度为 0，即

$$r = 0\text{时，}\ \frac{\partial T_p}{\partial r} = 0\,,\ \ \frac{\partial T_g}{\partial r} = 0 \tag{5.10}$$

在粉尘云外边界处，既存在粉尘云内部的热量传递，又含有边界处内外气体的对流换热与热辐射，则边界处气体的温度应满足：

$$r = r_{\text{cloud}}\text{时，}\ \lambda_g \frac{\partial T_g}{\partial r} = h_c\left(T_0 - T_g\right) + \varepsilon\sigma\left(T_0^4 - T_g^4\right) \tag{5.11}$$

上述各式中，变量的含义如下：

c_g, ρ_g, T_g 分别为气体的比热[kJ/(kg·K)]、密度(kg/m^3)和温度(K)；c_p, ρ_p, T_p 分别为颗粒的比热［kJ/(kg·K)］、密度（kg/m^3）和温度（K）；$r, r_p, r_{p,0}, r_s, r_{\text{cloud}}$ 分别是计算节点与粉尘云中心点的距离(m)、颗粒当前半径(m)、颗粒初始半径(m)、放电火花半径（m）、粉尘云的半径（m）；q, c_s, R, k_0, E, Q_s 分别为化学反应放热（kJ/kg）、粉尘云中氧气的质量分数（kg/m^3）、普适气体常数［J/（mol·K)］、指前因子(m^{-2}·s^{-1})、表观活化能(kJ/mol)、放电火花的能量释放速率(W)；$\lambda_g', h_c, \varepsilon, \sigma$ 分别为气体的导热系数［W/（m·K)］、对流换热系数（即Nusselt数Nu）、热辐射系数、Stefan-Boltzmann常数［kJ/（m·K^4)］。

5.2.4 着火判据

粉尘云在某一火花能量下点火成功，火焰将自中心向四周发生可自持的火焰传播，如图 5.5 所示。随着火焰传播的进行，粉尘云空间温度场也在不断地发生变化，如图 5.6 所示。如果粉尘云的尺寸无限大，火焰传播过程将无限制地延续下去，导致计算时间无限延长。因此本次模拟计算时，若火焰能够自持传播到 5 倍的火花内核半径以外，则认为点火成功[7]，终止计算进程。

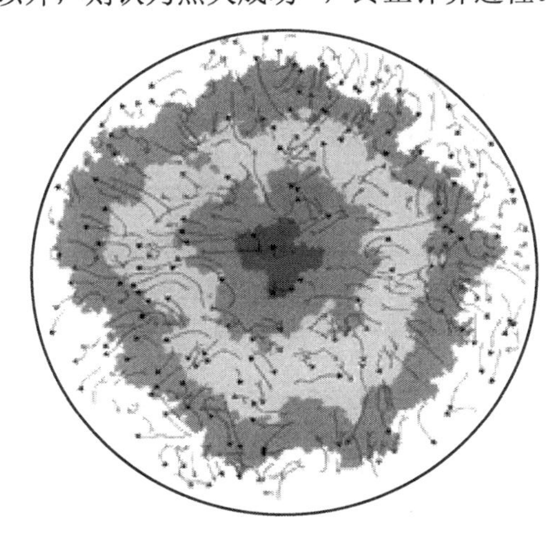

图 5.5　着火后粉尘云的火焰传播

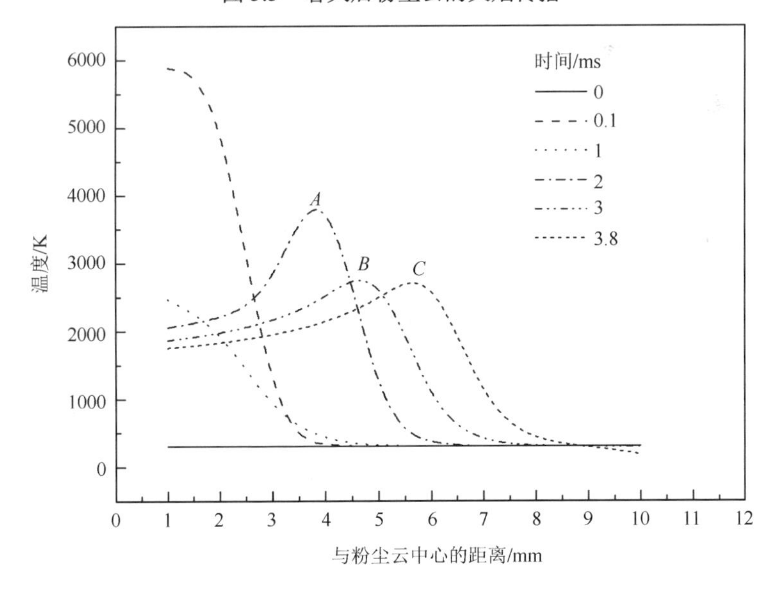

图 5.6　着火粉尘云空间的温度分布

一旦粉尘云着火成功，在火焰传播过程的某个时刻，火花内核区域外的温度空间分布将存在温度极大值点。如图 5.6 所示，三个不同时刻对应三个温度极值点，极值温度分别为T_A=3790K、T_B=2743K、T_C=2704K。温度极大值点代表粉尘云的火焰阵面在某个时刻所抵达的空间位置，温度极大值点对应的区域为燃烧区（即反应区），左侧为燃尽区，右侧为预热区。随着计算时间的延长，温度空间分布曲线基本相同（如 3ms 时极值点 B 对应的温度分布曲线和 3.8ms 时极值点 C 对应的温度分布曲线基本相同），且向偏离火花内核的方向平移，即表示粉尘云发生了稳定自持的火焰传播。

如果点火没有成功，火花内核区域的温度将随着时间的延长逐渐地降低，粉尘云空间区域不会出现上述的温度极值点及温度分布曲线，具体如图 5.7 所示。

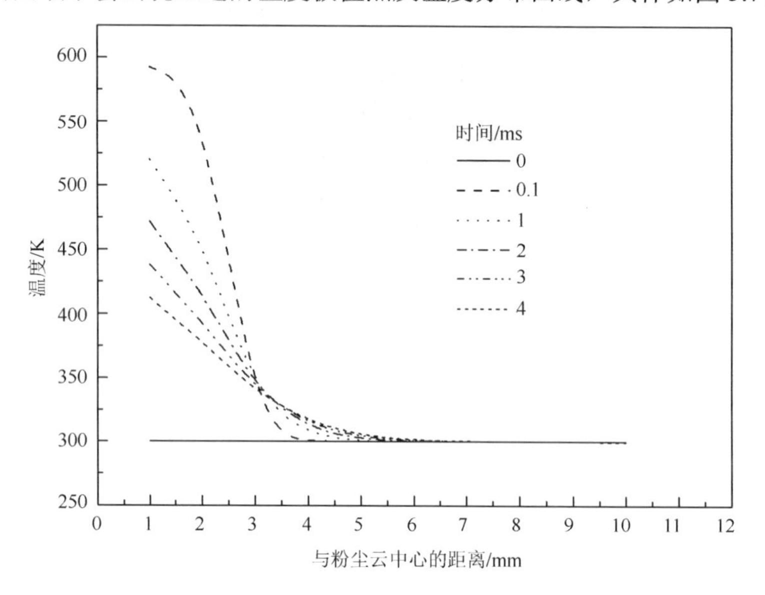

图 5.7　未着火粉尘云的空间温度分布

随着火花放电能量的释放，无论点火是否成功，火花内核区温度在很短的时间内（如 0.1ms 时）将达到最大，放电结束后内核温度逐渐降低，如图 5.7 中 1ms 时火花内核区温度明显低于放电期间温度。

5.2.5　计算方法

5.2.5.1　时间与空间计算步长

式（5.4）所示的能量守恒方程式可表示成如下的通用形式：

$$\frac{\partial \phi}{\partial t}=\frac{\partial}{r^2}\left(r^2 \Gamma \frac{\partial \phi}{\partial r}\right)+S \tag{5.12}$$

式中，ϕ为因变量；Γ是广义扩散系数，即有效扩散系数；S是广义源项，包括火花能量源项、反应放热源项等。对于特定的ϕ，具有特定的扩散系数Γ 和源项S。

颗粒相及初边值条件所对应的方程可表示为如下通用形式：

$$\frac{\partial\phi}{\partial t}=f\left(\phi\right)+K \quad \text{或} \quad \frac{\partial\phi}{\partial r}=f\left(\phi\right)+K \tag{5.13}$$

式中，K为常数项。

式（5.12）和式（5.13）中通用方程的微分项主要包含对空间变量的一阶、二阶微分，以及对时间变量的一阶微分。目前对一阶、二阶微分项进行方程离散的方法有许多。最常用的方法是通过泰勒级数对时间变量t和空间变量r进行展开来建立离散方程[9,12-15]。这种展开方法把通用方程中的各阶导数用相应的差分表达式来代替，各阶导数的具体差分表达式可由泰勒级数展开获得[15]。

为便于理论计算，本章采用等时间、等空间步长进行上述微分方程的离散。在粉尘云径向空间尺度上，进行了如图 5.8 所示的等步长网格划分。

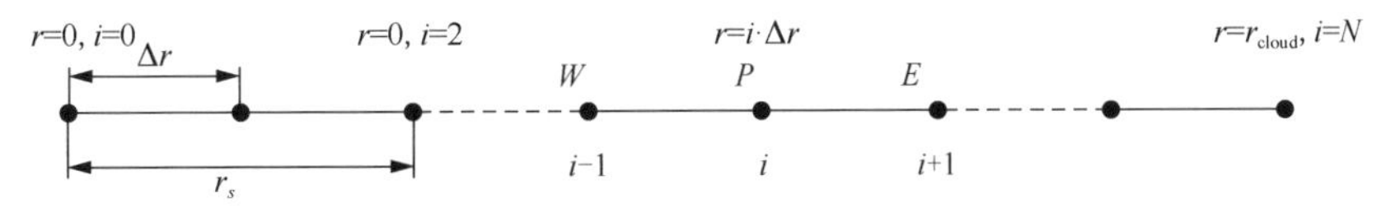

图 5.8　空间网格划分

为便于模拟计算，在空间共划分了 10 个计算节点，即$N=10$。设定火花半径为空间步长的两倍，即$r_s=2\cdot\Delta r$，$r_{\text{cloud}}=N\cdot\Delta r$。空间中任一计算节点与火花中心的距离为$r=i\cdot\Delta r$。空间步长$\Delta r$的大小根据计算时火花半径大小进行确定。

根据图 5.8 中的网格划分，在t时刻计算节点P处，采用如下差分格式对式（5.4）与式（5.7）中的各微分项进行离散时，式中各微分项可表示如下：

$$\frac{\partial T_{g,i}}{\partial t}=\frac{T_{g,i}-T_{g,i-1}}{\Delta t}, \quad \frac{\partial T_{p,i}}{\partial t}=\frac{T_{p,i}-T_{p,i-1}}{\Delta t} \tag{5.14}$$

$$\frac{1}{r^2}\frac{\partial}{\partial r}\left(r^2\frac{\partial T_{g,i}}{\partial r}\right)=\frac{\partial^2 T_{g,i}}{\partial r^2}+\frac{2}{r}\frac{\partial T_{g,i}}{\partial r}=\frac{2\left(T_{g,i}-T_{g,i-1}\right)}{\Delta r^2}+\frac{2}{i\cdot\Delta r}\frac{\left(T_{g,i}-T_{g,i-1}\right)}{\Delta r} \tag{5.15}$$

5.2.5.2　守恒方程及初边值条件的离散

根据上述时间及空间尺度划分，以及各微分项的离散形式，上述守恒方程及初边值条件在节点P离散后的形式分别如下。

气相：

$$\left(1-\frac{2}{\Delta r^2}\cdot\frac{i+1}{i}\cdot\frac{\lambda_g'\cdot\Delta t}{c_g\rho_g}\right)\cdot T_{g,i}=\left(1-\frac{2}{\Delta r^2}\cdot\frac{i+1}{i}\cdot\frac{\lambda_g'\cdot\Delta t}{c_g\rho_g}-\frac{\Delta tN4\pi r_p^2h_c}{c_g\rho_g}\right)\cdot T_{g,i-1}-\frac{3\sigma\varepsilon\Delta t}{r_sc_g\rho_g}T_{g,i-1}^4$$
$$+\frac{\Delta tN4\pi r_p^2h_c}{c_g\rho_g}T_{p,i-1}+\frac{\Delta t4\pi r_p^2q\rho_gc_sk_0\exp(-E/RT_{p,i-1})}{c_g\rho_g}$$
$$+\frac{3\sigma\varepsilon\Delta t}{r_sc_g\rho_g}T_0^4+\frac{Q_s\cdot\Delta t}{c_g\rho_g} \tag{5.16}$$

颗粒相：

$$T_{p,i}=\left(1-\frac{3\Delta th_c}{c_p\rho_pr_p}\right)T_{p,i-1}-\frac{3\sigma\varepsilon\Delta t}{c_p\rho_pr_p}T_{p,i-1}^4+\frac{3\Delta tq\rho_gc_sk_0\exp(-E/RT_{p,i-1})}{c_p\rho_pr_p}$$
$$+\frac{3\Delta th_c}{c_p\rho_pr_p}T_{g,i-1}+\frac{3\sigma\varepsilon\Delta t}{c_p\rho_pr_p}T_{g,i-1}^4 \tag{5.17}$$

反应过程中颗粒粒径变化方程的离散形式如下。

初始条件：

$$r_{p,i}=r_{p,i-1}-\frac{\Delta t\rho_gc_sk_0\exp(-E/RT_{p,i-1})}{\rho_c} \tag{5.18}$$

边值条件：

$$t=0\text{，}\quad T_{g,0}=T_{p,0}=T_a\text{，}\quad r_p=r_{p,0} \tag{5.19}$$

粉尘云着火时，空间温度认为是球对称的，粉尘云中心点处的颗粒及气体温度梯度为0。该点初始时刻的温度为环境温度。

在粉尘云的外边界，边界层以外的空间气体温度为$T_\infty=T_0$，考虑到粉尘云外边界处的热量传递，将式（5.11）离散化后得：

$$\lambda_g'\frac{T_{g,r\_\text{cloud}}-T_\infty}{\Delta r}=h_c\left(T_0-T_{g,r\_\text{cloud}}\right)+\varepsilon\sigma\left(T_0^4-T_{g,r\_\text{cloud}}^4\right) \tag{5.20}$$

5.2.5.3 代数方程组的求解

对离散化后的代数方程式，求解过程如下：在某一时间点t_0内，自粉尘云的中心向粉尘云边界以等空间步长，依次迭代计算各空间节点处的气相及颗粒相的温度，即由T_{i-1}节点的温度值计算T_i节点的温度值，$i=1,2,\cdots,N$。当该时间点内所有空间节点的温度计算完毕后，再以等时间步长迭代求解下一时程（即$t=t_0+\Delta t$）内各节点的气相及颗粒相温度。具体计算流程如图5.9所示。

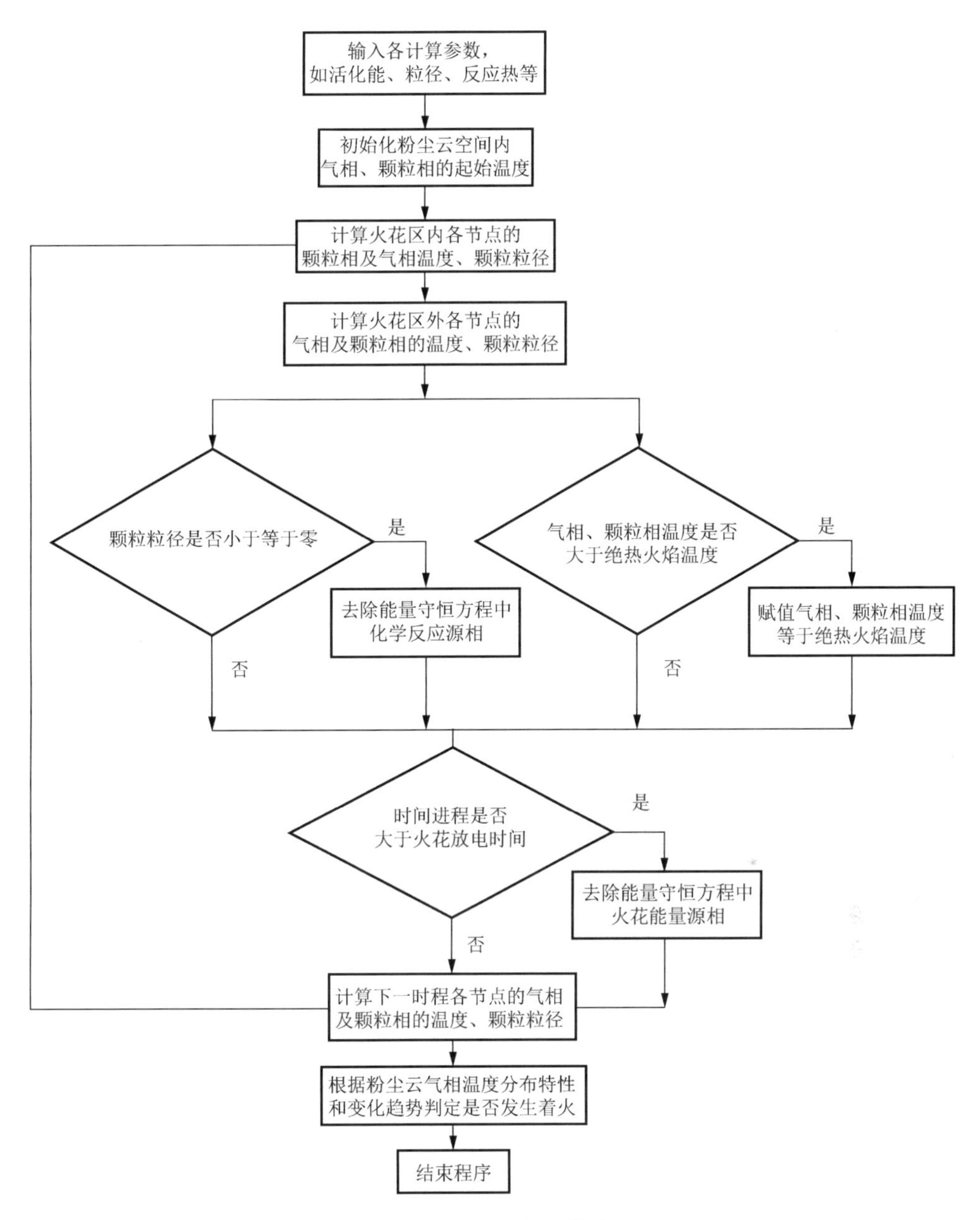

图 5.9　最小点火能的计算流程图

5.2.6　模型计算参数的确定

5.2.6.1　颗粒及气体温度计算限值

根据实际的物理情形，粉尘云着火并发生可持续火焰传播后，颗粒与气体的温度不会无限制的升高，在理论计算时需要设置颗粒及气体温度限值[16]。对于非密闭空间粉尘云中的金属颗粒而言，着火颗粒表面将发生非均相的化学反应[17]，颗粒温度小于其沸点。对于非密闭空间粉尘云中的气体而言，火焰传播过程中在温度最高的火焰区，气体温度应低于绝热火焰温度 T_f，即 $T_g < T_f$。在电气火花引燃粉尘云着火的最小点火能实验测试中，粉尘云在哈特曼管中的着火过程属于非密闭空间，火焰传播过程中气体温度小于绝热火焰温度。

绝热火焰温度 T_f 的大小与燃料及空气的温度、环境压力、化学当量比等多种因素有关。绝热火焰温度的计算是近似地把燃烧反应看成绝热反应，反应释放的热量全部用于体系升温[18]。由于燃烧反应通常在常温常压条件下进行，反应所放出的热量 Q_p 与化学反应生成焓 ΔH_r 相等，即 $Q_p = \Delta H_r$。在空气环境中，氧气和氮气的物质的量有如下关系：

$$n_{N_2,0} = 3.76\, n_{O_2,0} \tag{5.21}$$

式中，$n_{N_2,0}$ 和 $n_{O_2,0}$ 分别为空气中氮气和氧气的初始物质的量。

绝热火焰温度通常采用二倍理论空气量进行计算[19]，计算时将金属粉尘氧化反应放出的热量全部用来加热剩余的气体，气体所达到的最终温度即为金属粉尘云的绝热火焰温度。计算公式如下：

$$\Delta H_r = \int_{T_0}^{T_f} \sum_B \theta_B C_{p,m}(B)\,\mathrm{d}t \tag{5.22}$$

式中，T_0、T_f 为反应前、后气体的温度（K）；θ_B 为反应进程中剩余气体的化学计量数；$C_{p,m}(B)$ 为反应进程中剩余气体的摩尔定压热容［J/（mol·K）］。摩尔定压热容是温度的函数，可采用以下经验式[19]进行计算：

$$C_{p,m}(B) = a + bT + cT^{-2} \tag{5.23}$$

式中，a,b,c 是经验常数，可在热力学手册中查到[20,21]。以钛金属粉尘为例，上述方法计算获得的绝热火焰温度为 3380K，在常压下实验测得钛金属颗粒燃烧时的火焰温度为 3340K[17]。

火花放电产生的电火花或电弧为电离的高温气体，此部分高温区域称为粉尘云的火花内核，最高温度可达 60 000K[22]。模拟计算时，在火花内核区域内，气体温度 $T_g \leqslant 60\,000\text{K}$；在火花内核区域外 $T_g \leqslant T_f$。

5.2.6.2　火花放电时间与火花等效直径

图 5.10 为典型的火花放电电路。点火系统采用固定电极，间隙为 6mm。图 5.10 中，S 为高压转换开关；R_1、R_2 分别为充电限流电阻和去耦电阻；C 为储能电容；L 为电感。火花放电持续时间与电路中的电感、电容储存能量的大小均有关系。

对于图 5.10 中的电路而言，1mJ 放电能量时，放电火花持续时间约 10μs；5mJ 放电能量时，放电火花持续时间约为 23μs；10mJ 点火能量时放电火花持续时间约为 41μs。对于金属粉尘而言，最小点火能较低，一般在 5mJ 以下[7]。为便于理论分析，除特殊说明外，放电火花的持续时间计算值设为 15μs。

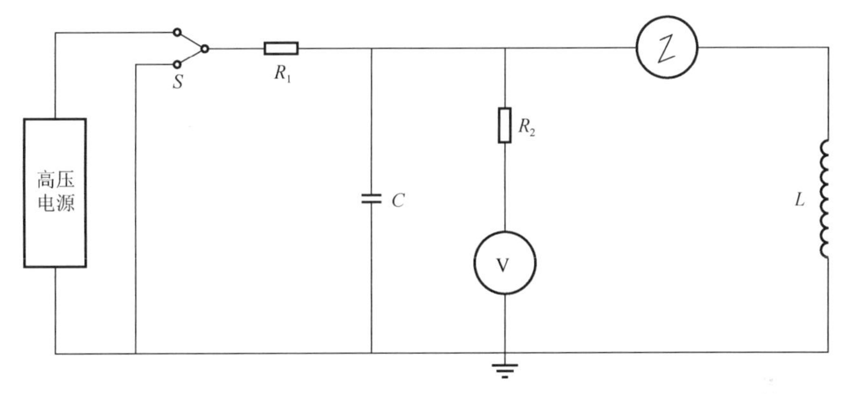

图 5.10　MIE Ⅲ火花放电系统电路图

点火源的引燃能力不仅与其强度、持续时间有关，也与火源尺寸等因素有关。当火花放电间隙一定（即为 6mm）时，不同放电能量对应的柱形放电火花直径不同。对于整个粉尘云空间而言，放电火花的尺寸仍然是很小的，理论计算时通常将其近似为一个球点。模型计算时，通常将火花放电区假设为球形，并根据等体积原则确定球形火花的等效直径。采用高速摄像机在不同火花放电能量下测得的火花等效尺寸如表 5.2 所示。

表 5.2　不同放电能量的火花直径

火花放电能量/mJ	等效球形直径/mm	火花放电能量/mJ	等效球形直径/mm
5	1.6	20	3.0
10	2.2	50	3.5

5.2.6.3　热传导与对流换热系数

气体的热传导系数是其温度的函数，如式（5.24）所示：

$$\lambda_g = 2.4\times10^{-2}(T_g / T_A)^{0.75} \tag{5.24}$$

气体的热容也是温度的函数，如式（5.25）所示：

$$C_g = 28.368 + 0.001\,81T_g \tag{5.25}$$

气-粒两相间的换热系数 h_c 可表示为式（5.26）的形式[23]：

$$Nu = 2.0 + 0.6\left[\frac{\left|u_g - u_p\right|\rho_g d_p}{\mu_g}\right]^{1/2} Pr^{1/3} \tag{5.26}$$

根据模型假设，在点火瞬间粉尘云是静止的，式（5.26）中$\left|u_g - u_p\right| = 0$，对流换热系数$h_c$为 2.0。以钛金属为例，理论模型计算时需输入的参数如表 5.3 所示。

表 5.3　计算参数表

模型参数	计算变量	数值	单位
电极间隙	d	6×10^{-3}	m
Stefan-Boltzmann 常数	σ	5.67×10^{-8}	$W/(m^2\cdot K^4)$
普适气体常数	R	8.314	$J/(mol\cdot K)$
钛粉密度	ρ_p	4506	kg/m^3
钛热容	c_p	0.522	$kJ/(kg\cdot K)$
钛化学反应热	q	19.7	kJ/kg
钛粉热辐射系数	ε_0	0.75	—
空气密度	ρ_g	1.2845	kg/m^3
表观活化能	E_a	207.9	kJ/mol
空气中氧浓度	c_s	0.21	—
空间步长	Δr	1.168×10^{-3}	m

5.2.6.4　时间迭代步长的确定

不同于电弧，火花放电时间周期很短，通常是微秒量级[9]。为获得放电周期内的粉尘云温度，计算时间步长必须小于放电周期，若步长太长将无法捕捉放电能量变化，导致模拟结果发散、无法收敛。以 100mJ 放电火花能量为例，当计算时间步长为 1.0μs 时，火花中心点处的温度将发生如图 5.11 所示的锯齿形振荡。

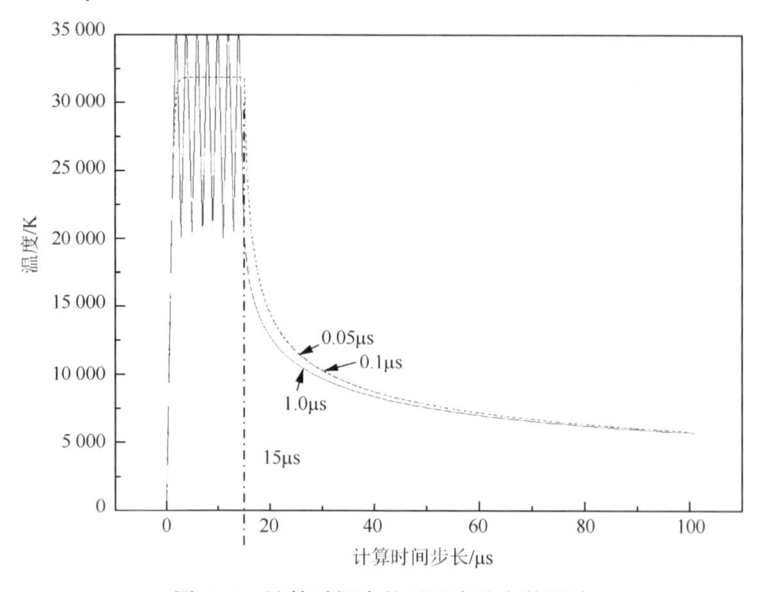

图 5.11　计算时间步长对温度分布的影响

当时间步长减小为 0.1μs 时，计算结果收敛；当进一步减小时间步长为 0.05μs 时，模拟曲线与 0.1μs 时间步长的曲线重叠，即计算结果相同。因此，为保证计算结果的正确性并考虑计算时间，本章模拟计算采用的时间步长为 0.1μs。

5.3　电火花作用下空间温度模拟计算

5.3.1　火花放电过程模拟

火花放电过程中，火花高温不断地与邻近空气交换热能，并向外辐射能量，使火花区温度逐渐升高。以 2.1mJ 点火能量、15μs 火花放电持续时间为例，无粉尘和湍流存在时，放电期间空间温度场的变化如图 5.12 所示，其中空间温度曲线从下到上对应的放电时刻分别为 0μs、5μs、10μs 和 15μs。节点位置 2 为火花区与非火花区的临界线，计算结果表明区内温度明显高于区外温度。在 15μs 的放电周期内，放电火花一直在输出能量，从 0μs 直到放电结束（即 15μs）火花区的温度一直在升高，直至放电结束时达到最大值。放电结束时计算域内的最高温度出现在火花中心，为 6545K。火花区外温度的变化由区内通过热传导和热辐射等能量传递方式产生。

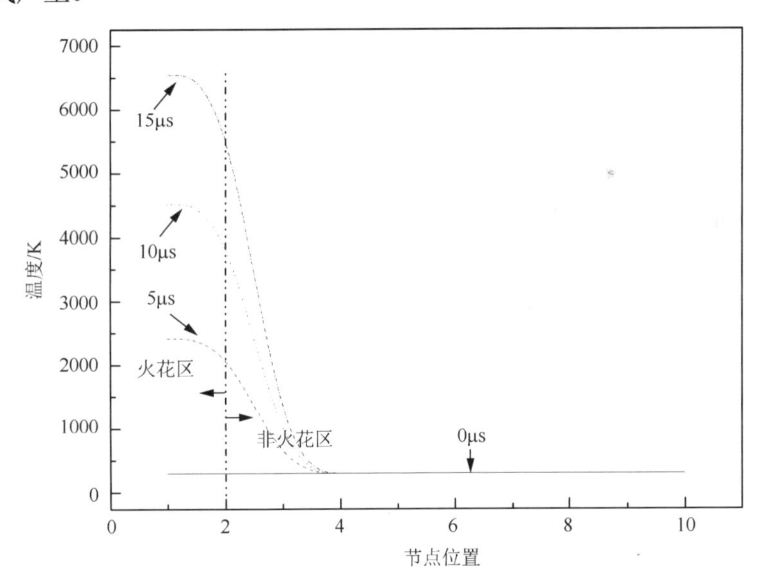

图 5.12　放电过程中点火空间温度随时间变化

火花放电结束后，点火空间温度场的变化如图 5.13 所示，其中温度曲线从上到下对应的放电时刻分别为 15μs、16μs、20μs、30μs、40μs、50μs、100μs、1000μs。15μs 火花放电时间后，空间温度随着火花消失、能量供给的终止而逐渐降低，在 1000μs 时火花区中心点的温度降至 2435K。

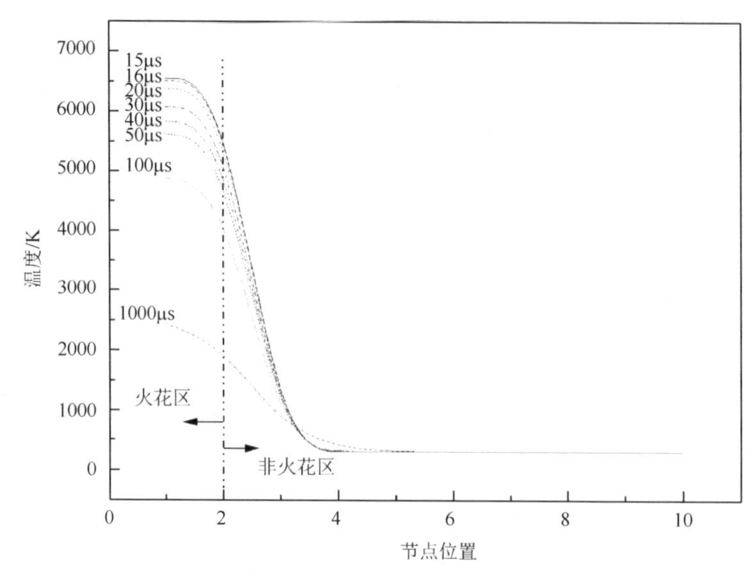

图 5.13　放电结束后点火空间温度随时间变化曲线

5.3.2　火花作用空间温度分布的影响因素

5.3.2.1　点火能量的影响

2.1mJ 和 100mJ 点火能量下，放电期间空间温度场的分布曲线分别如图 5.12 和图 5.14 所示。点火能量较高时火花区的温度可在更短的时间（100mJ 约 3μs）内达到最大值，此后直至 15μs 放电结束时，空间温度一直维持在 3μs 时的温度分

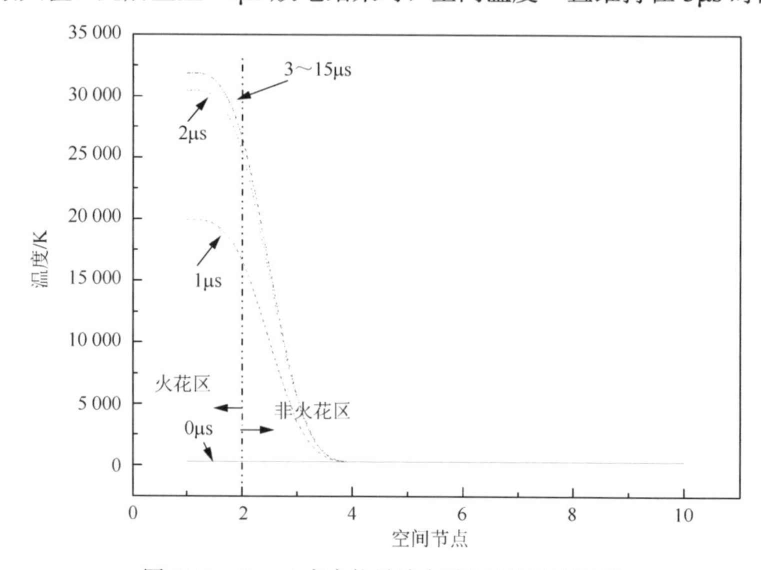

图 5.14　100mJ 点火能量放电过程空间温度变化

布状态。图 5.15 为 100mJ 点火能量下放电结束后的空间温度分布曲线，与图 5.13 中 2.1mJ 时的分布曲线相比，空间温度场的衰减过程几乎是相同的，即火花放电结束后，空间温度随时间延长逐渐降低。

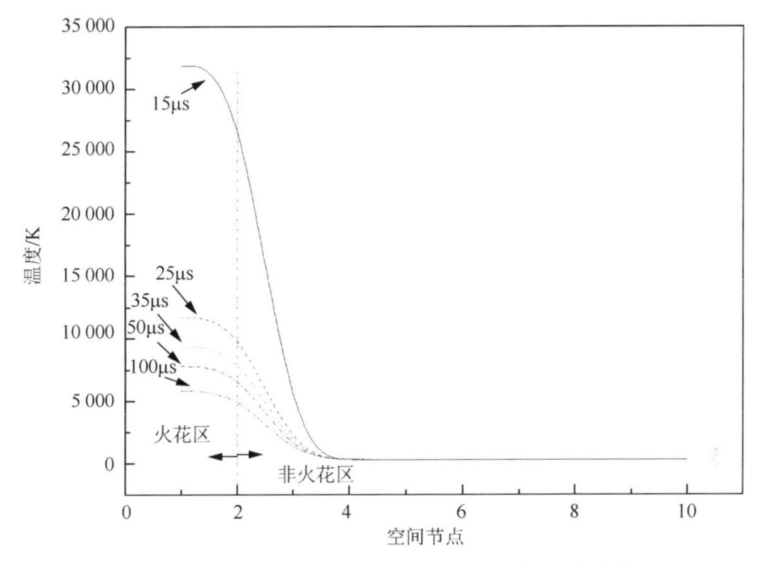

图 5.15　100mJ 点火能量放电结束后空间温度变化

以粉尘云中心点为例，讨论不同能量时粉尘云某点处的温度变化规律。在 1mJ、2.1mJ、5mJ、10mJ、30mJ、100mJ、300mJ、1000mJ 各点火能量作用下，粉尘云中心点的温度变化如图 5.16 和图 5.17 所示。在 10mJ 及以下点火能量下，

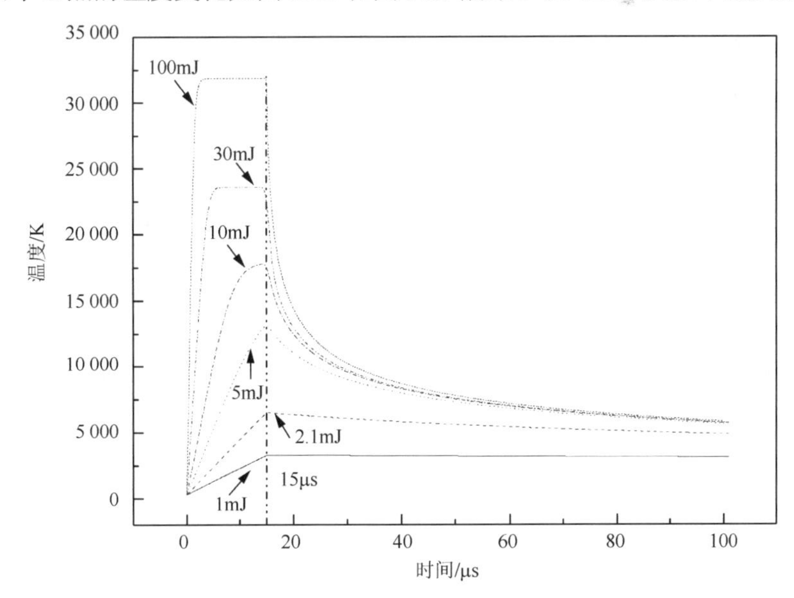

图 5.16　1～100mJ 各点火能量下火花中心温度的变化曲线

火花区温度在 15μs 放电周期内一直增加；而在 30mJ 及以上点火能量下，火花区温度在 15μs 放电周期结束前，就达到了极值温度并保持稳定，直至放电周期结束。在该稳定状态下，火花放电能量释放引起的温度升高平衡了热传导和热辐射导致的温度降低。点火能量越高，火花区温度上升得越快，抵达稳定状态的时间越短，稳定状态保持的时间越长。15μs 放电周期结束后，由于火花能量供给终止，温度分布的稳定状态将不能维持，各点火能量对应的温度曲线均出现了相似的衰减过程。火花区极值温度越高，温度衰减的速度越快。

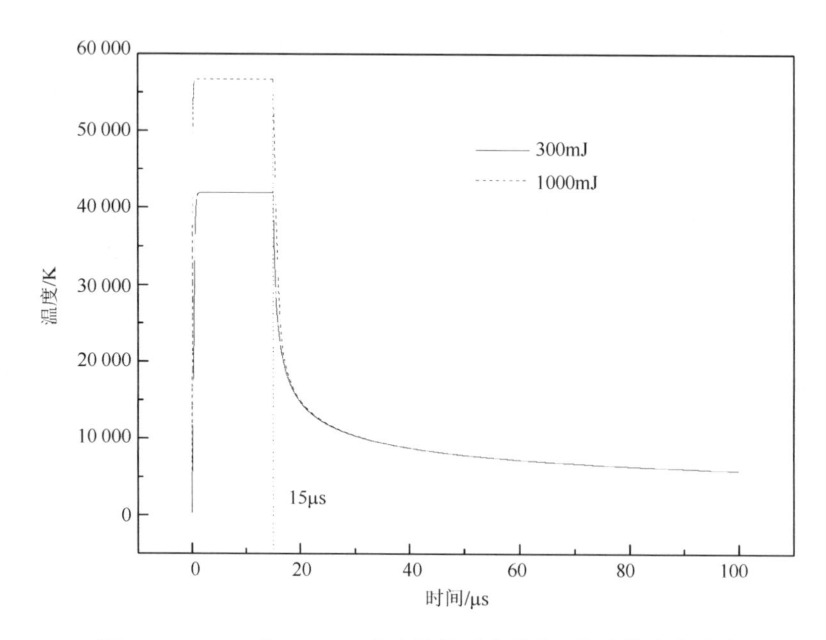

图 5.17　300mJ 和 1000mJ 点火能量下火花中心温度的变化曲线

点火能量与火花区中心峰值温度之间的关系如图 5.18 所示。随着点火能量的增加，火花区的峰值温度也在逐渐上升，即点火能量越大，火花区的峰值温度越高。由温度对能量梯度的变化可知，峰值温度随点火能量增加的趋势是先快后慢，直至火花区的温度随能量的增加趋于稳定（即温度对能量的梯度趋于零），一般在 60 000K 以下[22]。

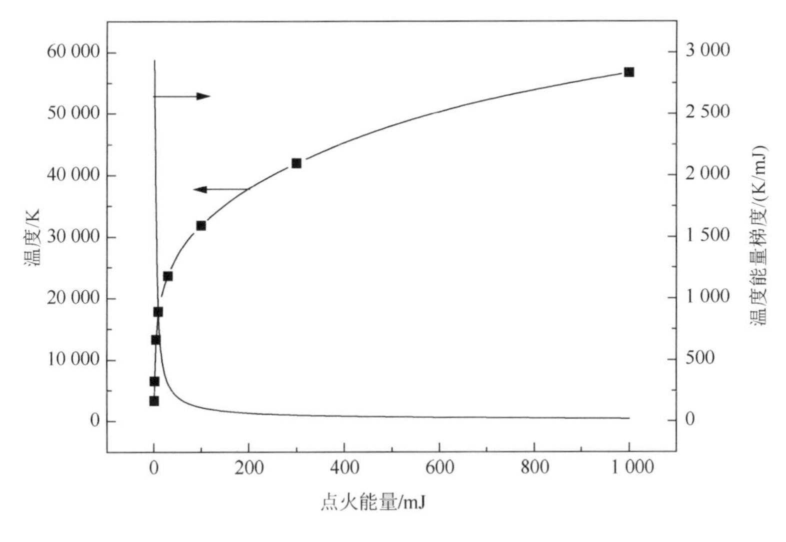

图 5.18　点火能量与火花区峰值温度之间的关系

5.3.2.2　湍流的影响

点火延迟时间为从粉尘云喷吹分散开始，到点火源（电气火花、化学点火头等）开始点火之间的时间。根据标准 GB/T 16426—1996 及 ISO 6184/1—1985，点火延迟时间为 600ms 时，20L 球形爆炸测试装置内测试的粉尘云最大爆炸压力及最大压力上升速率最大。根据标准 GB/T 16428—1996 和 IEC 61241-2-3:1994，在 1.2L 改进的哈特曼管中测试粉尘云最小点火能时，默认的点火延迟时间为 120ms。不同的点火延迟时间将导致点火瞬间粉尘云具有不同的湍流强度。点火延迟时间越长，湍流度越低，在保持粉尘颗粒悬浮的前提下，粉尘云越容易被引燃。

根据式（5.5），湍流度可用湍流系数进行量化表示，湍流系数越大，湍流度越大，粉尘云中对流换热的程度越强，进而影响粉尘云的温度分布及后续着火过程。图 5.19 和图 5.20 均为 10mJ 点火能量下各湍流度的空间温度分布曲线。图 5.19 为火花放电周期结束时，即 15μs 时不同湍流度 ξ（即 0、0.0002、0.002 和 0.02）的温度空间分布曲线，箭头方向为湍流度增加的方向；图 5.20 为 100μs 时各湍流度的温度空间分布曲线。不论在火花放电期间还是放电结束后的温度衰减期间，温度在空间上的分布均存在拐点，且拐点位置在火花区以外。湍流度越大，拐点左侧靠近火花区域的空间温度越低，拐点右侧空间温度越高，即湍流度增加了空间能量交换速率，使空间温度分布趋于均匀。湍流对空间温度分布的影响程度，与湍流作用时间有关。时间越长，影响程度越大，反之亦然。在 15μs 的放电周期内，由于湍流作用的时间很短，其对空间温度分布的影响很小，图 5.19 中各湍流度下的温度分布曲线较为接近。放电周期结束后，湍流作用时间越长，空间温度分布的差异越大，图 5.20 中湍流对能量传递的累积促进作用减弱了空间温度场的

梯度分布，使空间温度分布趋于均匀。

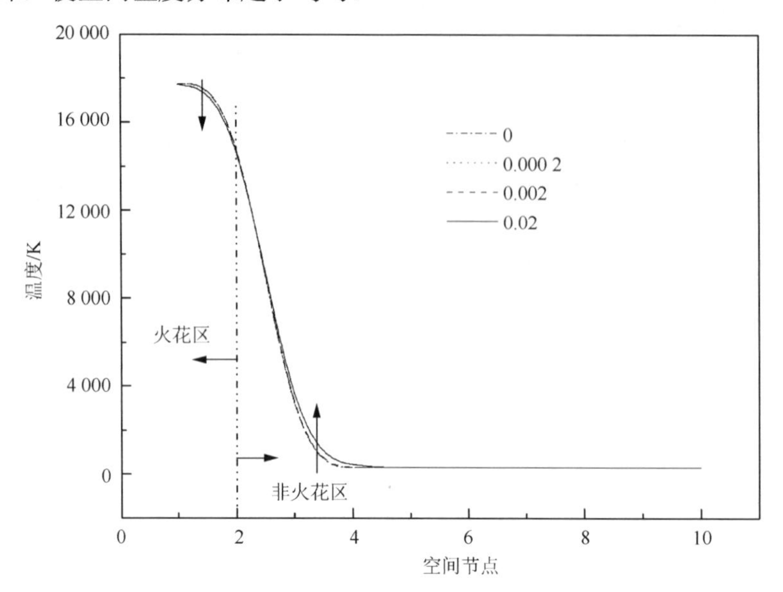

图 5.19　10mJ 能量下 15μs 时各湍流度的温度空间分布

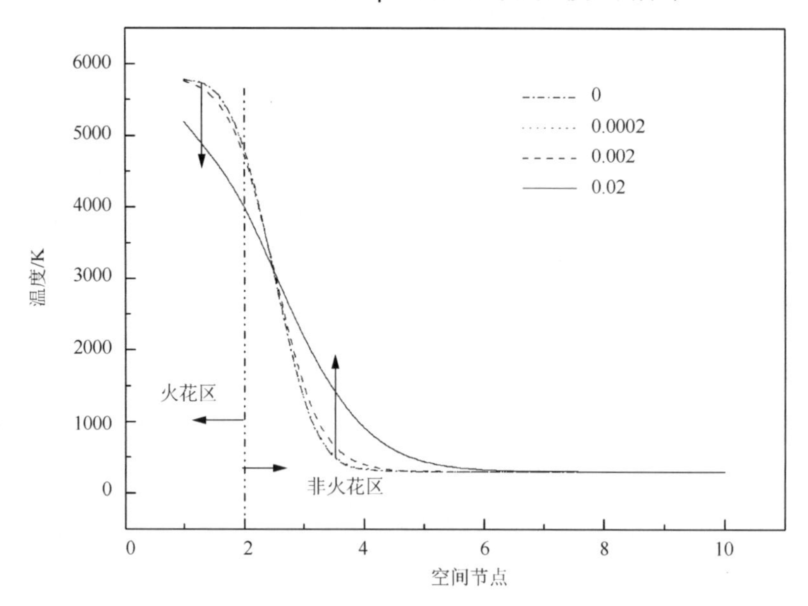

图 5.20　10mJ 能量下 100μs 时各湍流度的温度空间分布

5.3.2.3　火花尺寸的影响

点火能量及火花放电时间一定时，火花尺寸大小决定了火花区内的能量密度。图 5.21 为火花区的尺寸分别放大 0.5 倍、1 倍、1.25 倍、1.5 倍、1.75 倍及 2 倍时的中心温度变化曲线，火花尺寸越大，能量密度越小，火花区中心区的峰值温度越低。火花放电周期内，火花尺寸越小，能量密度越大，火花区温度上升速度越快。如 0.5 倍火花尺寸下放电区域的温度分布，由于能量密度很大，火花区温度在放电周期内很快达到峰值温度，并维持到放电周期结束，如图 5.22 所示。放电周期结束后，火花区的温度由于热传导和辐射影响，温度逐渐降低。开始放电 15μs 时（放电刚结束时）与开始放电 100μs 时的空间温度分布规律基本相同，如图 5.23 和图 5.24 所示。

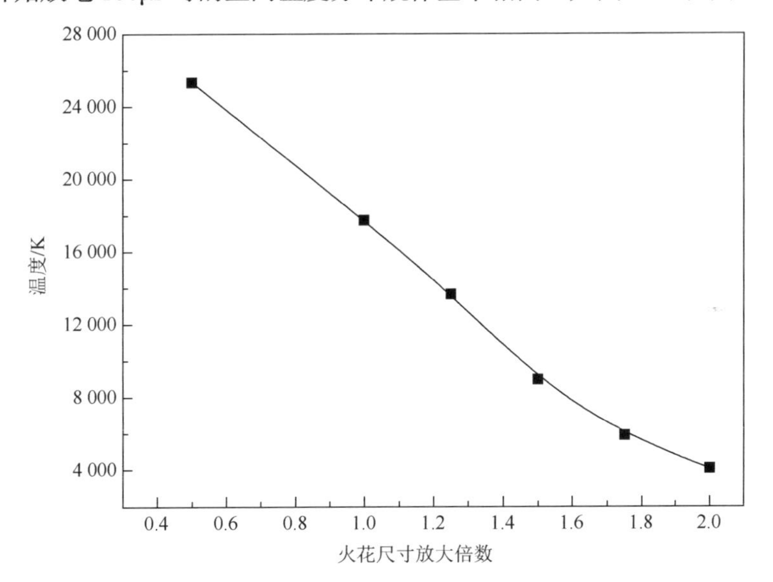

图 5.21　火花尺寸放大倍数对火花中心峰值温度的影响

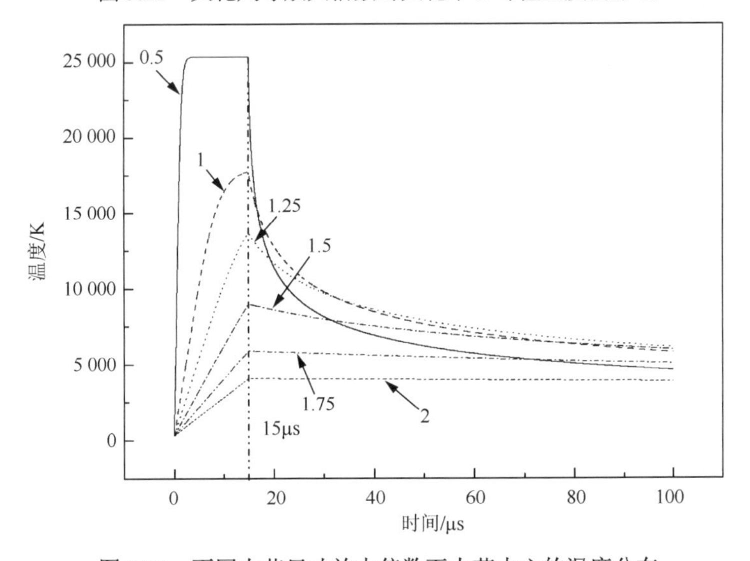

图 5.22　不同火花尺寸放大倍数下火花中心的温度分布

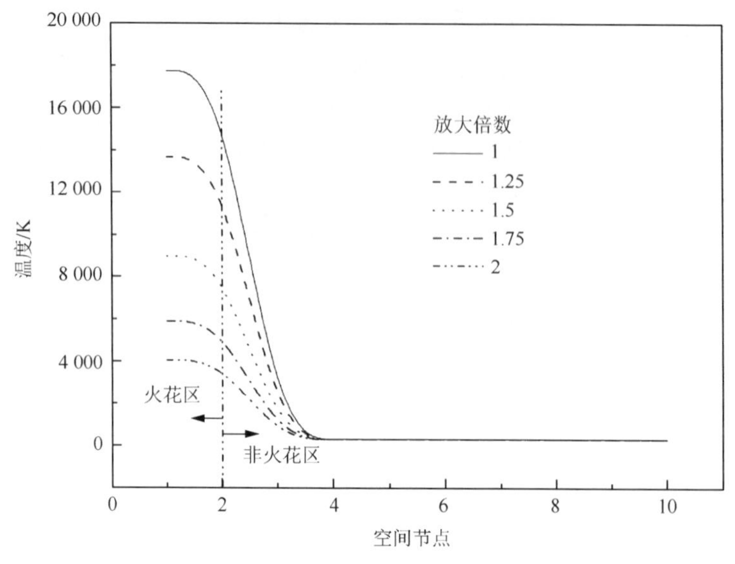

图 5.23　开始放电 15μs 时的空间温度分布

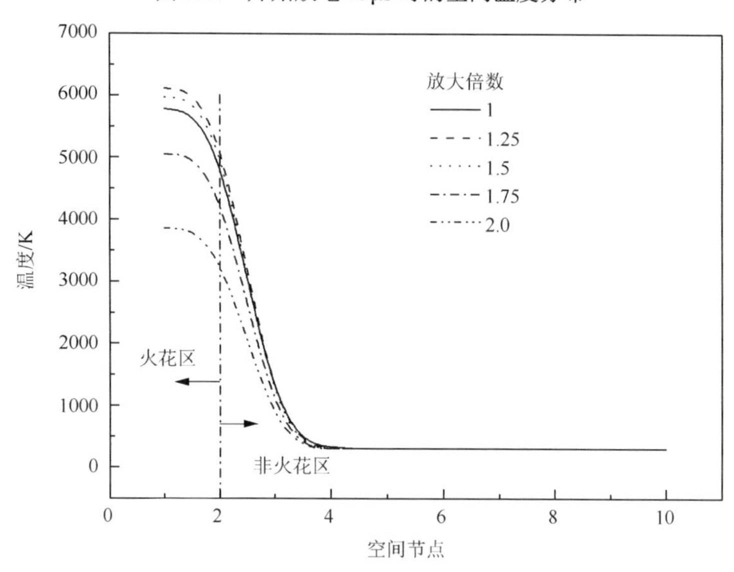

图 5.24　开始放电 100μs 时的空间温度分布

5.3.3　电火花作用下粉尘云的空间温度分布

5.3.3.1　粉尘云着火时的空间温度分布特征

图 5.25 为 33μm 中位粒径钛粉在 2.1mJ 点火能量引燃条件下（粉尘浓度 900g/m^3，火花放电时间 15μs）的空间温度分布。粉尘云在该点火能量下发生了自持的火焰传播，火焰区在 2ms 时位于节点 A 处，在 3ms、3.8ms 时火焰区分别传播到节点

B、*C* 处。火焰传播过程中，由于火花放电周期已终止，火花区的温度逐渐下降。图 5.26 为火花区中心点的温度随时间的变化，在 15μs 放电周期内，粉尘存在与否对火花区温度场的影响很小。放电结束后，火花放热引燃了粉尘云中的可燃颗粒，着火颗粒放热使火花区内的温度出现急剧上升。当空间无粉尘时，放电结束后，空间温度逐渐降低。

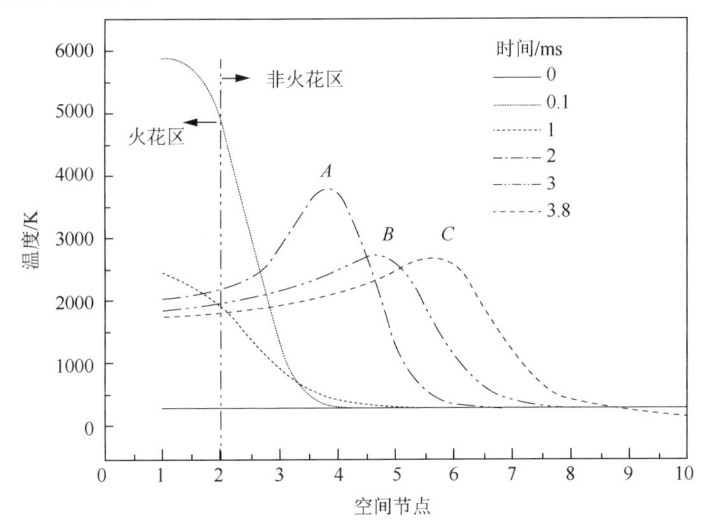

图 5.25　33μm 钛粉尘云着火时的空间温度分布

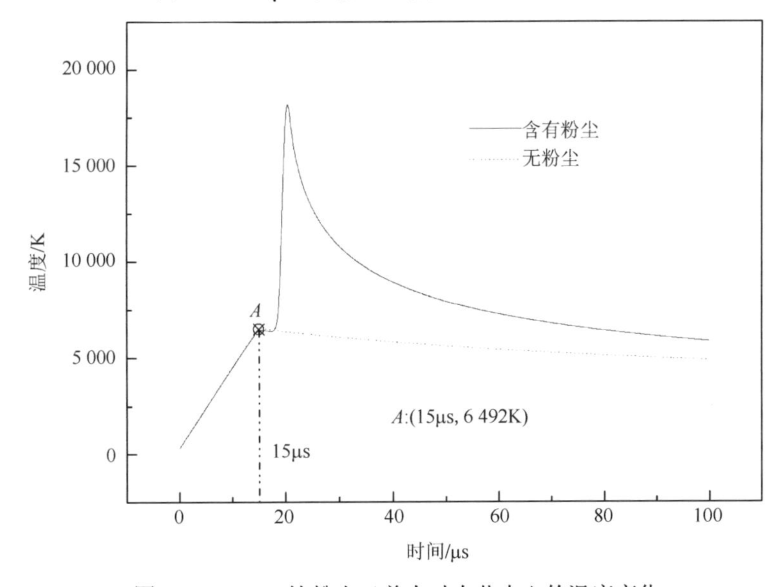

图 5.26　33μm 钛粉尘云着火时火花中心的温度变化

5.3.3.2　粉尘云未着火时的空间温度分布

以中位粒径为 33μm 的钛粉为例，模型计算条件如下：粉尘浓度 900g/m^3，点火能量 0.1mJ，火花放电时间 15μs。该计算条件下微米钛粉尘云的空间温度分布如图 5.27 所示。由于点火能量较小，粉尘云在该点火能量下未发生着火。粉尘云的空间温度自火花中心向外逐渐降低，温度曲线未出现局部极大值点，即未发生可自持的火焰传播。图 5.28 为未着火情况下火花区中心点的温度随时间的变化，

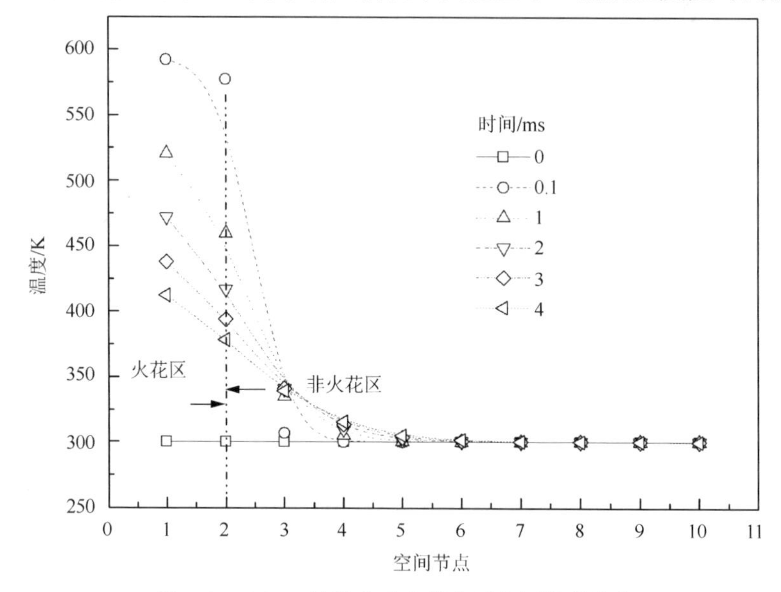

图 5.27　33μm 钛粉尘云未着火时空间温度分布

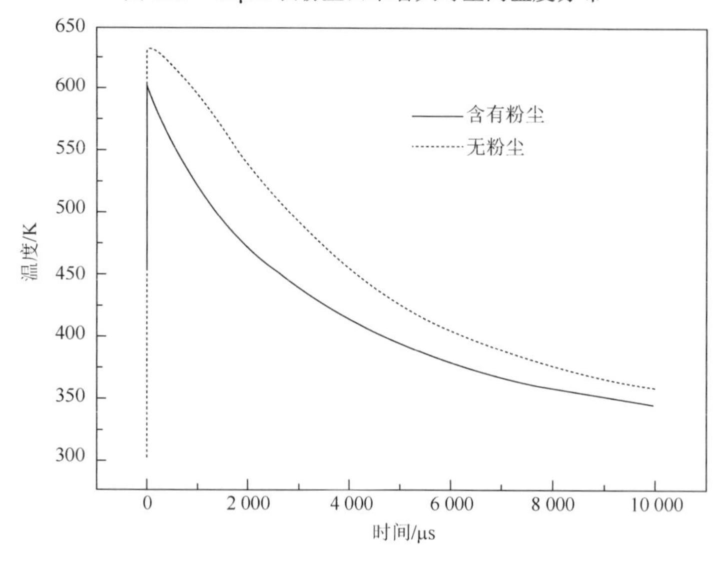

图 5.28　33μm 钛粉尘云未着火时火花中心的温度变化

随着时间延长，中心点的温度逐渐降低。由于粉尘云未被引燃，粉尘云中的颗粒将作为吸热剂吸收温度场中的能量，导致有粉尘存在时的火花区峰值温度较无粉尘时的峰值温度低[24]。

5.4　最小点火能的模拟计算与实验验证

5.4.1　粒径对最小点火能的影响

现有研究表明，粉尘粒径大小对最小点火能的影响较大。一般来说，粉尘粒径越小，比表面积越大，其所需的最小点火能越小，越容易点燃；反之，粉尘颗粒越大，越不容易点燃。对于相同浓度、单个粉尘粒子质量相同的粉尘云而言，粉尘颗粒的比表面积对粉尘云的最小点火能具有决定性的影响。

根据图 4.17 中的纳米颗粒团聚模型，质量同为 m 的纳米颗粒团块与单个微米颗粒的尺寸、比表面积对比结果如表 5.4 所示。单个纳米颗粒团块的比表面积是同质量微米粒子的 $\pi\varphi^{-2/3}$ 倍。颗粒比表面积越大，反应放热速率越大，颗粒越容易发生着火，所需的点火能量越低。

表 5.4　单个微米颗粒与纳米颗粒团块物理尺寸对比

参数	粒径	比表面积
单个微米粒子	$2\sqrt[3]{\dfrac{m}{\rho_p}\cdot\dfrac{3}{4\pi}}$	$4\left(\dfrac{m}{\rho_p}\right)^{2/3}\sqrt[3]{36\pi}$
单个纳米颗粒团块	$2\sqrt[3]{\dfrac{m}{\varphi\rho_p}\cdot\dfrac{3}{4\pi}}$	$4\pi\left(\dfrac{m}{\varphi\rho_p}\right)^{2/3}\sqrt[3]{36\pi}$

表 5.5、表 5.6 所示的三种微米及纳米钛粉的最小点火能测试结果验证了上述理论分析。根据表 5.6 中纳米钛粉的实验测试结果，三种纳米钛粉的最小点火能均小于 1mJ，小于等于表 5.5 中微米钛粉的最小点火能。但不论是纳米钛粉还是微米钛粉，由表 5.7 所示的静电着火能量分级[8]可知，两者均具有较高的着火敏感特性，在生产过程中需要采取措施防止其被静电火花引燃。

表 5.5　微米钛粉的最小点火能实验值

样品粒径	MIE/mJ
–100 目	1～3
–325 目	1～3
≤20μm	0～1

表 5.6　纳米钛粉的最小点火能实验值

样品粒径/nm	MIE/mJ
40～60	0～1
60～80	0～1
150	0～1

表 5.7　基于最小点火能的着火敏感性分级

MIE/mJ	着火敏感等级	防护措施
500	低度敏感	需要接地保护
100	中度敏感	需要采取人体防静电措施
25	中高度敏感	需要采取粉尘云防静电措施
10	高度敏感	慎重或限制高电阻率材料的使用（如塑料）。注意高电阻率粉体的静电防护
1	极度敏感	需要采取与可燃液体或气体相同的防静电措施

根据 ASTM E2019—2003(R2013)，粉尘云的最小点火能可在以下点火能级下进行测试：1mJ、3mJ、10mJ、30mJ、100mJ、300mJ 和 1000mJ。利用各能量下的测试结果，计算点火能量统计值。图 5.29 为钛粉尘云的最小点火能测试结果，其中实心方块表示被引燃，空心方块代表未被引燃，点火能量为 1～3mJ。在被引燃的能量级上（如 3mJ）至少需要测试 5 个粉尘浓度，再根据下式计算其点火能量统计值[25]：

$$\log \mathrm{MIE} = \log \mathrm{IE} - N_I \times \frac{\log \mathrm{IE} - \log \mathrm{NIE}}{N+1} \tag{5.27}$$

式中，N、N_I 分别表示在被引燃的能量级别上测试的浓度点数和其中被引燃的点数；IE 代表被引燃着火时对应的点火能量；NIE 表示未被引燃着火时对应的点火能量。对于图 5.29 中的测试结果，式（5.27）中各参数的大小如表 5.8 所示，计算得到的最小点火能为 1.44mJ。

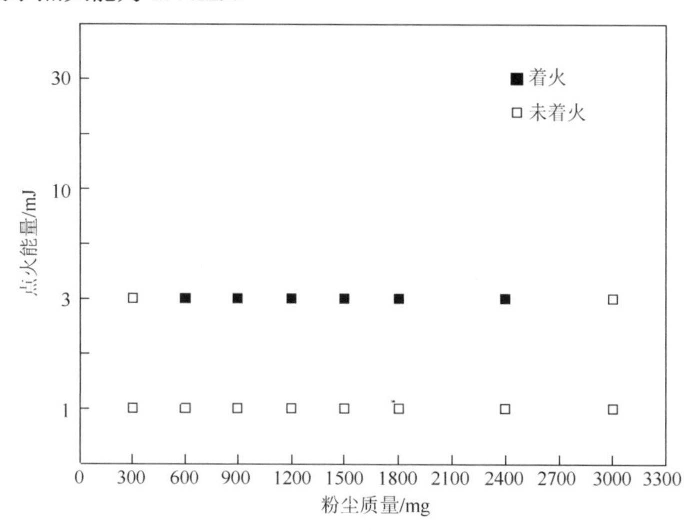

图 5.29　粉尘云最小点火能测试结果

表 5.8　粉尘云最小点火能计算参数

参数	数值	参数	数值
N	8	NIE	1mJ
N_I	6	MIE	1.44mJ
IE	3mJ		

由于点火能量仪器可测试的最低能量为 1mJ，对于最小点火能 1mJ 内的粉尘颗粒，实验手段很难判断粒径对其点火能量的具体影响，本章提出的上述理论模型则可对该影响规律做进一步分析。

根据 Kalkert & Schecker 理论，对于微米尺度范围内的可燃粉尘而言，粉尘云的最小点火能与粒径的三次方成正比[4]，具体关系式如下所示：

$$\mathrm{MIE} \propto d_p^3 \tag{5.28}$$

以浓度 2000g/m^3 为例，不同粒径钛粉尘云的最小点火能理论计算结果如图 5.30 所示。随着粒径的增加，最小点火能的理论值逐渐增加。根据数据拟合结果，在微米和纳米尺度范围内，粒径与最小点火能之间均存在三次方的关系，拟合曲线相关度为 0.98，与式（5.28）所示的 Kalkert & Schecker 关系式一致。由图 5.30 中的三次方项的系数可知，粒径变化对最小点火能的影响存在约以 1μm 为分割的临界线。在 1μm 范围内粒径变化对最小点火能的影响更大，因为式（5.30）中 d_p^3 的系数远大于式（5.29）中的系数：

$$d_p \geqslant 1\mu\mathrm{m}时\ \mathrm{MIE} = 4.98 \times 10^{-4} d_p^3 + 8.0 \tag{5.29}$$

$$d_p < 1\mu\mathrm{m}时\ \mathrm{MIE} = 1.55 d_p^3 \tag{5.30}$$

式中，MIE为最小点火能（mJ）；d_p 为粉尘粒径（μm）。

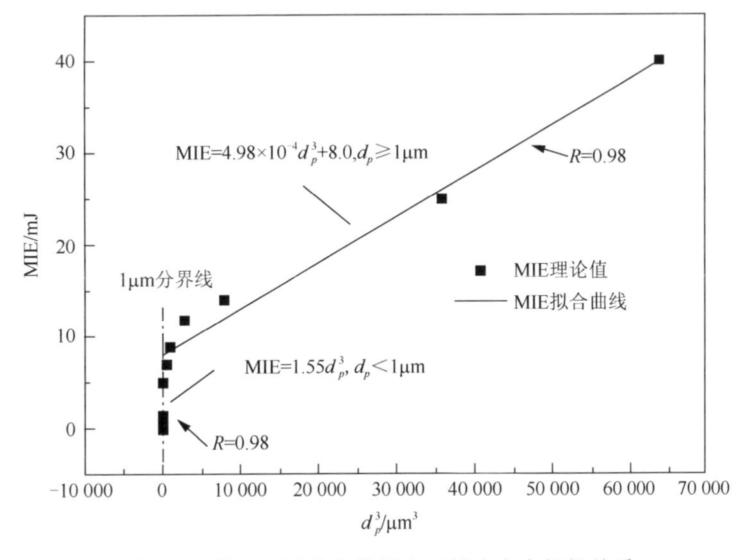

图 5.30　粒径三次方与钛粉尘云最小点火能的关系

根据式（5.29）、式（5.30）所示的最小点火能与粉尘粒径的关系式，通过牛顿迭代计算可得到几种典型的最小点火能所对应的粉尘粒径，计算结果如表 5.9 所示。表 5.9 中所列 MIE 与 d_p 的关系如图 5.31 所示。

表 5.9　各点火能量下的粉尘粒径

MIE/mJ	d_p / μm	MIE/mJ	d_p / μm
0.01	0.2	3	1.73
0.2	0.4	10	15.37
1	0.76	30	34.55

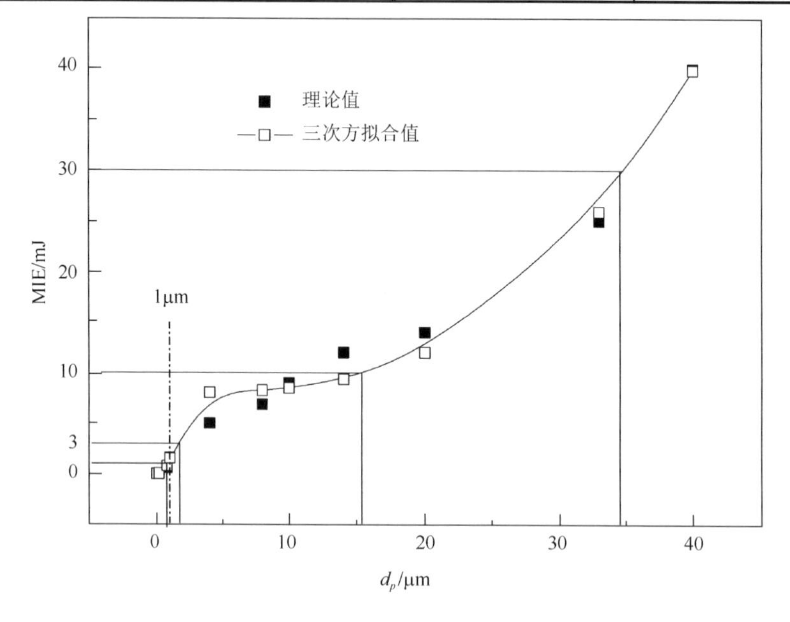

图 5.31　粒径与钛粉尘云最小点火能的关系

由表 5.6 中的实验结果可知，纳米钛粉的最小点火能小于 1mJ，根据表 5.9 中各点火能量对应的理论粒径，纳米钛粉在哈特曼管中分散后粉尘中位径应在 1μm 以下。以 60～80nm 的钛粉为例，当以平均值 70nm 为中位径进行计算时，最小点火能接近于零，即纳米钛粉颗粒分散至 70nm 时很容易在喷吹摩擦等弱能量作用下发生着火。该粒径的纳米粉尘在 20L 球形爆炸测试装置喷吹过程中的自发着火现象验证了该计算结果。但该粒径的纳米钛粉在最小点火能装置中未出现喷吹自发着火现象，主要原因是 20L 球形爆炸测试装置中的喷吹压力很大，使分散后团聚的纳米颗粒接近初始粒径，相对而言 MIE Ⅲ装置中的喷吹压力较小。团聚的纳米团块很难在 0.7bar 的喷吹压力下充分分散为初始粒径，导致有效颗粒粒径较大，未能实现喷吹自发着火。

钛粉最小点火能的理论值与实验结果对比如图 5.32 所示。由于粒径对最小点火能的影响较大，当粉尘的粒度分布较宽、单值粒径特征不明显时，单一粒径 d_{50} 对应的最小点火能很难反映样品内全部粉尘粒径的着火情况。由图 2.33、图 2.34 可知，实验所用微米钛粉的粒度分布相对较宽，在 10μm 左右出现了准双峰的粒度分布，而在模型模拟时假设所有粉尘粒子粒径相同，即采用了单一粒径，导致图 5.32 中模型计算值与实验值有较大偏差。当实验样品粒径分布较窄、单值粒径特征明显时，模型计算值与实验值一致性较好。如图 5.32 中 Wu 等在实验中采用粒径较为均匀的钛粉样品，中位粒径 d_{50} 为 20μm，该钛粉的点火能量实验值 E_s 为 18.73mJ[26]，模型计算结果为 15.1mJ，理论值与实验室较为一致，误差小于 20%。

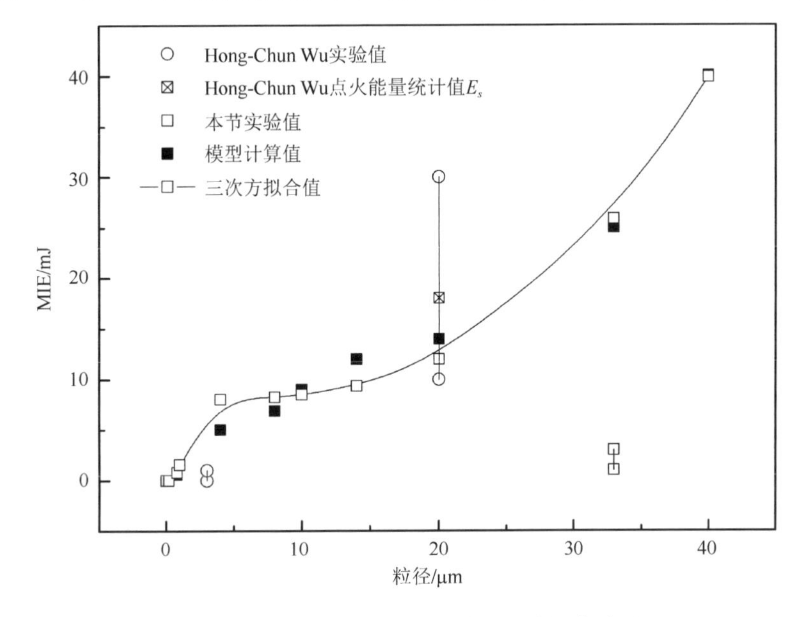

图 5.32　粒径与最小点火能关系的理论与实验对比

根据图 5.33 中的实验结果，当粉尘浓度为 1250 g/m^3（即粉尘质量为 1500mg）时，在 1000mJ 的点火能量下粉尘云未发生着火。当粉尘浓度很高达到 3000g/m^3（即粉尘质量为 3600mg），且粉尘云中微细颗粒较多时，粉尘云在 3mJ 即发生着火。对于图 5.34 中粒径较大的–100 目粉尘，该现象更为明显，粉尘浓度在 1500g/m^3（即粉尘质量为 1800mg）时，在 1000mJ 的点火能量下粉尘云未发生着火，当浓度达到 2000g/m^3（即粉尘质量为 2400mg）时，在 3mJ 能量下突然发生了着火，点火能量突降现象更为明显。然而，当图 5.35 中粉尘粒径较小时，随着粉尘浓度的增加，点火能量逐渐减少，点火能量突降现象相对较弱。因此，粉尘粒度分布中微细颗粒的比重对粉尘云点火能量影响较大。当微细颗粒的比重较大时，在较低粉尘浓度、较低点火能量下可发生着火；反之，当微细颗粒的比重较小时，较低点火能量下实现着火则需要较高的粉尘浓度以保证粉尘云中存在足够多的微细粒子。图 5.36 和图 5.37 中纳米粉体最小点火能的测试结果进一步验证了粒度分布中微细颗粒的比重对点火能量的影响，由于纳米粉体喷吹后颗粒较小，粉尘云在很低粉尘浓度（50g/m^3）、很低点火能量（1mJ）下即实现了着火，达到最小点火能所需的粉尘浓度远低于微米钛粉。

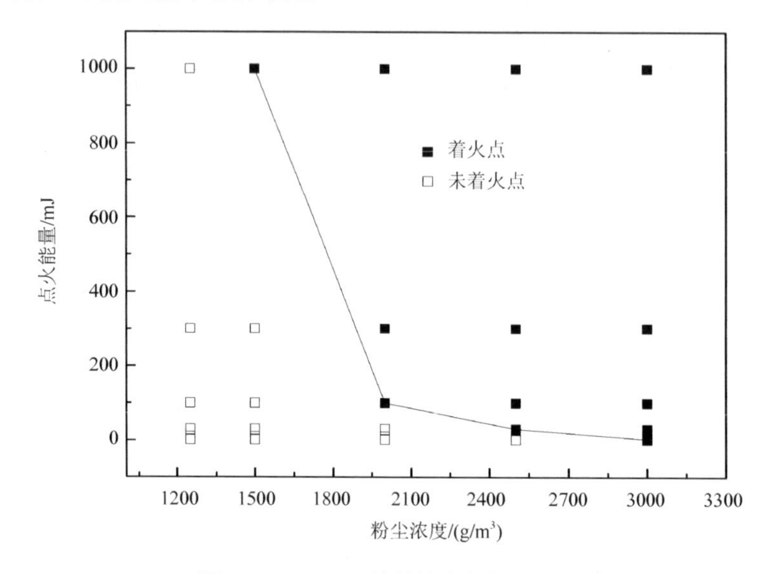

图 5.33　–325 目钛粉的点火能量测试

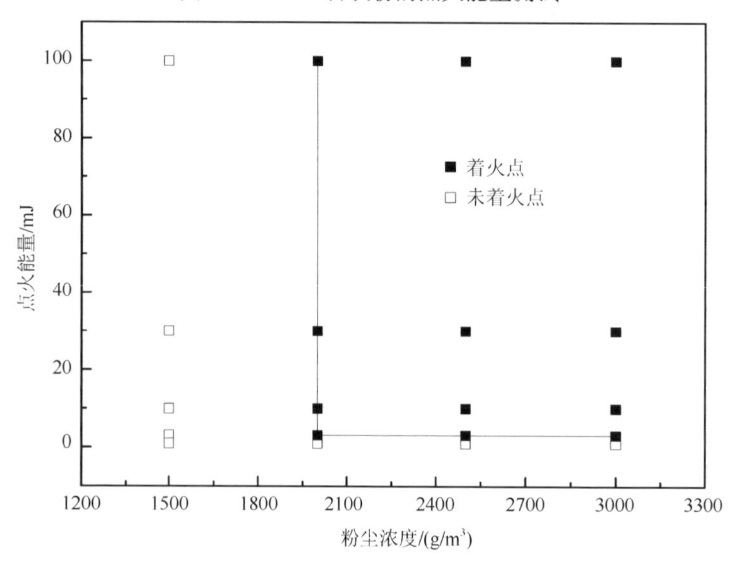

图 5.34　–100 目钛粉的点火能量测试

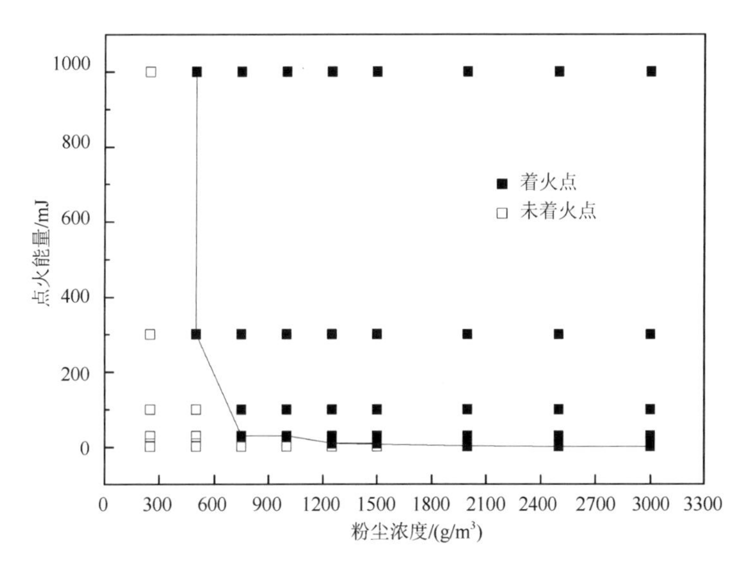

图 5.35　≤20μm 钛粉的点火能量测试

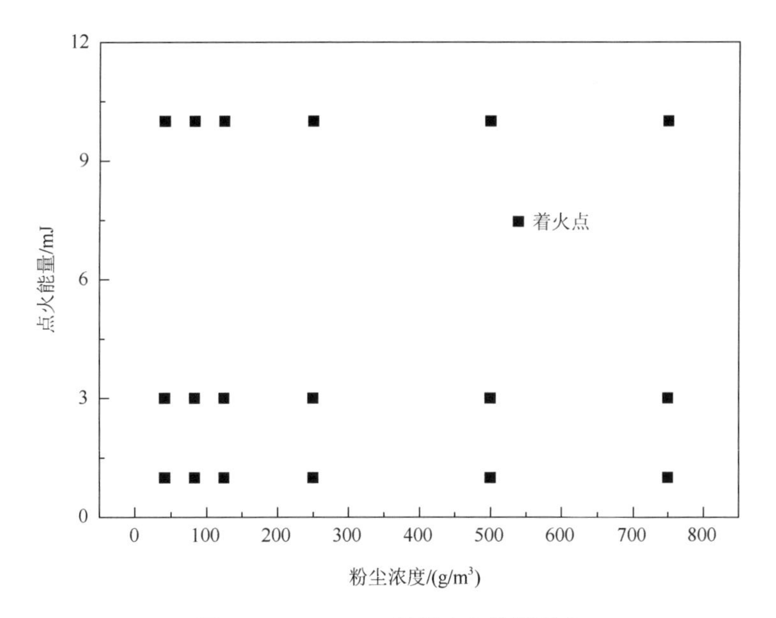

图 5.36　60～80nm 钛粉点火能量测试

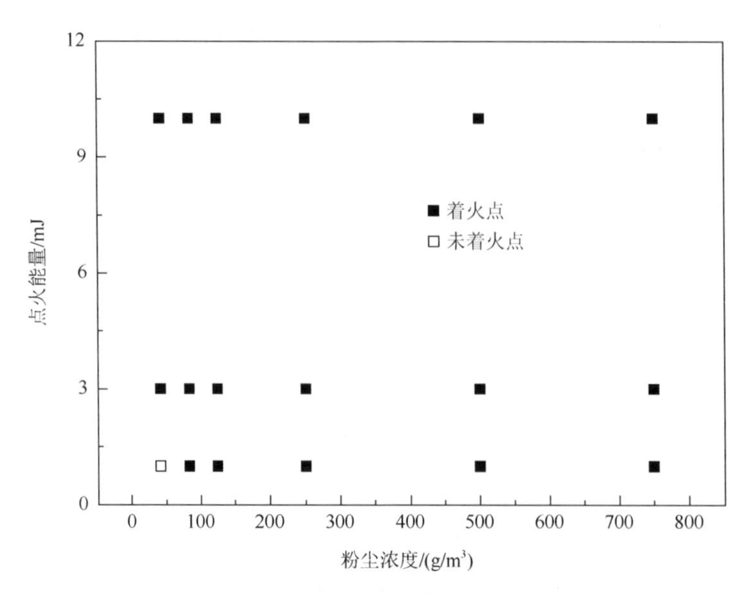

图 5.37　40～60nm 及 150nm 钛粉点火能量测试

5.4.2　粉尘浓度对最小点火能的影响

以 20μm 的钛粉为例，粒径固定时不同浓度下钛粉粉尘云最小点火能计算结果如图 5.38 所示。由模拟计算结果可以看出，钛粉尘云在 2000g/m^3 左右最容易点

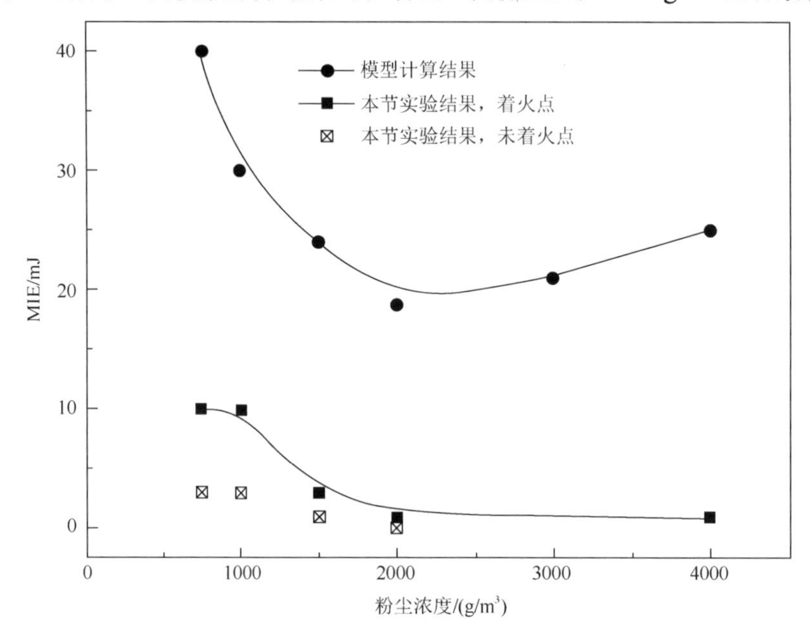

图 5.38　浓度与最小点火能关系的实验与理论对比

火成功，对应的点火能量最小。当空气中氧浓度扩散速率远大于消耗速率，即颗粒表面的氧浓度恒定为大气中的氧浓度时，粉尘浓度越大，单位体积粉尘云内的颗粒总比表面积越大，反应放热速率越大，越有利于点火，即点火能量将随浓度的增加而降低，且一旦引燃，反应更为剧烈。根据式（5.7）对应的颗粒相守恒方程，未着火前粉尘颗粒不仅可以作为氧化物发生低温氧化产生热量，同时也可以作为吸热剂吸收放电火花能量。粉尘浓度越大，单个粉尘颗粒从火花区获得的能量越少，导致粉尘颗粒的放热速率低于散热速率，使点火失败。因此，粉尘浓度存在最佳的浓度范围。

实验以 250～3000g/m^3 浓度范围对上述理论分析结果进行了验证。在实验测试的能量范围内，点火成功对应的能量基本随浓度增加而降低，但最小点火能与浓度的关系没有呈现图 5.39 所示的理想 U 形曲线（其中 C_U、C_L 分别为爆炸上下限，C_{stoich} 为当量粉尘浓度，C_{worst_case} 为最低点火能时的粉尘浓度）[4]。主要原因是对于所测试的钛粉样品而言，存在比实验测试浓度范围更为宽广的爆炸极限，即实验浓度仅涵盖了图 5.39 中 U 形曲线的左半部分。没有在更高的粉尘浓度下进行点火能量测试的原因是点火能仪器可测的最高粉尘质量为 3600mg，当浓度高于 3000g/m^3（即粉尘质量大于 3600mg）时，喷吹后粉尘很难被充分分散成云，导致测试结果误差较大。

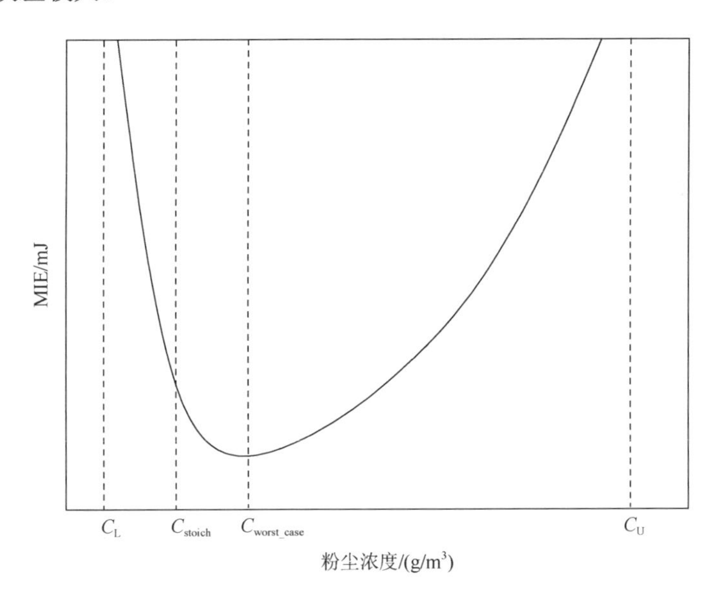

图 5.39　浓度对钛粉最小点火能的影响[4]

由图 5.38 中的实验与理论对比结果可知，低粉尘浓度时，实验与理论浓度对点火能量的影响趋势基本一致。实验点火能量值普遍低于理论点火能量值的主要原因是 5.4.1 节所述的粒度分布的影响。在高粉尘浓度时，随着粉尘浓度的增加，实验保持较低最小点火能也是由于粒度分布中较小的微细粒子的影响。

5.4.3　电感对最小点火能的影响

火花放电时间通常为微秒量级，当放电火花的总能量一定时，具体放电周期长短与放电回路中的电感、电阻和电容组成的点火电路有关[9]。以 10mJ 点火能量为例，火花放电时间分别为 10μs、15μs、20μs 时的空间温度分布如图 5.40～图 5.42 所示。图 5.40 为刚刚放电结束时的空间温度分布，图 5.41 为放电结束后 20μs 时的空间温度分布，图 5.42 为放电结束后 100μs 时的空间温度分布。根据上述计算结果，在各放电周期内，火花总能量一定时，放电时间越短，能量释放速度越快，火花区的峰值温度越高。火花区内的温度分布受火花放电时间的影响大于非火花区。

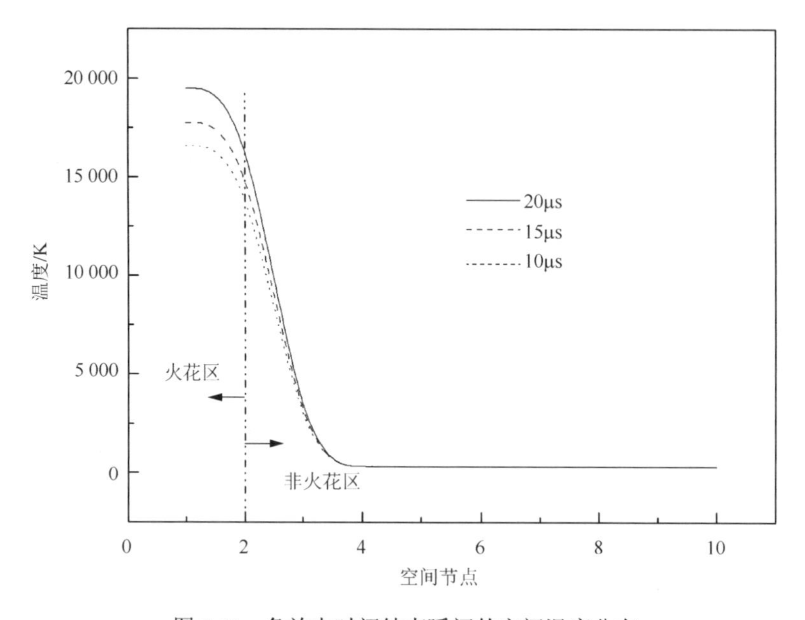

图 5.40　各放电时间结束瞬间的空间温度分布

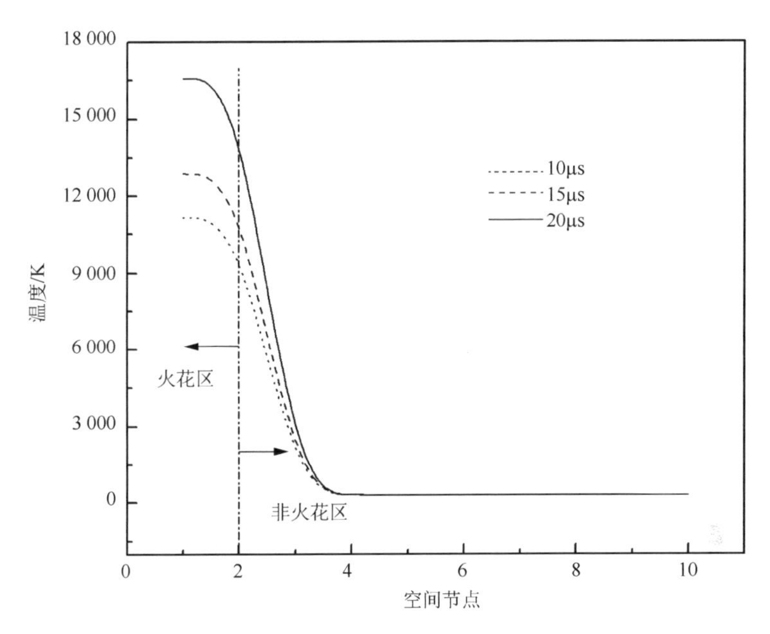

图 5.41　放电结束后 20μs 时的空间温度分布

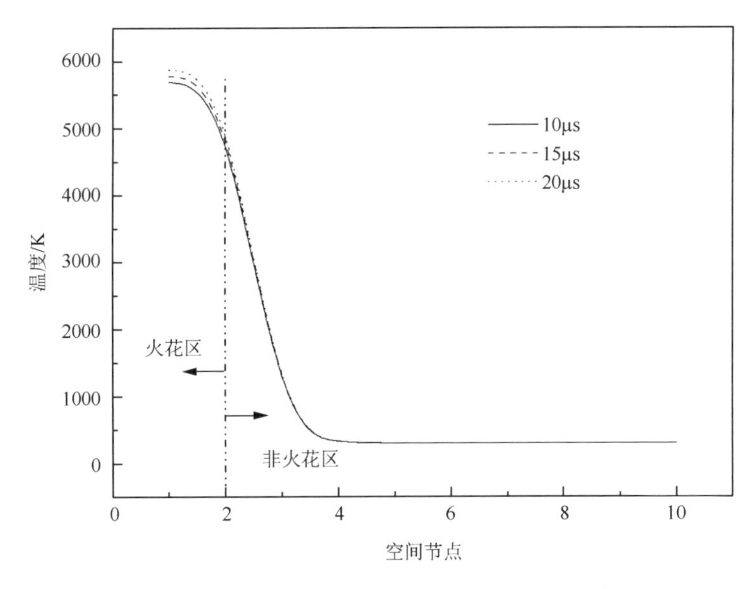

图 5.42　放电结束后 100μs 时的空间温度分布

根据图 5.41，20μs 放电时间的空间温度高于 15μs 和 10μs 的空间分布，且该优势从 20μs 放电结束后一直保持（如图 5.42 在 100μs 时，20μs 放电时间的空间温度仍然较高)。由图 5.43 可知，对于 20μs 的放电时间，火花中心区的温度约从 20μs 开始也一直高于 15μs 和 10μs。因此，火花放电时间越长，空间温度分布越有利于点火成功。

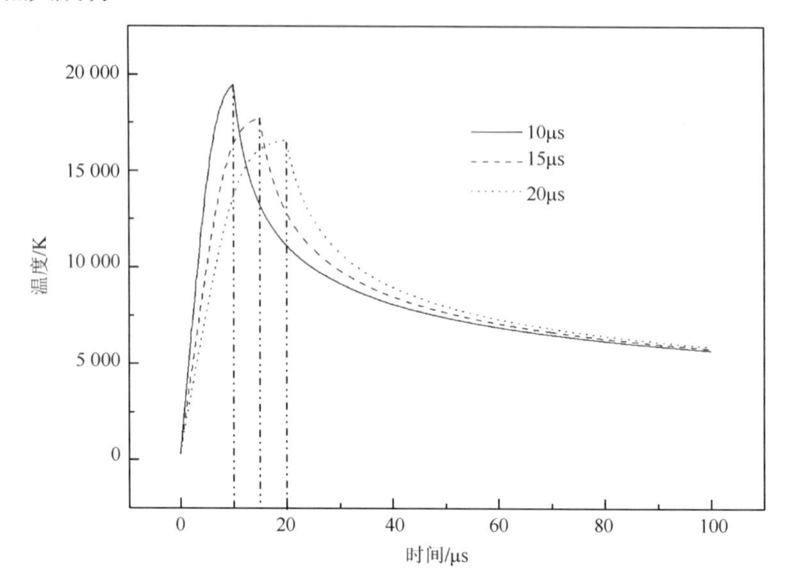

图 5.43　各火花放电时间下火花中心的温度变化曲线

在微米、纳米最小点火能测试过程中，采用了 0 和 1mH 的电感进行实验，验证了上述火花放电时间对最小点火能的影响，实验结果如图 5.44、图 5.45 所示。由图 5.44 中的测试结果可以看出，相同浓度下（特别是在低浓度时），有电感时的点火能量要低于无电感时的点火能量，主要原因是电感的引入延长了火花放电时间[27]。除此之外，在相同的点火能量下，较短的火花放电时间将消耗更多的热量，以克服火花内核体积急剧膨胀所做的功。当火花内核的体积增加，能量密度减小时，火花内核区域粉尘云着火所需的总能量将会增加，因此无电感时所需的点火能量一般高于有电感时的点火能量[9]。除上述原因外，电感引入对点火能量产生影响的另一个原因是火花发电时产生的冲击波[4]。较短火花放电时间产生冲击波的强度较大，易使火花内核中的颗粒（尤其是对点火能量影响较大、惯性较小的微细颗粒）冲出点火区而导致内核粉尘浓度降低。因此，粉尘浓度较低时，在短放电火花产生的强冲击波作用下，点火区的粉尘浓度很低，从而需要较高的点火能量引燃粉尘云。粉尘浓度较大时，虽有部分颗粒冲出点火热区，但热区内仍保持有较高浓度的粉尘云，此时有无电感对点火能量的影响不大。由于纳米粉体在很低的粉尘浓度下仍可保持较低的点火能量，上述电感存在产生的影响对纳米粉体的点火能量影响很小，具体如图 5.45 所示。

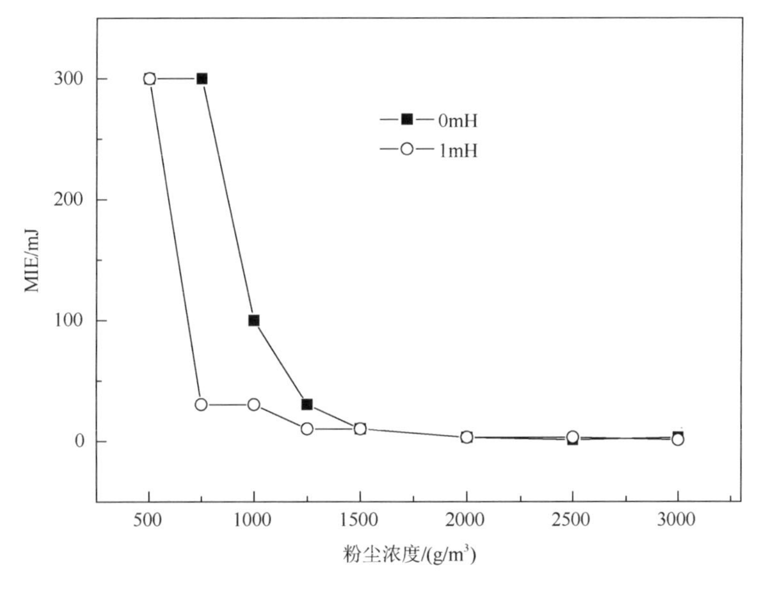

图 5.44　电感对微米钛粉最小点火能的影响

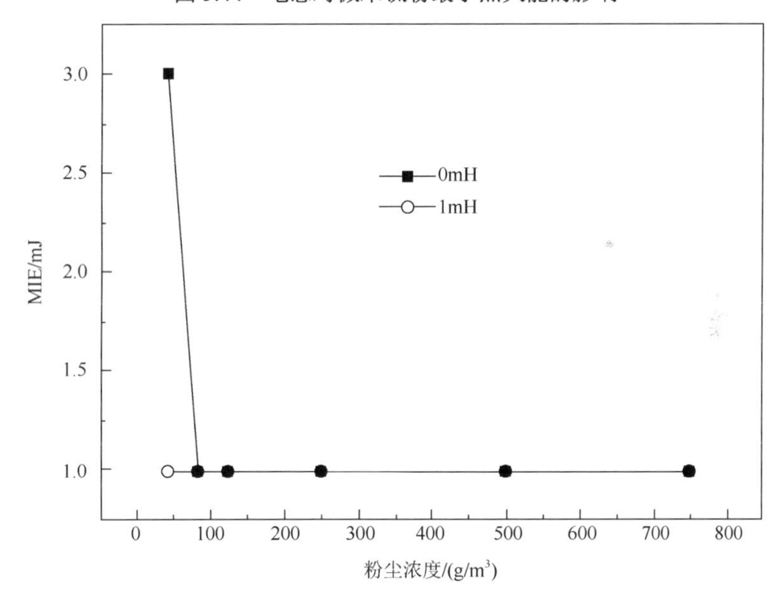

图 5.45　电感对纳米钛粉最小点火能的影响

5.4.4　惰化介质对最小点火能的影响

材料科学及工程方面的发展加速了各类纳米产品的出现，某些纳米金属粉尘在空气中极易被电气或静电火花点燃，其独特的物理、化学性质增加了发生爆炸的可能性[28-32]。过程工业中往往会将多种可燃粉尘混合在一起[33,34]，在可燃粉尘中加入固体阻燃物是一种常用的惰化方法[35]。对于微米级粉尘，这种混合惰化的方法可以有效降低微米级粉尘的着火敏感性，使得危险粉体能在较安全的方式下使用[36,37]。

为量化粉末惰性介质在粉尘云中的吸热作用，引进惰化系数I，其表示形式如下：

$$I = \frac{m_I}{m_C} \cdot \frac{c_I}{c_C} \tag{5.31}$$

式中，m_I、c_I为粉尘云中惰性介质的质量和热容；m_C、c_C为粉尘云中可燃介质的质量和热容。由上述表达式可知，I正比于$m_I c_I$，即惰性介质含量越多，比热容越大，惰化系数越高。当粉尘云存在惰性介质时，即$m_I > 0$时，惰化系数$I > 0$，即具有惰化效果。

对含有惰化介质的粉尘云进行点火能量计算时，需要根据上述惰化系数定义对式（5.7）进行修正，修正后的表达式如下：

$$\begin{aligned} c_p \rho_p \frac{4}{3}\pi r_p^3 \frac{\partial T_p}{\partial t} \cdot (1+I) &= 4\pi r_p^2 q \rho_g c_s k_0 \exp(-E/RT_p) \\ &\quad + 4\pi r_p^2 h_c (T_g - T_p) + 4\pi r_p^2 \sigma\varepsilon (T_g^4 - T_0^4) \end{aligned} \tag{5.32}$$

5.4.4.1　纳米二氧化钛惰化时微米钛粉最小点火能计算与实验验证

以20μm的钛粉为例，粉尘浓度为2000g/m^{3}时，采用纳米二氧化钛为惰性介质，不同惰化程度下钛粉粉尘云最小点火能理论计算与实验结果如图5.46所示。随着惰化剂含量的增加，模型计算的粉尘云最小点火能逐渐增加，且增加趋势与实验结果一致。对于10%二氧化钛惰化时的粉尘云，点火能量统计值的计算结果为4.48mJ。30%惰化程度下的点火能量接近10%惰化时的能量，均在5mJ以下，表明惰化程度低于30%时，惰化效果不明显，惰化后混合物仍具有较高的着火敏感性。50%惰化程度时的点火能量约为55mJ，根据标准BS 5958-1:1991[8]，其静电着火的敏感性为中等，工业生产中大多数静电火花的点火能量大于该数值。当惰化程度达到80%时，在1000mJ点火能量下未能着火。当惰化程度达到70%时，微米钛粉仅在较高的浓度下被引燃，且着火所需的点火能量很大，接近1000mJ。

在相同惰化程度下，当惰化混合物的粉尘浓度增加时，惰性混合物浓度对最小点火能的影响规律与纯微米钛粉类似，如图5.47所示。粉尘浓度越低，惰化程度对点火能量的影响差别越大。主要原因是在较低的粉尘浓度下，惰性颗粒的加入将对单位体积内可燃颗粒的数量产生更加明显的影响，甚至导致点火区内的粉尘浓度低于爆炸下限，进而使点火能量出现较大的差异。当粉尘浓度较高时，即使存在惰性颗粒，点火区仍有较多的可燃粉尘颗粒使粉尘浓度处于爆炸极限范围，甚至在最佳浓度附近，因此高粉尘浓度时不同惰化程度对应的点火能量差距相对较小。

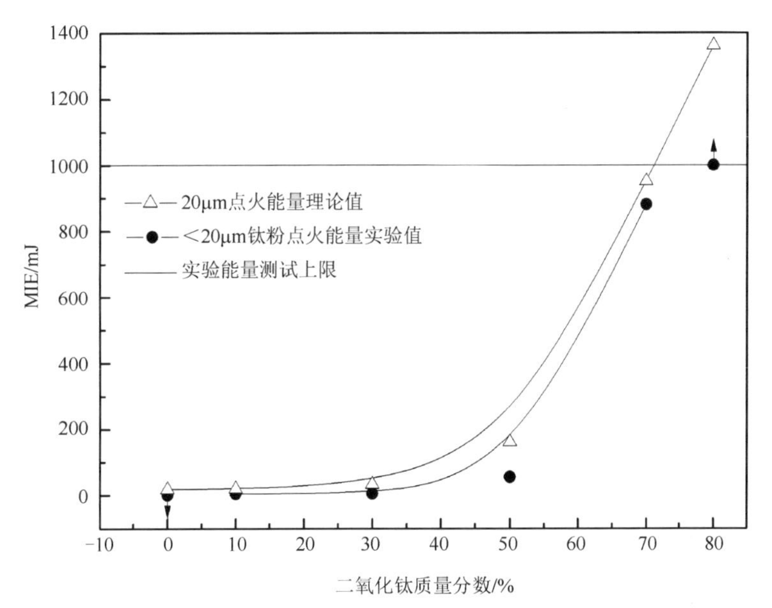

图5.46 二氧化钛含量对微米钛粉最小点火能的影响

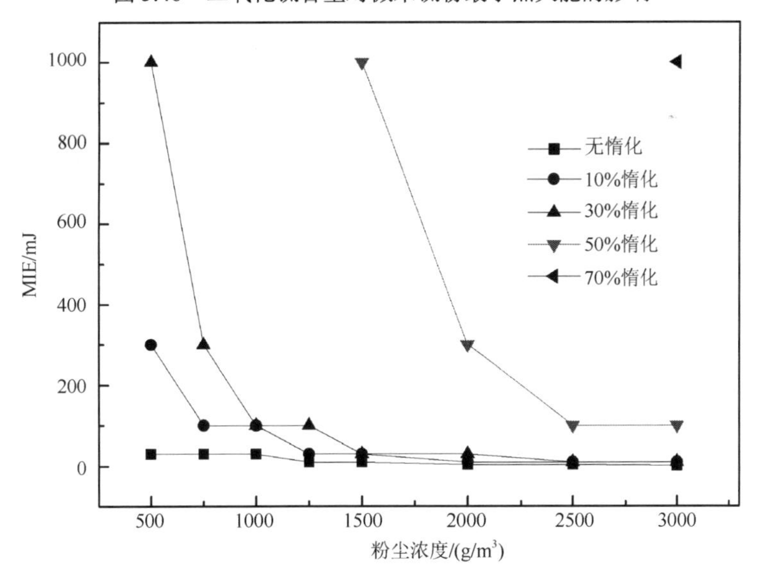

图5.47 惰化程度对微米钛粉最小点火能的影响

通过实验测得惰化程度达50%的微米钛粉混合物最小点火能为55mJ，其着火敏感性已得到较好的控制。然而，其一旦被点燃，最大爆炸压力 p_{max} 与爆炸指数

K_m 分别为 4.2bar 及 20.3bar·m/s，仍具有很大的爆炸威力，作为对比，纯微米钛粉这两项参数的值分别为 5.9bar 及 59bar·m/s，如图 5.48 所示。图 5.48 中的数据，是不同惰化程度的粉尘混合物在 20L 球型爆炸测试装置中用 5kJ 化学点火头点燃所测得的，改变惰化用二氧化钛的质量分数（40%、60%和 70%），并保持微米钛粉浓度为 125g/m^3（即钛粉尘的质量恒定）。$(dp/dt)_{max}$ 的值随着二氧化钛质量分数的增大而减小，但惰化程度为 30%时的 p_{max} 与惰化程度为 10%时相近。当惰化程度超过 50%，测得的最小点火能随着二氧化钛质量分数的增加迅速上升。以 1bar 作为爆炸极限，惰化程度为 70%的粉尘混合物能被 1000mJ 的电火花点燃，但无法在 20L 球形爆炸测试装置中发生爆炸。惰化程度达 80%的微米钛粉最小点火能超过 1000mJ。

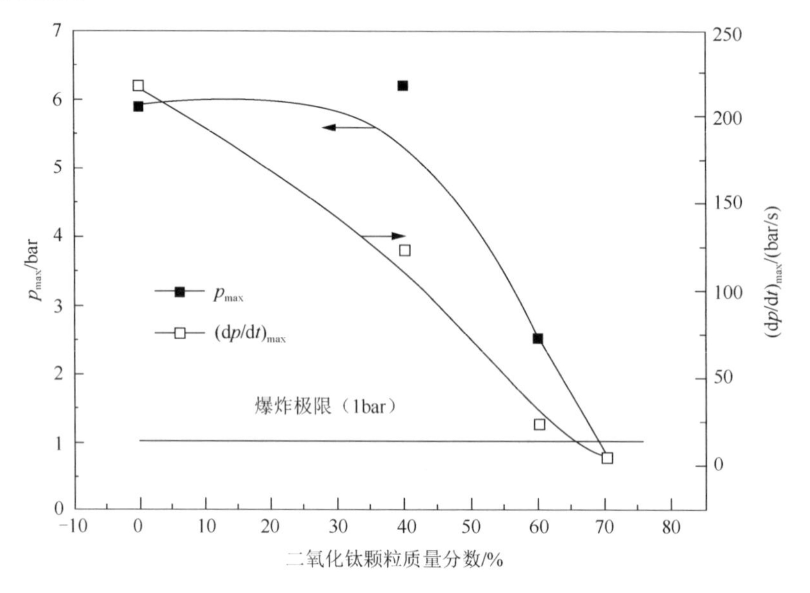

图 5.48　二氧化钛含量对微米钛粉 p_{max} 及 $(dp/dt)_{max}$ 的影响

5.4.4.2　纳米二氧化钛惰化时纳米钛粉最小点火能计算与实验验证

由于纳米钛粉即使在较高惰化程度下点火能量仍低于 1mJ，没有具体的点火能量统计值，无法进行对比分析，本节没有对惰化条件下纳米粉体的最小点火能进行计算。

根据 HSL 的报告[28]，纳米粉尘相较于传统微米粉尘有更高的电阻率，将导电的金属粉尘（尤其是纳米级金属粉尘）与不导电的纳米级粉末惰化物混合会导致金属粉尘的体电阻率增加。当粉末惰化后纳米金属粉尘的体电阻率较高，足以导致火花放电时，且惰化后的纳米级金属粉尘的最小点火能仍然很低，则对于纳米金属粉尘，粉末惰化技术将不适用，因为惰化后的粉尘仍具有被静电引燃的高度危险性。

以 60～80nm 的钛粉为例，三种惰化程度下纳米钛粉的着火能量测试结果如图 5.49～图 5.51 所示[11]。惰化程度达到 50%和 70%时，惰化混合物的点火能量仍小于 1mJ，在 20L 球形爆炸测试装置中喷吹该惰化程度下的纳米钛粉时，出现了图 5.52 所示的自发着火压力发展曲线，表明该惰化程度下纳米钛粉具有极高的着火敏感性。惰化程度达到 90%，纳米钛粉的点火能量统计值仍然较低，约为 2.1mJ。上述测试结果表明，即使采用纳米惰性粉体，惰化后的纳米钛粉仍具有较高的着火敏感性，尤其在较高粉尘浓度时，惰化效果很不理想。当混合物的质量为 50～300mg，粉尘浓度较低（即粉尘浓度为 42～250g/m^3）时，90%惰化程度的混合物在 1000mJ 下未能着火。主要原因是粉尘浓度较低时，纳米钛粉的含量很低（约 4.2～25g/m^3），低于其爆炸下限 50g/m^3。

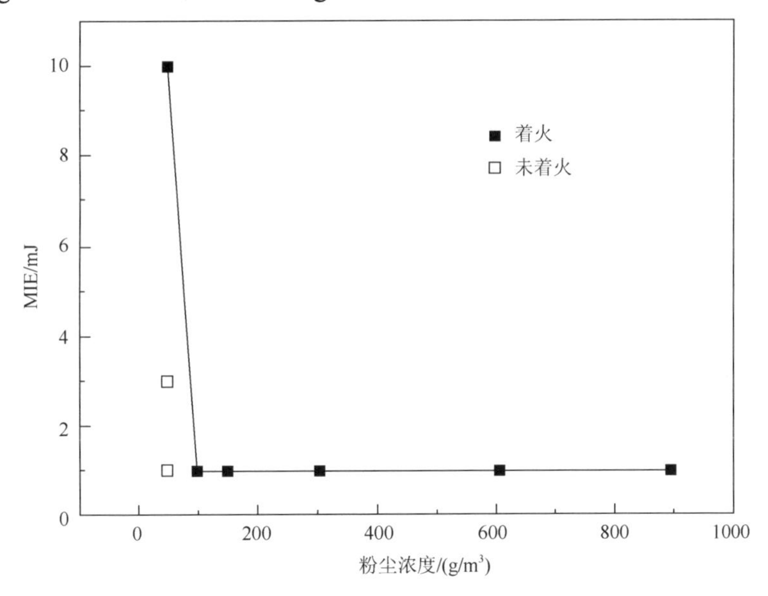

图 5.49　50%二氧化钛惰化时纳米钛粉的点火能量测试

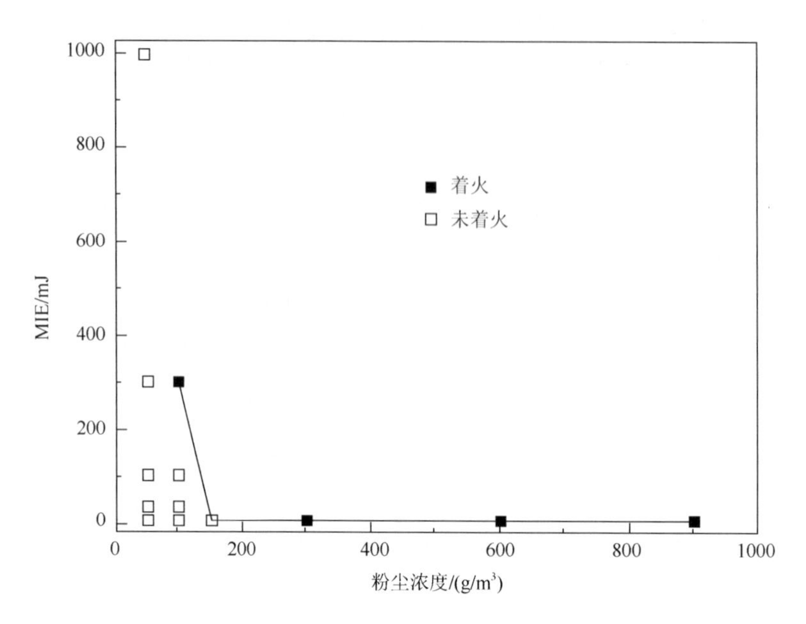

图 5.50　70%二氧化钛惰化时纳米钛粉的点火能量测试

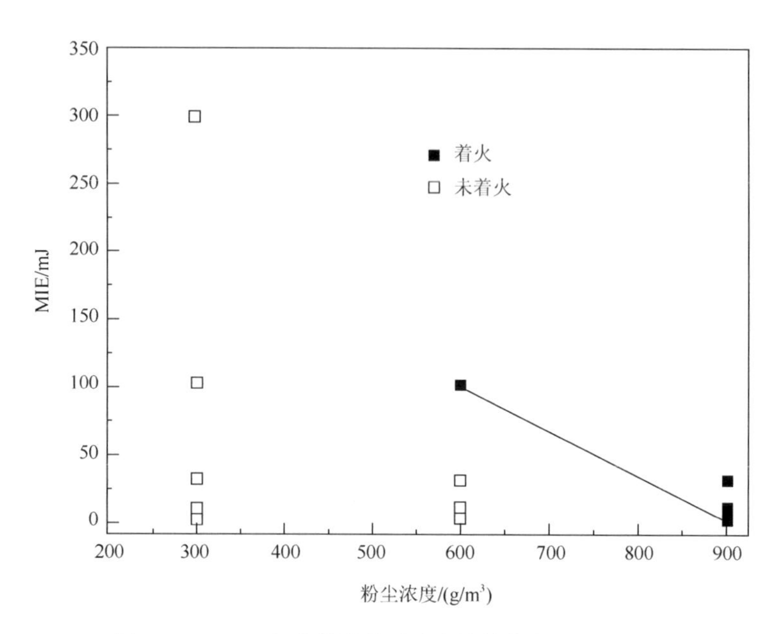

图 5.51　90%二氧化钛惰化时纳米钛粉的点火能量测试

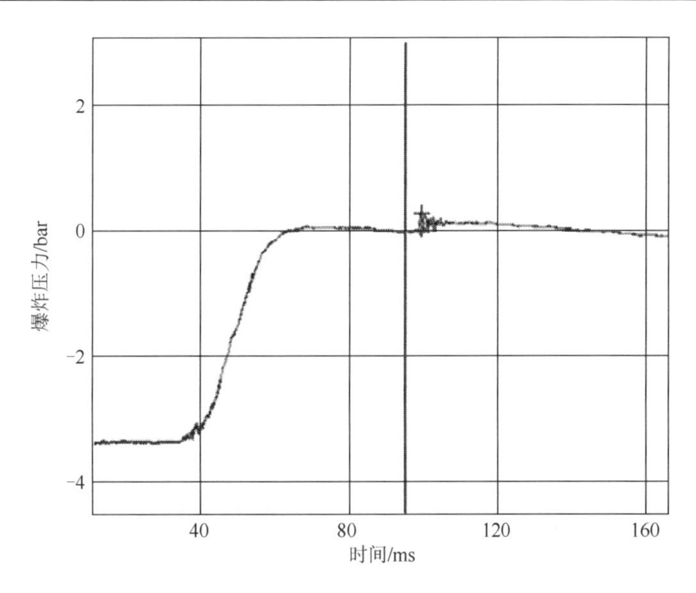

图 5.52　纳米钛粉在 20L 球形爆炸测试装置内自发着火时的压力发展曲线

5.4.4.3　电火花引起的微米钛粉尘层着火

在用纳米二氧化钛惰化微米钛粉的实验中发现，高粉尘浓度时，纯微米钛粉及用二氧化钛惰化后的微米钛粉的最小点火能比低浓度时小，当点火能量超过最小点火能时，更多的钛粉颗粒会被点燃并造成更猛烈的爆炸。若粉尘颗粒在燃尽前沉淀至哈特曼管底部，则会引起沉积粉尘层不稳定的自发火蔓延现象[11,26]。例如，惰化程度为 30%的微米钛粉被 30mJ 的电火花点燃后，未燃尽的粉尘颗粒在爆炸后沉降至实验容器底部，并形成持续近 20s 的粉尘层燃烧，如图 5.53 所示。

（a）t=1 125ms　　（b）t=1 667ms　　（c）t=20 833ms

图 5.53　持续近 20s 的沉积钛粉尘层着火现象

当点火能量增加至 300mJ，惰化程度仍为 30%的微米钛粉，在更低的浓度下，依然出现了与上述类似的粉尘层着火现象，但在该高点火能量下，更多的粉尘颗粒在爆炸中燃尽，导致沉降的粉尘层着火过程缩短。当将沉积在哈特曼管底部已经着火的微米钛粉尘层扬起时，出现了如图 5.54 所示的二次爆炸现象，这验证了着火的粉尘层作为点火源同样能引起粉尘云的着火爆炸[38]。当沉积的着火微米钛粉尘层未被扬起时，层火灾则会持续一段时间，燃烧后痕迹如图 5.55 所示。

（a）扬起瞬间爆炸　（b）爆炸衰减　（c）爆炸结束

图 5.54　着火的粉尘层扬起后的爆炸过程

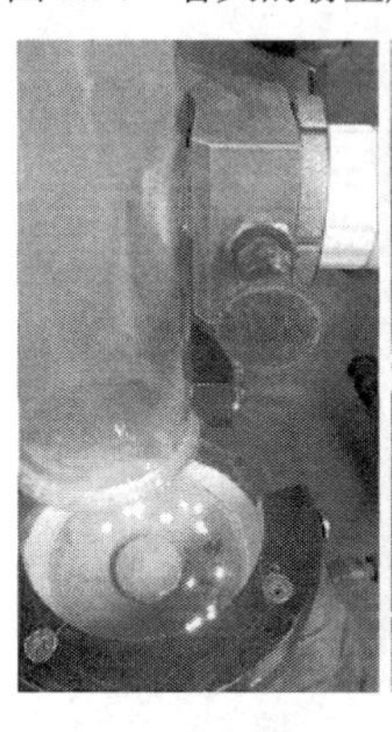

（a）着火钛颗粒　（b）层着火痕迹

图 5.55　着火钛颗粒引发的层着火痕迹

电火花引起沉积的微米钛粉尘层着火的原因有三个：一是微米钛粉颗粒燃烧的温度很高，达到 1737℃，而维持纯微米钛粉尘层稳定火蔓延的温度仅为 1000℃；二是微米钛粉尘颗粒的燃烧速率较慢、过程较长。研究表明，同等粒径下的钛粉颗粒燃烧时间大约是镁粉的 10 倍[39]，加上二氧化钛的惰化进一步降低了点火核心区域粉尘的反应速率，使得绝大多数钛粉在燃尽前就已经沉降；三是高比例粉末惰化物的存在吸收了大量能量，使得更多可燃的颗粒在电火花点火后留存并沉降。实验表明，着火的粉尘层同样能够造成破坏甚至引起粉尘爆炸，因此预防金属粉尘的层火灾同预防金属粉尘爆炸同样重要，尤其在粉尘浓度较高的情况下。

在纳米钛粉的实验中，并未出现上述的粉尘层着火现象。一是因为被测纳米钛粉惰化程度更高，其所含的可燃颗粒更少；二是因为纳米钛粉颗粒的燃烧时间很短，绝大多数的粉尘颗粒在沉降前已经燃尽[40,41]。

参 考 文 献

[1] Glor M. Hazards due to electrostatic charging of powders[J]. Journal of Electrostatics,1985,16: 175-191.

[2] 周本谋, 范宝春, 刘尚合. 静电放电火花点燃特性与危险性分级方法[J]. 南京理工大学学报, 2005, 29(4): 475-478.

[3] Yuan Z, Khakzad N, Khan F, et al. Dust explosions: A threat to the process industries[J]. Process Safety and Environmental Protection,2015,98:57-71.

[4] Eckhoff R K. Dust Explosions in the Process Industries [M]. Boston:Gulf Professional Publishing, 2003: 385-548.

[5] Enstad G G. Effect of shock wave emitted from electric spark discharges on the energy required for spark ignition of dust clouds[R]. Bergen, Norway: Chr.Michelsen Institute.

[6] Bartknecht W. Ignition capabilities of hot surfaces and mechanically generated sparks in flammable gas and dust/air mixtures[J]. Plant/Operations Progress, 2010,7(2):114-121.

[7] 任纯力. 粉尘云最小点火能实验研究与数值模拟[D]. 沈阳: 东北大学, 2011.

[8] Code of practice for control of undesirable static electricity- General considerations BS 5958-1:1991[S]. British Standards Institution, 1991.

[9] Line L E, Rhodes H A, Gilmer T E.The spark ignition of dust clouds[J]. Journal of Physics Chemistry, 1959, 63(2):290-294.

[10] Potentially explosive atmosphere. Explosion prevention and protection. Determination of minimum ignition energy of dust/air mixtures:BS EN 13821[S]. British Standards Institution, 2002.

[11] Yuan C M, Amyotte P, Hossain Md Nur R, et al. Minimum ignition energy of nano and micro Ti powder in the presence of inert nano TiO_2 powder[J].Journal of Hazardous Materials,2014,274:322-330.

[12] 杨世铭, 陶文铨. 传热学[M]. 北京: 高等教育出版社, 2006.

[13] 陶文铨. 数值传热学[M]. 西安: 西安交通大学出版社, 2005.

[14] 张铁, 阎家斌. 数值分析[M]. 北京: 冶金工业出版社, 2001.

[15] 孙志忠. 偏微分方程数值解法[M]. 北京: 科学出版社, 2005.

[16] Standard Test Method for Explosibility of Dust Clouds ASTM E1226—2012[S]. ASTM, 2012.

[17] Badiola C, Dreizin E L. Combustion of micron-sized particles of titanium and zirconium[J].Proceedings of the Combustion Institute,2013, 34(2): 2237-2243.

[18] 李国梁, 蒋军成, 潘勇. 基于绝热火焰温度混合气体爆炸下限的预测[J].中国安全科学学报,2011, 7: 57- 61.

[19] 王淑兰. 物理化学[M]. 北京:冶金工业出版社, 2010.

[20] 格拉西莫夫, 等. 有色冶金化学热力学手册[M]. 北京: 中国工业出版社, 1966.

[21] 姚允斌, 解涛, 高英敏. 物理化学手册[M].上海:上海科学技术出版社,1985.

[22] 任纯力, 李新光, 王福利, 等. 粉尘云最小点火能数学模型[J].东北大学学报（自然科学版）, 2009, 12:1702-1705.

[23] Ju W J, Dobashi R, Hirano T. Dependence of flammability limits of a combustible particle cloud on particle diameter distribution[J]. Journal of Loss Prevention in the Process Industries, 1998,11(3):177-185.

[24] Ward T S, Trunov M A, Schoenitz M, et al. Experimental methodology and heat transfer model for identification of ignition kinetics of powdered fuels [J]. International Journal of Heat and Mass Transfer, 2006, 49(25): 4943-4954.

[25] Bouillard J, Vignes A,Dufaud O, et al. Ignition and explosion risks of nanopowders[J]. Journal of Hazardous Materials, 2010,181(1-3): 873-880.

[26] Wu H C, Chang R C, Hsiao H C. Research of minimum ignition energy for nano titanium powder and nano Iron powder[J]. Journal of Loss Prevention in the Process Industries, 2009, (22): 21-24.

[27] Joseph G. Combustible dusts: A serious industrial hazard[J]. Journal of Hazardous Materials, 2007, 142(3): 589-591.

[28] Holbrow P, Wall M, Sanderson E, et al. Fire and explosion properties of nanopowders[N]. HSL research report, 2010, RR782.

[29] Dastidar A G, Boilard S, Amyotte P R, et al. Explosibility of nano-sized metal powders[C]. 9th American Institute of Chemical Engineers, San Antonio, 2013.

[30] Dufaud O, Vignes A, Henry F, et al. Ignition and explosion of nanopowders: something new under the dust[J]. Journal of Physics Conference Series, 2011, 304(1): 12076-12085.

[31] Dobashi R. Risk of dust explosions of combustible nanomaterials[J]. Journal of Physical Conference Series, 2009, 170(1):12-29.

[32] Bouillard J, Vignes A, Dufaud O, et al. Explosion risks from nanomaterials[J]. Journal of Physics: Conference Series, 2009, 170(1):20-32.

[33] Gan Y, Yi S L, Li Q. Combustion of nanofluid fuels with the addition of boron and iron particles at dilute and dense concentrations[J]. Combustion and Flame, 2012, 159(4): 1732-1740.

[34] Dufaud O, Perrin L, Bideau D, et al. When solids meet solids: A glimpse into dust mixture explosions[J]. Journal of Loss Prevention in the Process Industries, 2012, 25(5):853-861.

[35] Amyotte P R. Solid inertants and their use in dust explosion prevention and mitigation[J]. Journal of Loss Prevention in the Process Industries, 2006, 19(2-3):161-173.

[36] Mintz K J, Bray M J, Zuliani D J, et al. Inerting of fine metallic powders[J]. Journal of Loss Prevention in the Process Industries,1996,9(1):77-80.

[37] Myers T J. Reducing aluminum dust explosion hazards: case study of dust inerting in an aluminum buffing operation[J]. Journal of Hazardous Materials,2008,159(1):72-80.

[38] Amyotte P R. An Introduction to Dust Explosions: Understanding the Myths and Realities of Dust Explosions for a Safer Workplace[M]. Boston: Butterworth-Heinemann Publishing/Elsevier, 2013.

[39] Shafirovich E, Teoh S K, Varma A. Combustion of levitated titanium particles in air[J]. Combustion and Flame,2008,152(1-2):262-271.

[40] Bocanegra P E, Davidenko D, Sarou-Kanian V, et al. Experimental and numerical studies on the burning of aluminum micro and nanoparticle clouds in air[J]. Experimental Thermal and Fluid Science,2010,34(3): 299-307.

[41] Huang Y, Risha G A, Yang V, et al. Combustion of bimodal nano/micron-sized aluminum particle dust in air[J]. Proceedings of the Combustion Institute, 2007, 31(2): 2001-2009.

第6章 密闭容器中金属粉尘云的压力发展

金属粉尘能量密度较大，一旦发生粉尘爆炸事故，爆炸压力的发展过程非常迅速，最大压力上升速率可达 436bar/s，破坏力较强。金属粉尘较大的爆炸猛度也为防爆措施的有效执行带来挑战，如粉尘的爆炸指数 $K_{\mathrm{m}} > 30\mathrm{MPa}\cdot\mathrm{m/s}$ 时，抑爆作用就会受到限制；最大压力上升速率超过 60MPa/s 时，泄爆技术已不适用。本章以沸点、PBR 不同的镁、钛两种金属粉尘为例，系统阐明两种反应模式下，金属粉尘在密闭容器中爆炸压力发展过程的理论模型。

6.1 低沸点金属粉尘在密闭容器中的爆炸压力发展模型

6.1.1 模型假设

粉尘云在密闭容器中的爆炸过程是复杂的湍流两相燃烧过程[1,2]。在爆炸过程中，很多因素对其发展过程有着一定的影响。为便于理论研究，提出假设条件如下：

（1）喷吹后粉尘云在球体内均匀分布，颗粒温度与当地气体温度相同。

（2）20L 球形爆炸测试装置内气体认为是理想气体，并且热容仅仅是温度的函数，相对于压力变化不大。

（3）受点火头及初始湍流影响，20L 球形爆炸测试装置内的所有可燃颗粒发生同步反应，即在球形密闭容器内形成均匀粉尘云后开始着火爆炸，爆炸过程中容器内金属颗粒的化学反应速率与其在球体内所处位置无关。

（4）空气气氛下，金属颗粒在 20L 球形爆炸测试装置内的爆炸反应仅考虑颗粒与空气中的氧气反应生成金属氧化物；在非空气的氮气惰化条件下，考虑氮气与金属颗粒的氮化反应。

（5）颗粒相与气相组成的爆炸混合物整体为球对称的，不存在垂直于径向的相对流动，爆炸体系与外界的能量交换形式为热传导[3]。

6.1.2 爆炸过程的物料衡算

当金属的熔沸点较低且 PBR<1 时，反应生成的氧化膜将不能完全包裹金属颗粒内核，密闭容器内的爆炸高温及湍流作用可使粉尘颗粒发生融熔并破碎成细小的雾滴，粉尘在密闭容器中的爆炸反应过程可近似为均相的化学反应。以镁粉为

例，反应过程中容器内可燃粉尘的消耗速率 $r[\text{mol}/(\text{L}\cdot\text{s})]$ 如下所示：

$$r=-k_1\exp\left(-E_1/RT\right)\cdot Y_{O_2}Y_{Mg}\cdot\frac{\rho^2}{M_{O_2}M_{Mg}} \tag{6.1}$$

式中，k_1 为反应速率常数$[\text{L}/(\text{mol}\cdot\text{s})]$；$\rho$ 为气相介质的密度（g/L）；T 为环境温度（K）；Y_{O_2} 和 Y_{Mg} 分别为氧气和镁的质量分数；M_{O_2} 和 M_{Mg} 分别为氧气和镁的摩尔质量。

式（6.1）可进一步整理为

$$\varpi_{O_2}=-k_1\exp(-E_1/RT)\cdot\frac{n_{O_2}}{V}\cdot\frac{n_{Mg}}{V}=K_1\cdot\frac{n_{O_2}}{V}\cdot\frac{n_{Mg}}{V} \tag{6.2}$$

$$K_1=k_1\cdot\exp(-E_1/RT) \tag{6.3}$$

式中，ϖ_{O_2} 为氧气的消耗速度；V 为爆炸容器的总体积；n_{O_2} 和 n_{Mg} 分别为氧气、镁粉的摩尔数；k_1 和 E_1 分别为镁与氧气反应时，化学反应速率表达式中的指前因子和活化能。

镁与氧气或氮气单独反应时，镁的质量变化率表达形式是相同的，即消耗氮气的质量变化率与前述氧气与镁发生反应时消耗氧气的质量变化率具有相同的形式[3]。镁与氮气反应的消耗氮气速率 ϖ_{N_2} 可表示为

$$\varpi_{N_2}=-k_2\exp(-E_2/RT)\cdot\frac{n_{N_2}}{V}\cdot\frac{n_{Mg}}{V}=K_2\cdot\frac{n_{N_2}}{V}\cdot\frac{n_{Mg}}{V} \tag{6.4}$$

$$K_2=k_2\cdot\exp(-E_2/RT) \tag{6.5}$$

氧气、氮气同时与镁发生反应时，由式（6.2）、式（6.4）可知，两种气体所消耗的物质的量比值为 $K_1n_{O_2}:K_2n_{N_2}$。

镁粉尘云在密闭容器内反应的过程中，整个爆炸体系内存在物料平衡。本节在物料衡算时，将 20L 球形爆炸测试装置中氧气与氮气的混合气体作为一种特殊的氧化剂，设该氧化剂的物质的量为 n_{oxidant}，则

$$n_{\text{oxidant}}=n_{O_2}+n_{N_2} \tag{6.6}$$

设混合物氧化剂在 t 时刻的转化率为 η（氧化剂消耗量与初始量之比），根据镁粉与氧气、氮气的同步反应机制，爆炸过程中镁粉同步反应方程式与物料平衡如表 6.1 所示。

根据表 6.1，氧化剂混合物在爆炸过程中的物料平衡方程式为

$$0=r\cdot V+n_{\text{oxidant},0}\cdot\frac{\mathrm{d}(1-\eta)}{\mathrm{d}t} \tag{6.7}$$

式中，$n_{\text{oxidant},0}$ 为氧化剂初始的物质的量；r 为氧化剂混合物的化学反应速率。

表 6.1　镁粉同步反应方程式与物料平衡

项目	Mg	O_2	N_2	Ar
$t=0$	$n_{Mg,0}$	$n_{O_2,0}$	$n_{N_2,0}$	$n_{Ar,0}$
消耗	$\frac{2K_1n_{O_2,0}+3K_2n_{N_2,0}}{K_1n_{O_2,0}+K_2n_{N_2,0}}\cdot\left(n_{O_2,0}+n_{N_2,0}\right)\cdot\eta$	$\frac{K_1n_{O_2,0}}{K_1n_{O_2,0}+K_2n_{N_2,0}}\cdot\left(n_{O_2,0}+n_{N_2,0}\right)\cdot\eta$	$\frac{K_2n_{N_2,0}}{K_1n_{O_2,0}+K_2n_{N_2,0}}\left(n_{O_2,0}+n_{N_2,0}\right)\cdot\eta$	0
t 剩余	$n_{Mg,0}-\frac{2K_1n_{O_2,0}+3K_2n_{N_2,0}}{K_1n_{O_2,0}+K_2n_{N_2,0}}\cdot\left(n_{O_2,0}+n_{N_2,0}\right)\cdot\eta$	$n_{O_2,0}-\frac{K_1n_{O_2,0}}{K_1n_{O_2,0}+K_2n_{N_2,0}}\cdot\left(n_{O_2,0}+n_{N_2,0}\right)\cdot\eta$	$n_{N_2,0}-\frac{K_2n_{N_2,0}}{K_1n_{O_2,0}+K_2n_{N_2,0}}\cdot\left(n_{O_2,0}+n_{N_2,0}\right)\cdot\eta$	$n_{Ar,0}$
方程式	$\left(2K_1n_{O_2}+3K_2n_{N_2}\right)Mg(s)+K_1n_{O_2}O_2(g)+K_2n_{N_2}N_2(g)+n_{Ar,0}Ar =\!=\!= 2K_1n_{O_2}MgO(s)+K_2n_{N_2}Mg_3N_2(s)+n_{Ar,0}Ar$			

根据式（6.2），氧化剂混合物的化学反应速率可表示为

$$r=k\cdot C_{\text{oxidant}}\cdot C_{Mg}=k\cdot n_{\text{oxidant},0}\cdot\frac{1-\eta}{V}\cdot\frac{n_{Mg,0}-C\cdot n_{\text{oxidant},0}\cdot\eta}{V} \tag{6.8}$$

式中，$C=\frac{2K_1n_{O_2,0}+3K_2n_{N_2,0}}{K_1n_{O_2,0}+K_2n_{N_2,0}}$；$C_{\text{oxidant}}$ 为氧化剂的浓度；C_{Mg} 为镁的浓度；k 为同时消耗氧气和氮气的速率，即氧化剂混合物的消耗速率，k 的表示形式如下所示：

$$k=\frac{K_1\cdot n_{O_2,0}+K_2\cdot n_{N_2,0}}{n_{O_2,0}+n_{N_2}+n_{Ar}} \tag{6.9}$$

将式（6.8）代入式（6.7），由附录 C 中的推导过程可得任一时刻氧化剂混合物的转化率：

$$\eta(t+\mathrm{d}t)=\frac{n_{Mg,0}\cdot F_\eta(t)-E(t)}{C\cdot n_{\text{oxidant},0}\cdot F_\eta(t)-E(t)} \tag{6.10}$$

式中，

$$F_\eta(t)=\frac{1-\eta(t)}{n_{Mg,0}-C\cdot n_{\text{oxidant},0}\cdot\eta(t)} \tag{6.11}$$

$$E(t)=\exp(\frac{n_{Mg,0}-C\cdot n_{\text{oxidant},0}}{V}\cdot k\mathrm{d}t) \tag{6.12}$$

反应进行到 t 时刻后，氩气在整个爆炸过程中没有消耗，其物质的量保持不变。根据表 6.1，t 时刻氧气、氮气剩余的物质的量分别为

$$n_{O_2}=n_{O_2,0}-\frac{K_1n_{O_2,0}}{K_1n_{O_2,0}+K_2n_{N_2,0}}\cdot(n_{O_2,0}+n_{N_2,0})\cdot\eta \tag{6.13}$$

$$n_{N_2}=n_{N_2,0}-\frac{K_2 n_{N_2,0}}{K_1 n_{O_2,0}+K_2 n_{N_2,0}}\cdot(n_{O_2,0}+n_{N_2,0})\cdot\eta \tag{6.14}$$

容器内剩余氧化剂的物质的量n_{oxidant}以及总的气体的物质的量n_g分别为

$$n_{\text{oxidant}}=n_{\text{oxidant},0}\cdot(1-\eta) \tag{6.15}$$

$$n_g=n_{\text{oxidant},0}\cdot(1-\eta)+n_{\text{Ar},0} \tag{6.16}$$

6.1.3 能量衡算

1. 化学反应放热

在$[t,t+\mathrm{d}t]$时间间隔内，由于两种化学反应同步进行，设$\Delta H_{r,O_2}$为1mol氧气与镁完全反应时所放出的热量，$\Delta H_{r,N_2}$为 1mol 氮气与镁完全反应时所放出的热量，则1mol氧化剂混合物与镁完全反应时，所产生的总化学反应热为

$$\Delta H_r=\frac{K_1 n_{O_2,0}}{K_1 n_{O_2,0}+K_2 n_{N_2,0}}\cdot\Delta H_{r,O_2}+\frac{K_2 n_{N_2,0}}{K_1 n_{O_2,0}+K_2 n_{N_2,0}}\cdot\Delta H_{r,N_2} \tag{6.17}$$

根据金属粉尘与1kg氧气和氮气的化学反应热，式（6.17）中$\Delta H_{r,O_2}$，$\Delta H_{r,N_2}$分别为

$$\Delta H_{r,O_2}=2\cdot\Delta_{\text{MgO}}H_m(T) \tag{6.18}$$

$$\Delta H_{r,N_2}=\Delta_{\text{Mg}_3\text{N}_2}H_m(T) \tag{6.19}$$

2. 器壁散热

根据假设条件，粉尘云与球壁之间没有垂直于径向相对流动，在爆炸过程中容器内粉尘云与器壁之间的能量交换形式为热传导。由于实验过程中容器器壁采用水冷却，且爆炸过程较短，整个爆炸过程中器壁温度是基本不变的。本章计算器壁散热量时，容器壁温T_w恒定为环境温度。

设爆炸过程中粉尘云与器壁之间的传导热流率为$\phi(t)$，根据傅里叶定律[1]，$\phi(t)$可表示为

$$\phi(t)=\frac{4\pi\lambda\cdot(T(t)-T_w)}{1/r_1-1/r_2} \tag{6.20}$$

式中，r_1,r_2分别为球形爆炸容器内外壁的半径；λ为密闭容器材料的热传导系数；$T(t),T_w$分别为爆炸容器内的瞬时温度及壁温。

6.1.4 压力发展过程

根据爆炸过程中的能量衡算，在$[t,t+\mathrm{d}t]$时间间隔内镁粉尘云的总净余热量为

$$H(t)=[\eta(t+\mathrm{d}t)-\eta(t)]\cdot n_{\text{oxidant},0}\cdot\Delta H_r(t)-\phi(t)\cdot\mathrm{d}t \tag{6.21}$$

该净余的热量全部用于加热容器内的暂时未参加反应的气体，则该时间间隔内容器内部温度的变化满足下式：

$$H(t)=[T(t+\mathrm{d}t)-T(t)]\sum_{g,i}n_i C_{p,i}T(t) \tag{6.22}$$

爆炸过程中容器内部压力分布是相同的，仅为时间的函数[2]。根据理想气体状态方程，容器内部爆炸压力 p 可表示为

$$p(t)=\frac{R}{V}\cdot n_g\cdot T(t) \tag{6.23}$$

式中，n_g 为 t 时刻密闭容器内气体的物质的量。

根据式（6.23），t 时刻容器内压力上升速率可表示为

$$\frac{\mathrm{d}p}{\mathrm{d}t}(t)=\frac{p(t+\mathrm{d}t)-p(t)}{\mathrm{d}t} \tag{6.24}$$

模型初始条件为

$$t=0\text{，}\quad T(0)=298\mathrm{K}\text{，}\quad p(0)=p_0=1\mathrm{bar} \tag{6.25}$$

6.1.5　压力上升速率的影响因素

影响粉尘爆炸发展进程的因素很多，如粉尘云一旦发生着火，湍流可加剧爆炸压力发展过程[3,4]，但是目前这些影响因素对压力发展的耦合影响尚难定量[5,6]。本节提出一个压力上升速率修正系数 ξ 以描述各因素对压力发展过程的综合影响。

根据图 6.1，设理论模型中爆炸压力峰值对应的时间为 t，实验中相应的时间为 t^*，定义压力上升速率修正系数 ξ 为

$$\xi=\frac{t^*}{t} \tag{6.26}$$

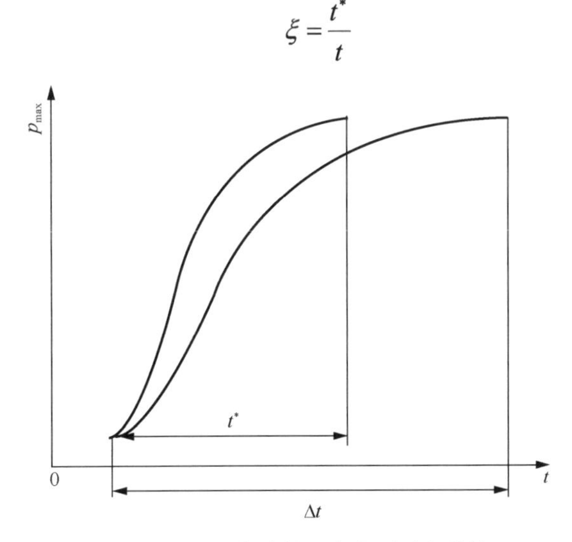

图 6.1　理论与实验的压力发展过程曲线

计算压力上升速率时，应根据压力上升速率修正系数对式（6.24）的计算结果进行修正，修正关系如下所示：

$$\frac{\mathrm{d}p}{\mathrm{d}t}(t)_{\text{correct}} = \xi \cdot \frac{p(t+\mathrm{d}t)-p(t)}{\mathrm{d}t} \tag{6.27}$$

根据式（6.27），修正系数ξ越大，各因素对爆炸压力发展过程的综合影响越大。

6.1.6　猛度参数计算程序

化学反应动力学参数是决定爆炸发展过程的关键因素。本书通过实验值与理论值拟合的方法确定了不同测试条件下镁粉与氧气、氮气的化学反应速率表达式。在此基础上，分析各因素对爆炸发展过程的影响，并在曲线拟合过程中确定压力上升速率修正系数的大小。计算流程如图 6.2 所示，计算过程中与测试装置有关的参数如表 6.2 所示。

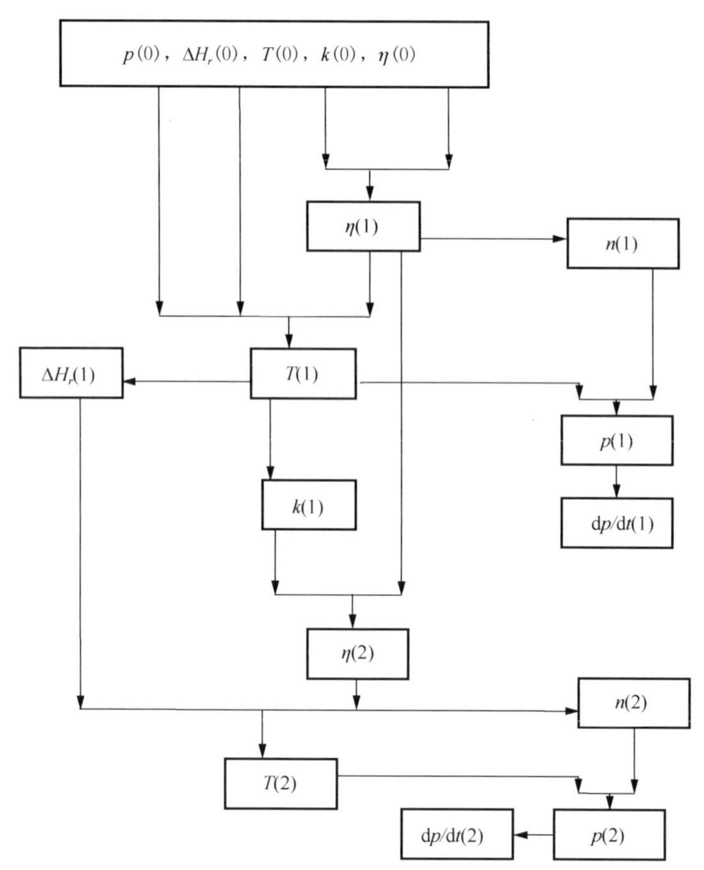

图 6.2　爆炸压力及压力上升速率计算流程

表 6.2　计算参数表

参数	单位	数值	参数	单位	数值
r_1	m	0.1682	T_A	K	298
r_2	m	0.1722	R	J / (mol·K)	8.314
σ	W / (m^2·K^4)	5.67×10^{-8}	ρ	kg / m^3	1740
V	L	20	ε_0	—	0.75

6.2　低沸点金属粉尘的爆炸压力发展过程

6.2.1　爆炸压力发展过程

理论计算时，时间步长为 1ms，计算时间周期为 1s。粉尘浓度为 1200g/m^{3}时，4 种粒径镁粉的爆炸压力发展曲线如图 6.3 所示。以 47μm 镁粉颗粒为例，四种粉尘浓度（400g/m^3、800g/m^3、1200g/m^3、1500g/m^3）下实验与理论的爆炸压力发展曲线如图 6.3、图 6.4 所示［其中 1200g/m^3 浓度时的对比曲线为图 6.3（b）］。根据爆炸压力发展实验与理论轨迹对比，现有基本理论可以模拟低沸点镁粉在密闭容器中的发展过程。爆炸发展过程中存在一个拐点，该点处压力上升速率是最大的。粒径越小，达到最大爆炸压力时所需的时间越短，最大爆炸压力及最大压力上升速率值越大。各浓度爆炸压力发展曲线的对比结果表明，同一时刻爆炸压力的理论值较实验值偏大，但最终所达到的最大爆炸压力比较接近。

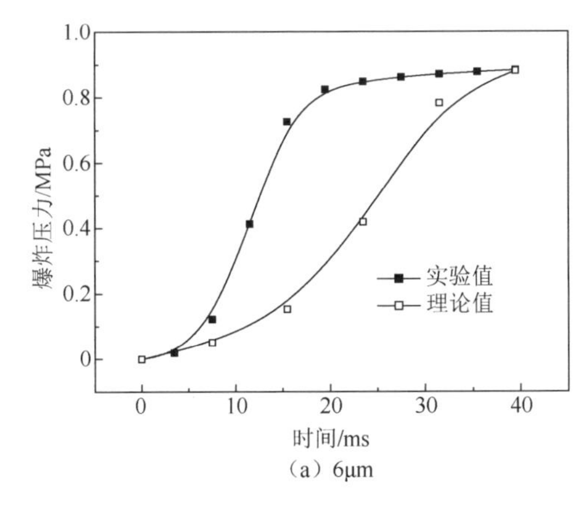

（a）6μm

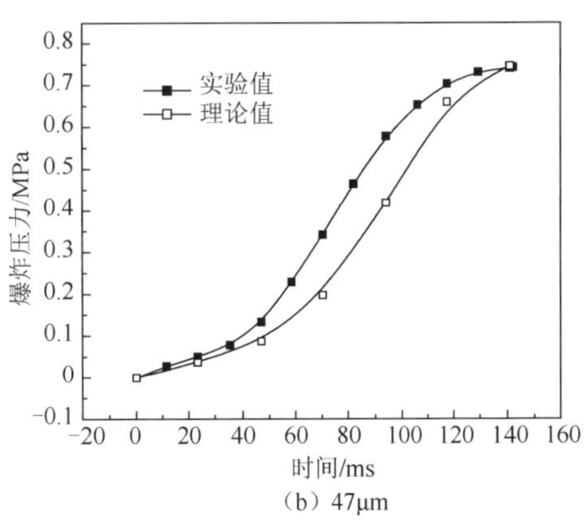

（b）47μm

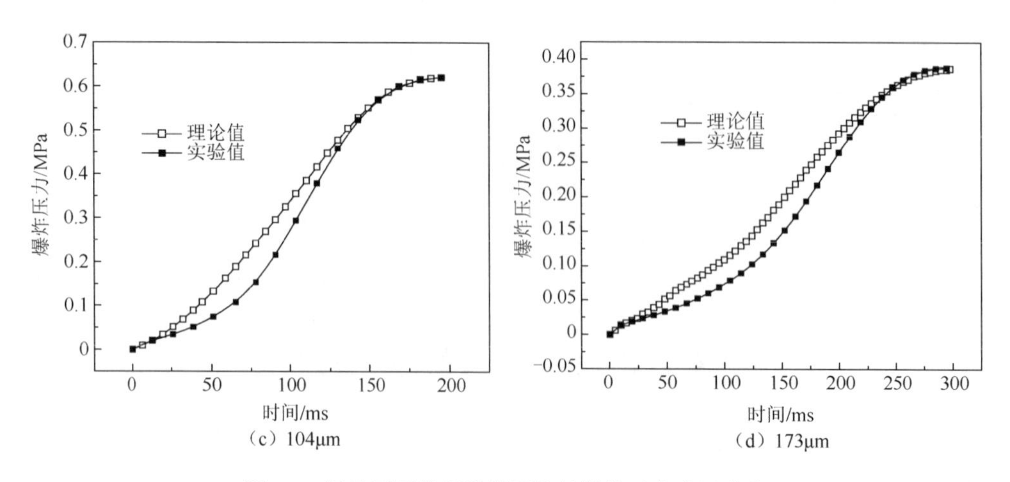

图 6.3　四种不同粒径镁粉颗粒的爆炸压力发展曲线

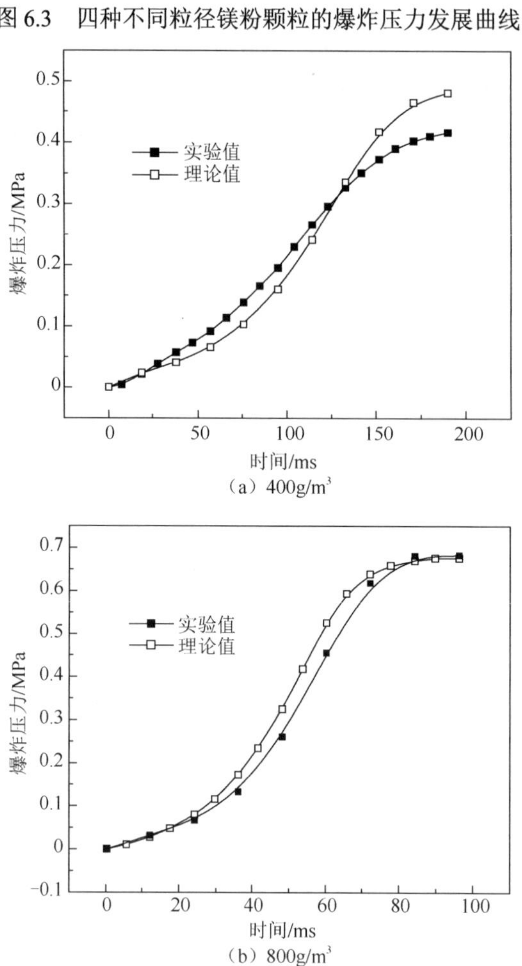

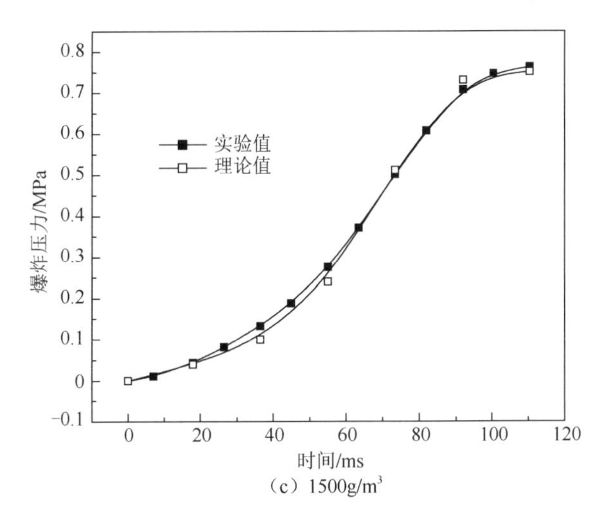

（c）1500g/m³

图 6.4　三种粉尘浓度下 47μm 镁粉的爆炸压力发展曲线

根据式（6.27），理论计算中发现湍流等因素对爆炸压力发展过程具有较大影响。表 6.3 为 1200g/m^3 粉尘浓度下，不同粒径镁粉尘云爆炸时的压力上升速率修正系数。表 6.4 为 47μm 镁粉颗粒在不同粉尘浓度下的压力上升速率修正系数。可以看出，不同测试条件下压力上升速率修正系数不同，即湍流等因素对爆炸压力发展过程的影响程度是不同的。根据表 6.3，同粉尘浓度时，粒径越小，影响程度越大，6μm 镁粉颗粒除外。根据表 6.4，同粒径时，最大爆炸压力所对应的粉尘浓度附近影响程度较大。

表 6.3　1200g/m^3 浓度下不同粒径镁粉的压力上升速率修正系数

粒径/μm	ξ	粒径/μm	ξ
6	8.0	104	13.0
47	23.6	173	9.6

表 6.4　47μm 镁粉不同浓度时的压力上升速率修正系数

粉尘浓度/（g/m^3）	ξ	粉尘浓度/（g/m^3）	ξ
200	14.5	1200	23.6
400	19.4	2000	21.8
800	12.0	—	—

6.2.2　理论猛度参数的敏感性分析

1. 粒径对猛度参数的影响

以粉尘浓度 1200g/m^3 为例，四种镁粉粒径下最大爆炸压力、最大压力上升速率实验值与理论值如图 6.5 所示。为比较各粒径镁粉的化学反应速率，根据式（6.3）、式（6.5），在理论计算时保持活化能不变，仅改变指前因子。反应Ⅰ、Ⅱ中化学反应速率的指前因子变化规律如图 6.6 所示。同浓度下粒径的减小对爆炸过程最直接的影响是导致反应Ⅰ、Ⅱ化学反应速率的增加，颗粒越小影响程度越大。虽然随着粒径的逐渐增大，反应Ⅰ、Ⅱ指前因子逐渐接近，但由于反应Ⅱ的活化能较反应Ⅰ高，两者之间的化学反应速率仍相差较大。理论计算中，反应Ⅰ的活化能为 9 kJ / mol，反应Ⅱ的活化能为 15 kJ/mol，与 Callé 等计算 20L 球型爆炸测试装置内爆炸压力采用的活化能为同一个量级[7]。

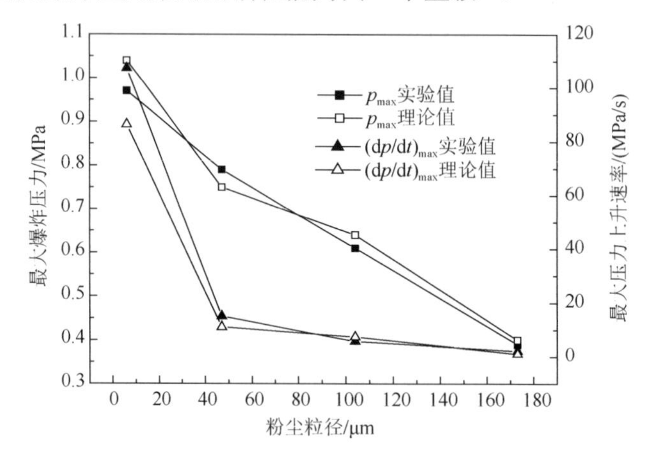

图 6.5　粒径影响的实验值与理论值对比

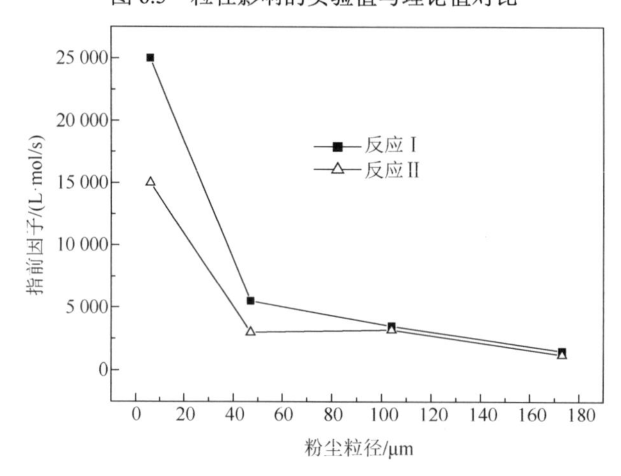

图 6.6　化学反应速率的指前因子变化规律

2. 粉尘浓度对爆炸猛度参数的影响

以 47 μm 镁粉颗粒为例，粉尘浓度对最大爆炸压力、最大压力上升速率的影响结果如图 6.7 所示。镁粉尘云在 20L 球型爆炸测试装置内爆炸时存在一个最佳的粉尘浓度，该浓度下的爆炸压力最大。需要注意的是，本节所述理论模型假设同一粒径的镁粉颗粒在不同浓度下，反应Ⅰ、Ⅱ的化学反应速率常数不变，即认为容器内所有的镁粉颗粒以同样的速率同时参与了化学反应。该假设可导致理论计算时粉尘浓度越大，总体的化学反应速率越快，最大压力上升速率越大。

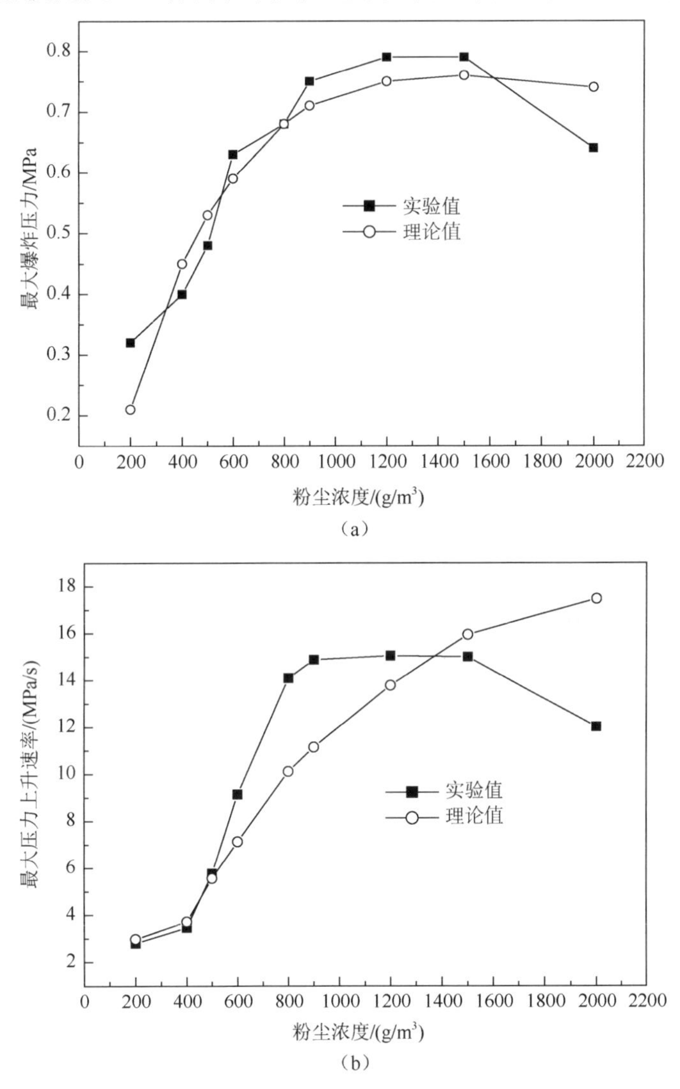

（a）

（b）

图 6.7　粉尘浓度与最大爆炸压力、最大压力上升速率的关系

6.2.3　气相惰化气氛对猛度参数的影响

密闭容器中爆炸时超压产生的原因主要有以下两个[8]：

（1）化学反应放热；

（2）化学反应前后气体摩尔数的变化。

根据镁粉与氧气和氮气反应式，两个反应（Ⅰ、Ⅱ）的生成物均为固相，即爆炸超压不是反应产生的气体导致的，而是由剧烈的化学反应放热导致暂时未反应气体的热膨胀引起的。

根据第 3 章中反应Ⅰ、Ⅱ的化学反应放热，同质量的镁粉分别与氧气、氮气完全反应时，消耗气体的物质的量比为 3∶2，而放出的热量比却为 4∶1。从化学反应放热的角度，密闭容器中镁粉一旦发生爆炸，氮气浓度的增加导致更多的镁粉与氮气反应，减弱了镁粉与氧气的反应。与空气条件下相比，氮气浓度的增加对容器内气体的消耗速率影响不大，但却使总的化学反应放热急剧减少，从很大程度上降低了爆炸产生的超压。

空气中氩气的充入，可同时降低镁与氮气、氧气的化学反应速率，使总的化学反应放热减少。由于其物质的量在整个爆炸过程中始终保持不变，与氮气相比，在一定程度上减缓了反应消耗引起的气体收缩。

1. 介质浓度对猛度参数的影响

以 47μm 镁粉为例，氮气、氩气为惰化介质时，介质浓度对最大爆炸压力及最大压力上升速率的影响曲线如图 6.8、图 6.9 所示。随着氧浓度的降低，总的化学反应放热速率减少，镁粉的最大爆炸压力及最大压力上升速率逐渐降低，且均低于空气条件下的最大爆炸压力及最大压力上升速率。

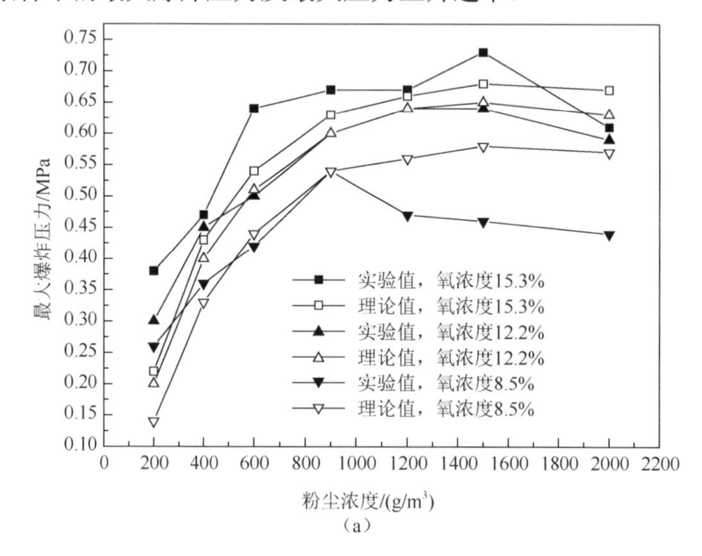

（a）

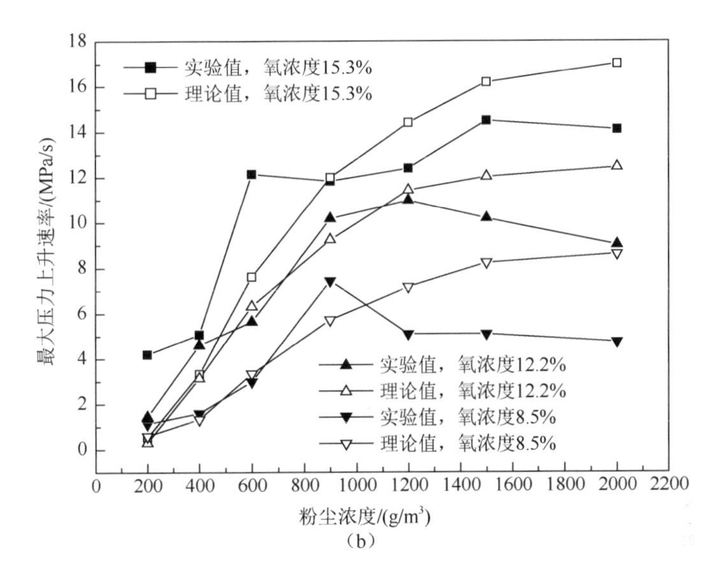

（b）

图 6.8　氮气惰化时粉尘浓度与最大爆炸压力、最大压力上升速率的关系

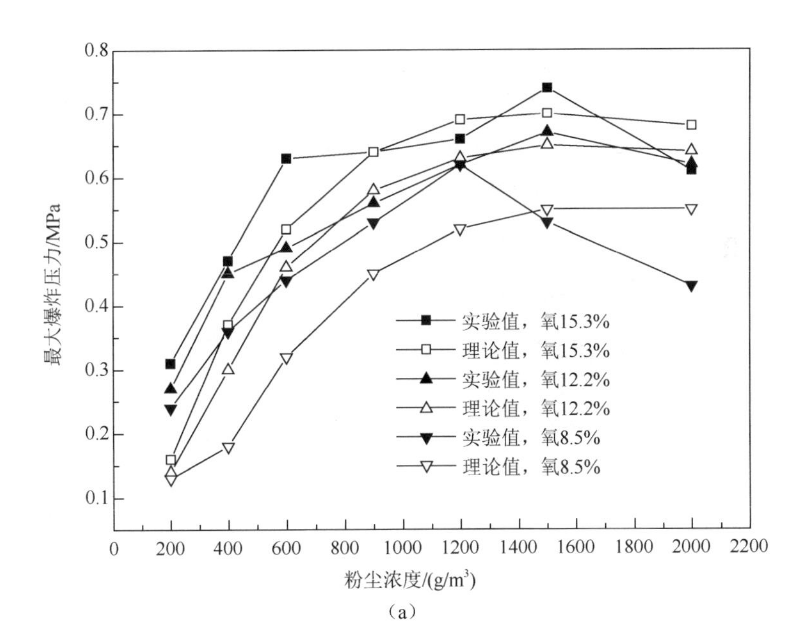

（a）

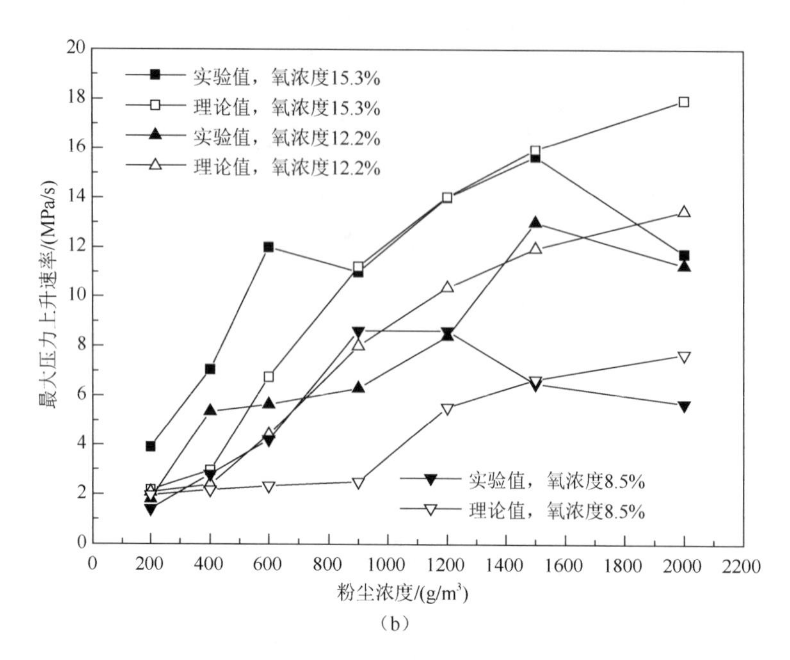

（b）

图 6.9　氩气惰化时粉尘浓度与最大爆炸压力、最大压力上升速率的关系

随着粉尘浓度的增加，不同氧浓度下最大爆炸压力逐渐地升高并达到极大值点，而后随着浓度的增加逐渐地降低。对于最大压力上升速率，理论假设认为所有的镁粉颗粒均具有相同的反应机会。粉尘浓度越大，粉尘云整体的化学反应放热速率越快，最大压力上升速率值越大。根据物料衡算和能量衡算，由于反应介质的物质的量一定，粉尘浓度的增加虽有助于提高化学反应的速率，但不会影响反应释放的总能量。

2. 介质种类对猛度参数的影响

以 47μm 镁粉为例，相同氧浓度下氮气、氩气两种介质的惰化效果如图 6.10、图 6.11 所示。当气氛中氧浓度与空气中的氧浓度相差不大时（如氧浓度为 15.3%时），镁粉与氧气的化学反应速率远大于其与氮气的化学反应速率。在此情况下，爆炸过程中参与化学反应的氮气比重较小，没有反应的氮气在密闭容器中对爆炸超压的作用与氩气是基本相同的，氮气与氩气的惰化程度相差不大。随着氧浓度的降低，氩气的惰化效果逐渐优越于氮气。氧气对爆炸超压的作用越来越有限，爆炸过程中参与反应的氮气所占的比重也越来越大，其惰化效果愈加明显。氮气、氩气不仅对爆炸超压影响的本质不同，影响程度也存在差异。

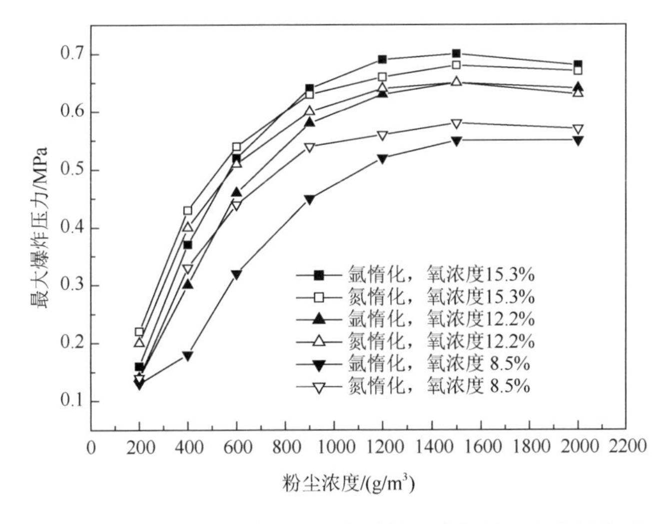

图 6.10　氮气、氩气惰化时最大爆炸压力与粉尘浓度的关系

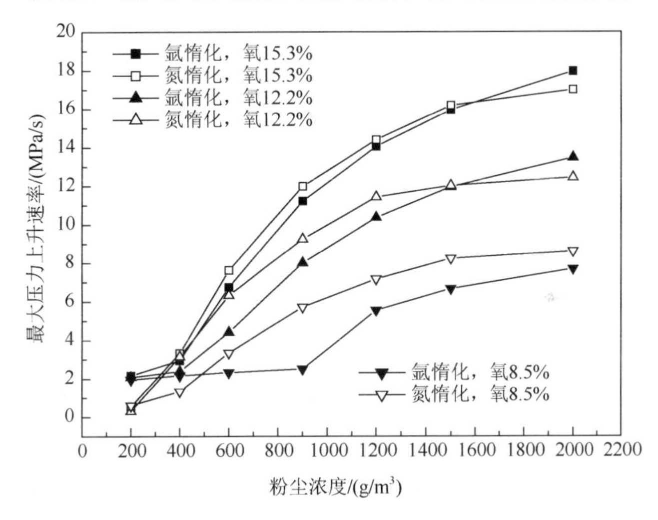

图 6.11　氮气、氩气惰化时最大压力上升速率与粉尘浓度的关系

6.3　高沸点金属粉尘在密闭容器中的爆炸压力发展模型

6.3.1　模型假设与物料衡算

高沸点金属粉尘在密闭容器内发生爆炸时，爆炸压力发展过程的模型假设与前述 6.1.1 节相同，但两类金属粉尘的氧化反应机制存在差异[9-13]。以镁粉、钛粉为例，镁粉 PBR 小于 1，反应生成的氧化膜不能完全包裹金属颗粒内核，故氧化膜的钝化作用有限。镁金属沸点较低（约为 1363K），在高温环境中部分气化的金

属颗粒将发生均相的化学反应。对于钛金属粉尘，PBR 在 1 和 2 之间，颗粒表面氧化膜能完全包裹金属颗粒，具有钝化保护作用。钛金属沸点高达 3560K，反应过程中很难气化为钛蒸气，易发生非均相的缩核反应。

考虑到钛粉较高的沸点及其氧化膜的钝化作用，本节采用缩核模型描述钛粉颗粒在密闭容器中的非均相表面反应过程[14,15]，单个钛粉颗粒表面反应的转化率如下所示：

$$\frac{\mathrm{d}X}{\mathrm{d}t}=K_2\cdot\frac{4\pi r_0^{\ 2}}{n_{\mathrm{Ti},0}}\cdot(1-X)^{2/3}\cdot C_{\mathrm{O}_2}{}^{n} \tag{6.28}$$

式中，X 为反应中钛粉的转化率，是钛粉消耗量与初始量之比；r_0 为钛粉的颗粒半径（m）；$n_{\mathrm{Ti},0}$ 为钛粉的初始物质的量（mol）；C_{O_2} 为氧气的浓度（mol/L）；n 为反应级数；K_2 为钛粉反应速率常数，可表示为

$$K_2=A_f\cdot\exp\left(-\frac{E_a}{RT(t)}\right) \tag{6.29}$$

式中，A_f 为指前因子，$[\mathrm{L}/(\mathrm{mol}\cdot\mathrm{s})]$；$E_a$ 为表观活化能（kJ/mol）；$T(t)$ 为反应体系瞬时温度（K）。

6.3.2　物料平衡

在 20L 球形爆炸测试装置中钛粉尘云的爆炸过程是有限化学物质不断反应消耗的过程。根据前述假设条件，爆炸过程中的化学反应方程如下所示：

$$n_{\mathrm{Ti}}\mathrm{Ti(s)}+n_{\mathrm{O}_2}\mathrm{O_2(g)}+n_{\mathrm{N}_2}\mathrm{N_2(g)}=\!=\!=n_{\mathrm{Ti}}\mathrm{TiO_2(s)}+(n_{\mathrm{O}_2}-n_{\mathrm{Ti}})\mathrm{O_2(g)}+n_{\mathrm{N}_2}\mathrm{N_2(g)} \tag{6.30}$$

在反应过程中，整个爆炸体系存在物料平衡。设钛粉在 t 时刻的转化率为 X，则爆炸过程中各物料的物质的量变化如表 6.5 所示。

表 6.5　钛粉反应中的物料平衡

项目	Ti	O_2	N_2	备注
$t=0$	$n_{\mathrm{Ti},0}$	$n_{\mathrm{O}_2,0}$	$n_{\mathrm{N}_2,0}$	$n_{\mathrm{N}_2,0}=3.76n_{\mathrm{O}_2,0}$
t 消耗	$n_{\mathrm{Ti},0}\cdot X$	$n_{\mathrm{Ti},0}\cdot X$	$n_{\mathrm{N}_2,0}$	—
t 剩余	$n_{\mathrm{Ti},0}\cdot(1-X)$	$n_{\mathrm{O}_2,0}-n_{\mathrm{Ti},0}\cdot X$	$n_{\mathrm{N}_2,0}$	—

在表 6.5 中的物料平衡计算的基础上，参考 6.1.3 节、6.1.4 节也可进一步进行钛粉在密闭容器中的能量衡算、压力发展过程计算等。

6.3.3　模型计算参数与计算程序

本节以≤20μm 的钛粉为例计算微米钛粉在密闭容器中的爆炸压力发展过程，粒径输入参数为中位粒径，即 33μm。对于纳米钛粉，由于存在颗粒团聚现象，其

喷吹后形成的有效粉尘粒径与纳米初始粒径不同。根据 Wu 等对纳米金属粉尘在 20L 球形爆炸测试装置内分散后的颗粒团块估计结果[16]，本节选取 165nm 为纳米钛粉的计算输入粒径。

本节在确定钛粉活化能时，根据 Ti、O 两种原子形成 TiO_2 分子的机制[17]，确定了微米钛粉颗粒在缩核反应过程中的活化能为 $E_a = 11.81\ \mathrm{kJ/mol}$，该值与 Dufaud 等计算铝粉在密闭容器中爆炸过程选取的活化能较为一致[14]。当纳米钛粉粒径超过 40nm 时，纳米粒径变化对活化能的影响较小，活化能的大小与微米钛粉基本相同[18]。在理论计算时纳米钛粉的活化能与微米钛粉相同。

根据钛粉颗粒的非均相化学反应机制[19]，设定钛粉与氧气反应的反应级数 n 为 1。由微米钛粉及纳米钛粉的爆炸压力发展过程曲线可知，爆炸发生及发展过程的时间周期为毫秒量级，因此计算时的时间步长 Δt 应小于 1ms。本节计算所用的时间步长为 0.1ms。计算过程中与测试装置有关的其他参数如表 6.6 所示。模型计算程序与镁粉相同，如图 6.2 所示。

表 6.6　计算参数表

参数	单位	数值	备注
d_{50}	μm	33	微米钛粉
d_{50}	nm	165	纳米钛粉
Δt	ms	0.1	迭代计算时间步长
n	—	1	反应级数
r_1	m	0.168	实测
r_2	m	0.173	实测
V	L	20	ASTM E1226—2012
T_w	K	300	20L 球形爆炸测试装置器壁初始温度

6.4　高沸点金属粉尘的爆炸压力发展过程

6.4.1　微米金属粉尘的爆炸压力发展过程

以中位粒径 d_{50}=33μm 钛粉颗粒为例，在五种粉尘浓度下（$750\mathrm{g/m^3}$、$1000\mathrm{g/m^3}$、$1250\mathrm{g/m^3}$、$1500\mathrm{g/m^3}$、$1750\mathrm{g/m^3}$）理论与实验的爆炸压力发展曲线如图 6.12～图 6.16 所示。由图中实验与理论曲线对比结果可知，理论曲线能够较好地重现实验曲线的爆炸拐点（即 $\frac{\mathrm{d}^2 p}{\mathrm{d}t^2}=0$），爆炸曲线所反映的压力上升规律与实验曲线具有一致性。

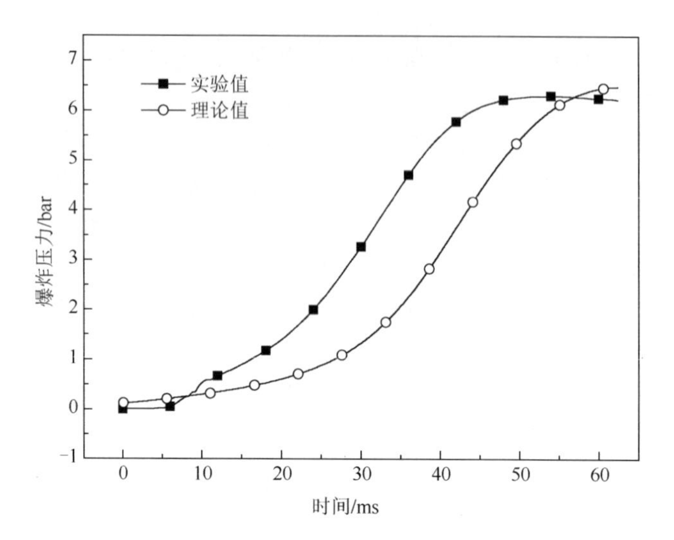

图 6.12　750g/m³ 微米钛粉的爆炸压力发展过程

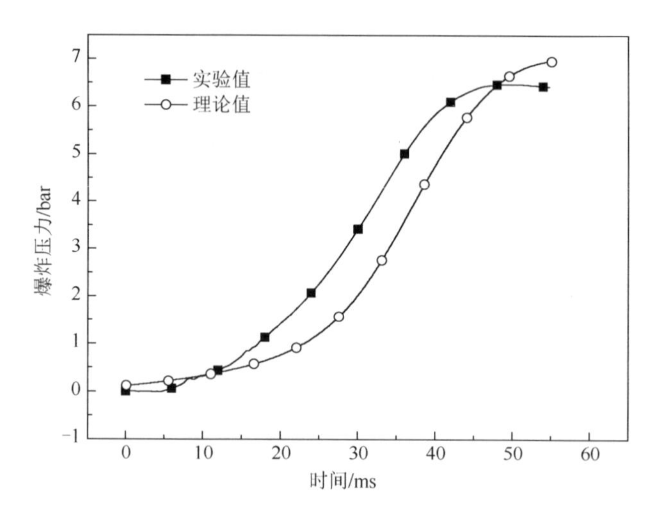

图 6.13　1000g/m³ 微米钛粉的爆炸压力发展过程

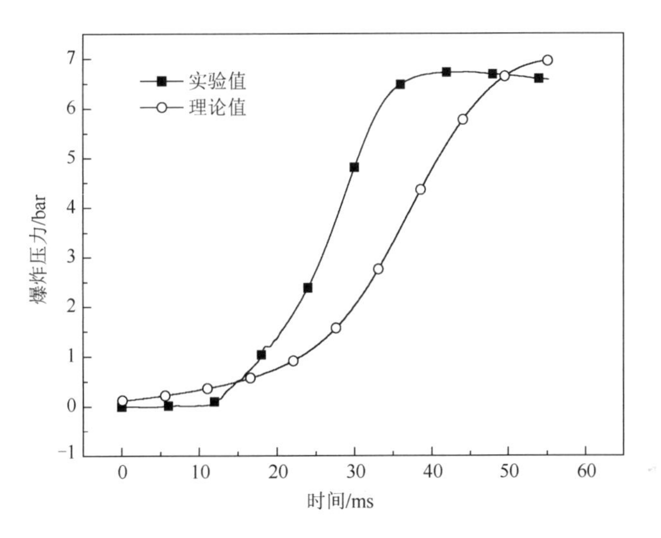

图 6.14　1250g/m³ 微米钛粉的爆炸压力发展过程

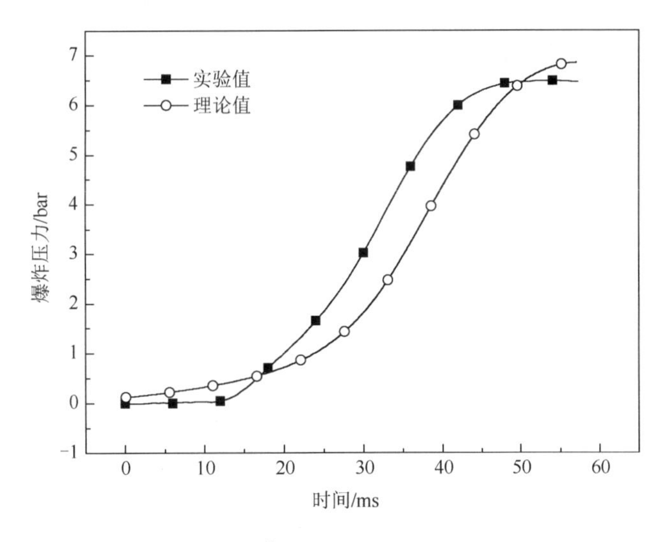

图 6.15　1500g/m³ 微米钛粉的爆炸压力发展过程

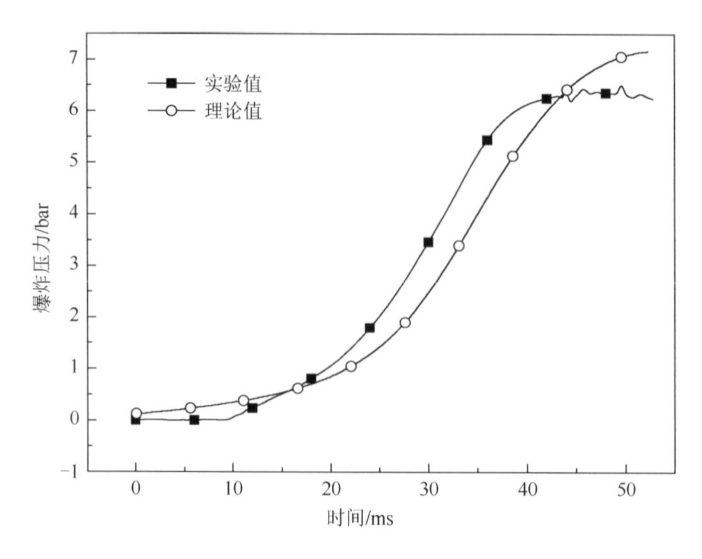

图 6.16　1750g/m^3 微米钛粉的爆炸压力发展过程

根据谢苗诺夫热爆炸理论，当爆炸体系中同时存在放热 Q_G（即 $\left[X(t+\mathrm{d}t)-X(t)\right]\cdot n_{\mathrm{Ti},0}\cdot\Delta H_r(t)$）与散热 Q_L（即 $\phi(t)$）时，体系内将发生下述的爆炸压力发展过程。在爆炸过程的初始阶段，随着体系环境温度的升高，由颗粒表面反应引起的热量产生速率 $\mathrm{d}Q_G/\mathrm{d}t$ 与器壁散热等因素引起的热量损失速率 $\mathrm{d}Q_L/\mathrm{d}t$ 均将增加，即 $\mathrm{d}^2Q_G/\mathrm{d}t^2>0$，$\mathrm{d}^2Q_L/\mathrm{d}t^2>0$，但热量产生速率的增加速率大于热量损失速率的增加速率，即 $\mathrm{d}^2Q_G/\mathrm{d}t^2>\mathrm{d}^2Q_L/\mathrm{d}t^2$，从而导致在拐点之前体系温度上升较快，压力上升速率的变化率一直在增加，即 $\frac{\mathrm{d}^2p}{\mathrm{d}t^2}>0$。随着体系温度的继续升高，体系热量的损失速率迅速增加。当其变化率达到体系产生热量的变化率，即 $\mathrm{d}^2Q_G/\mathrm{d}t^2=\mathrm{d}^2Q_L/\mathrm{d}t^2$ 时，出现爆炸曲线拐点，$\frac{\mathrm{d}^2p}{\mathrm{d}t^2}=0$。在拐点时刻虽然 $\mathrm{d}^2Q_G/\mathrm{d}t^2=\mathrm{d}^2Q_L/\mathrm{d}t^2$，但是 $\mathrm{d}Q_G/\mathrm{d}t>\mathrm{d}Q_L/\mathrm{d}t$，因此体系温度仍然继续增加，爆炸压力继续上升。拐点后体系温度进一步上升，$\mathrm{d}^2Q_G/\mathrm{d}t^2<\mathrm{d}^2Q_L/\mathrm{d}t^2$，导致 $\frac{\mathrm{d}^2p}{\mathrm{d}t^2}<0$，爆炸压力的增加幅度逐渐减小，直至出现平缓（$\frac{\mathrm{d}p}{\mathrm{d}t}=0$），此时爆炸压力达到峰值。

6.4.2　纳米金属粉尘的爆炸压力发展过程

纳米钛粉与微米钛粉在 20L 球形爆炸测试装置中爆炸时存在不同的压力发展过程。为便于对比分析，以 60～80nm 钛粉为例，8 种粉尘浓度（50g/m^3、100g/m^3、150g/m^3、250g/m^3、500g/m^3、750g/m^3、1000g/m^3、1250g/m^3）下纳米钛粉的爆炸压力上升曲线汇总如图 6.17 所示，5 种粉尘浓度（750g/m^3、1000g/m^3、1250g/m^3、1500g/m^3、1750g/m^3）下微米钛粉的爆炸压力上升曲线汇总如图 6.18 所示。对比结果可知，纳米钛粉在爆炸过程的初始阶段（即喷吹负压阶段）便出现了急剧的压力上升，即发生了着火现象。由于喷吹过程中 20L 球形爆炸测试装置内的压力为负压，其压力上升曲线的起始值从负值开始。受喷吹自发着火的影响，纳米钛粉在喷吹阶段而不是如微米钛粉在喷吹之后开始着火爆炸，因此达到最大压力上升速率和最大爆炸压力所需时间相对于微米钛粉较短。

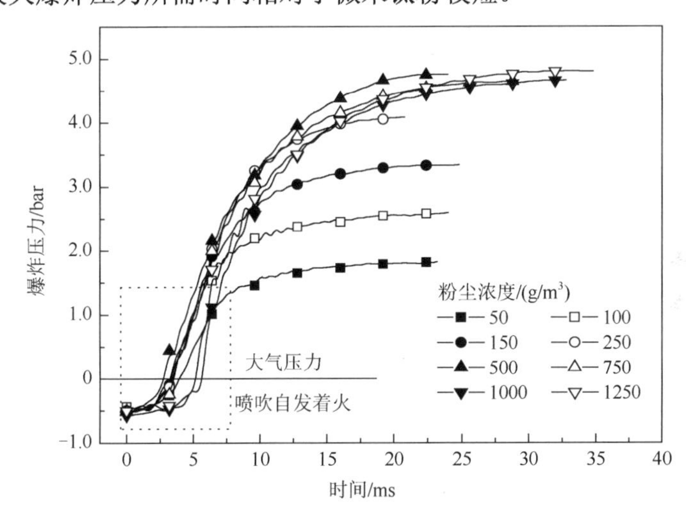

图 6.17　纳米钛粉各浓度下的实验压力发展过程曲线

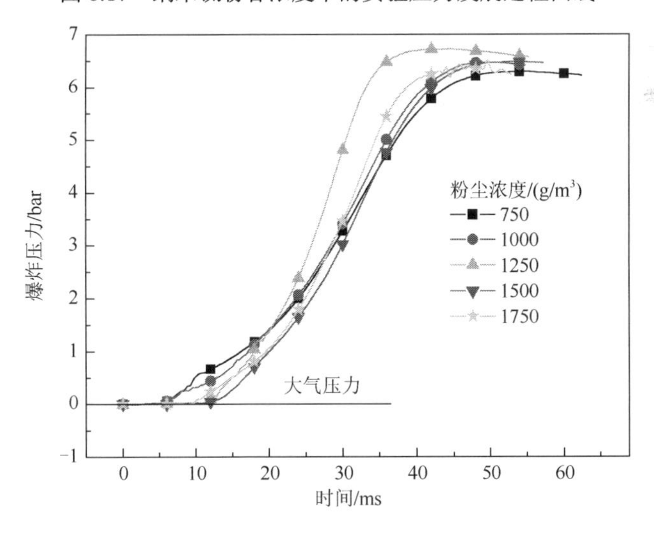

图 6.18　微米钛粉各浓度下的实验压力发展过程曲线

在 20L 球形爆炸测试装置爆炸实验过程中，纳米钛粉在喷吹电磁阀开启瞬间的负压阶段即发生着火爆炸，若仍采用微米钛粉的压力发展理论模型，仅考虑纳米钛粉颗粒粒径变化（即将微米颗粒尺寸变为纳米颗粒团块尺寸），将产生较大误差，具体如图 6.19 所示。因此，对纳米钛粉进行模拟时需要对原计算初始条件加以修正，初始计算压力 $p(0)$ 由原来的 p_0（p_0 为标准大气压力，即 1bar）修正为实验抽真空时容器内初始绝对压力 p_i（即相对压力由 0bar 变为 $p_i - p_0$）。由于喷吹过程和爆炸过程同步进行，爆炸过程结束达到最大爆炸压力后，理论模型应考虑粉罐压力输入引起的压力上升量 p_d，并在最大爆炸压力的基础上进行压力补偿。因此，纳米钛粉喷吹自发着火的压力计算需要进行压力修正，修正算式如式（6.31）、式（6.32）所示。

$$p'(t)=\begin{cases} p_i, t=0 \\ p(t)+p_d, t=t_m \end{cases} \tag{6.31}$$

$$p'(t-\Delta t)=\frac{p'(t)}{p(t)}\cdot p(t-\Delta t), \quad t=t_m, t_m-\Delta t, \cdots, t_m-(N-1)\cdot\Delta t \tag{6.32}$$

式中，$p(t)$，$p'(t)$ 分别为模型修正前后压力值；t_m 为最大爆炸压力对应的时刻，N 为最大爆炸压力对应的迭代次数；p_d 为粉罐压力输入引起的压力上升量，在 20L 球形爆炸测试装置中为 0.6bar；p_i 为抽真空时密闭容器内的初始绝对压力，在 20L 球形爆炸测试装置中为 0.4bar。

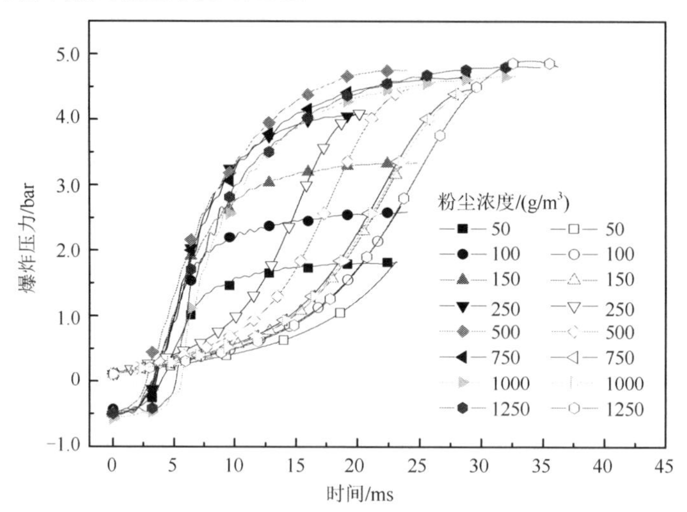

图 6.19　压力修正前纳米钛粉压力发展过程曲线理论（空心点）与实验（实心点）对比

模型压力修正后的理论与实验压力发展过程曲线对比结果如图 6.20 所示。与压力修正前图 6.19 中的计算结果相比，修正后的新模型更能重现纳米钛粉的真实压力发展过程，如喷吹着火时的负压状态、反应结束后达到的最大爆炸压力等。

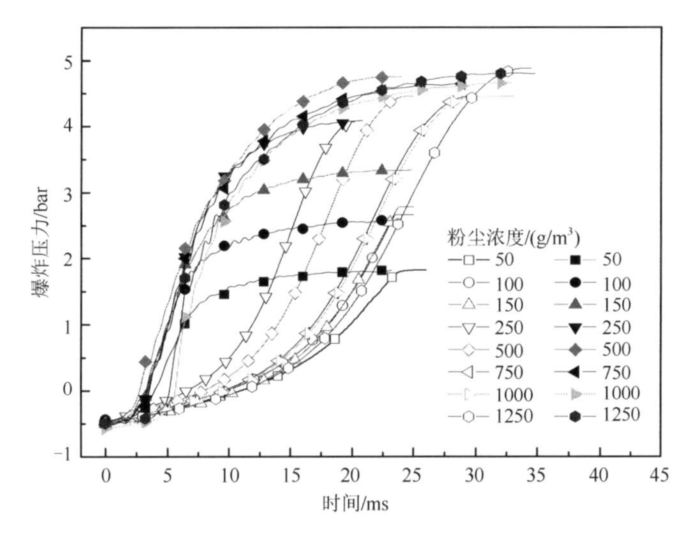

图 6.20　压力修正后纳米钛粉压力发展过程曲线理论（空心点）与实验（实心点）对比

图 6.21 为各浓度下微米钛粉的实验与理论压力发展曲线，最大爆炸压力、最大压力上升速率、抵达时刻及压力发展过程均具有较好的一致性，即理论模型较适用于模拟微米钛粉的着火及爆炸过程。

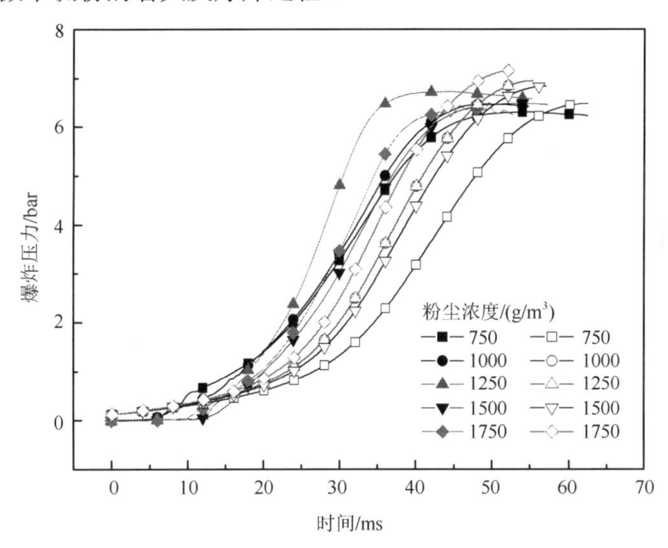

图 6.21　微米钛粉压力发展过程曲线理论（空心点）与实验（实心点）对比

对比图 6.20 与图 6.21 中的曲线可知，图 6.20 虽然重现了纳米钛粉着火过程和最后达到的最大爆炸压力，但发生着火后的压力发展过程与实验曲线，尤其是最大压力上升速率及其对应时间与实验存在一定误差，劣于微米钛粉的理论模拟结果。由图 6.20 中的理论与实验曲线对比结果可知，虽然理论计算时考虑了纳米团块粒径尺寸，但理论曲线中的最大压力上升速率仍低于实验曲线，且抵达时刻较晚。由此可推断：与模型假设中形成均匀粉尘云后开始着火爆炸相比，纳米钛粉实验中喷吹即发生着火爆炸对应的颗粒化学反应速率更快，故需要对原理论模型中的化学反应速率常数 K_2 进行修正。由于粉尘浓度影响喷吹速度及持续时间，修正值的大小 ξ 应为粉尘浓度的函数，具体函数关系需由实验曲线确定。修正后纳米钛粉的化学反应速率常数 K_2' 如下所示：

$$K_2' = \xi(C)\cdot K_2 = \xi(C)\cdot A_f \cdot \exp\left(-\frac{E_a}{RT(t)}\right) \tag{6.33}$$

式中，C 为粉尘浓度（g/m^3）。为使理论与实验最大压力上升速率抵达时刻保持一致，本节以该时刻为修正准则，通过调整 ξ 对各粉尘浓度下化学反应速率常数进行了修正。修正后的理论与实验曲线对比结果如图 6.22 所示，最大压力上升速率理论与实验对比结果如图 6.23 所示。由图 6.22 和图 6.23 中的对比结果可知，修正后理论压力发展过程曲线能够模拟纳米钛粉喷出自发着火的压力发展过程，且理论最大压力上升速率与实验值具有一致性。上述计算得到的修正值与粉尘浓度之间的关系如图 6.24 所示，其中计算结果符合典型 Logistic 曲线，具体关系式如下所示：

$$\xi(C) = 6.57 + \frac{17.2}{1+10^{(5.20-0.01C)}} \tag{6.34}$$

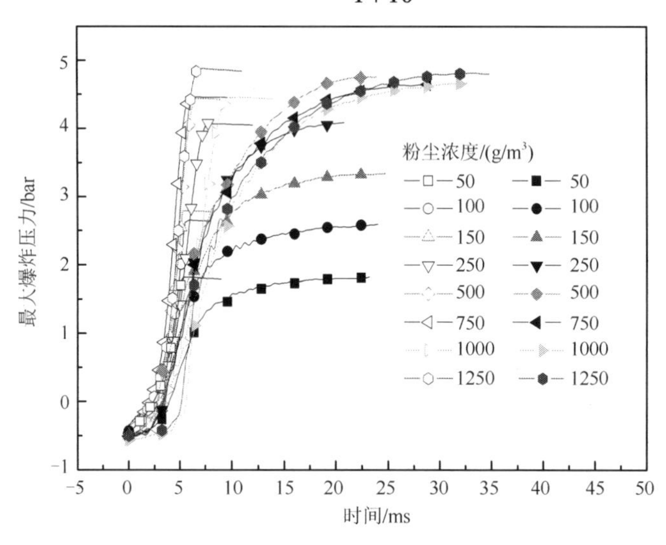

图 6.22　纳米钛粉最大爆炸压力发展过程曲线理论（空心点）与实验（实心点）对比

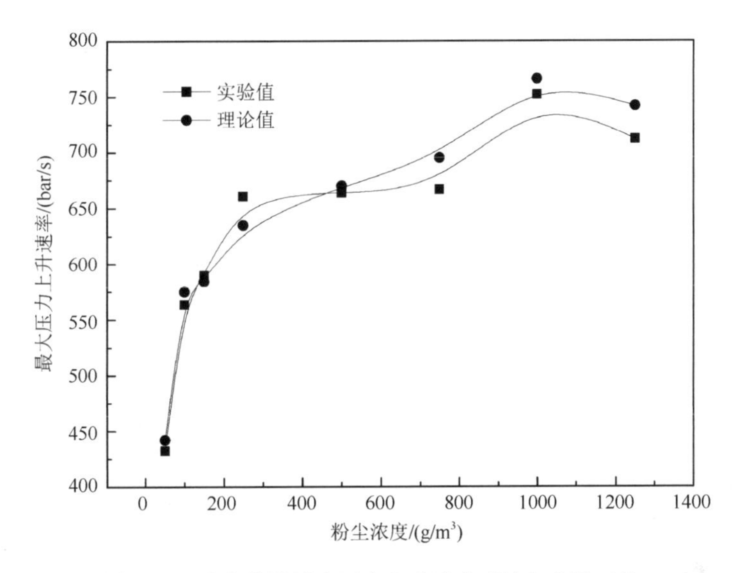

图 6.23　纳米钛粉最大压力上升速率理论与实验对比

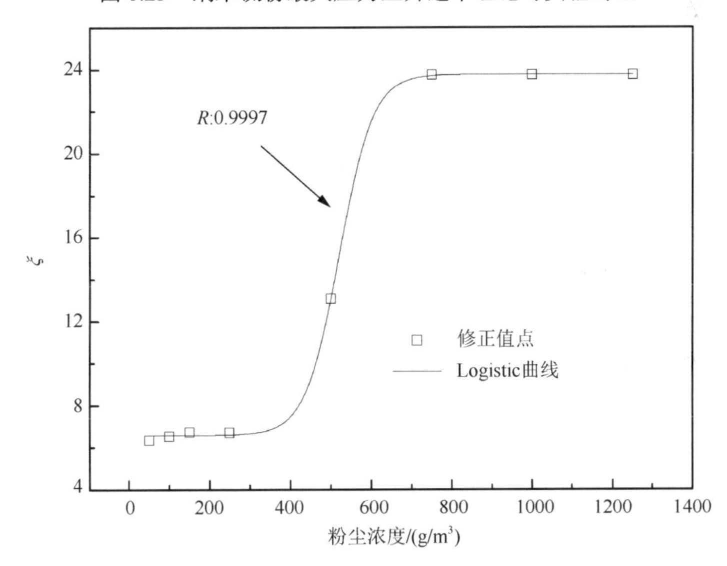

图 6.24　化学反应速率修正值与粉尘浓度的关系

6.5　高沸点金属爆炸猛度参数的敏感性分析

6.5.1　粒径对爆炸猛度参数的影响

根据式（6.28），对于单个颗粒而言，其反应过程中转化率的变化速率 $\frac{\mathrm{d}X}{\mathrm{d}t}$ 正

比于颗粒的表面积 $4\pi r_0^2$，即 $\frac{\mathrm{d}X}{\mathrm{d}t} \propto 4\pi r_0^2$。对于体系内的所有颗粒而言，当粉尘浓度相同时，体系内可燃物质的总比表面积与粒径成反比，即 $N \cdot S_p \propto 1/r_0$。粒径越小，体系内可燃物质的比表面积越大，发生表面反应的速率越快，从而导致较大的压力上升速率，而最大爆炸压力则主要与爆炸体系内可燃物质的总量（即粉尘的浓度）有关，与粉尘粒径无关。

为验证上述理论分析，本节分别对三种不同粒径微米钛粉和纳米钛粉的爆炸猛度进行了实验研究，实验结果分别如图 6.25～图 6.29 所示。根据表 6.7 中的实验汇总结果，−100 目微米钛粉的粒径最大，对应的最大爆炸压力及最大压力上升速率值最小。−325 目和≤20μm 钛粉的最大爆炸压力及最大压力上升速率较为接近，分别在 7.0bar 和 400bar/s 左右。相对于−325 目和≤20μm 钛粉，相同浓度时−100 目钛粉最大爆炸压力较小的原因是粉尘粒径较大容易发生沉降，颗粒在粉尘云中保持的时间较短，导致较多的粉尘颗粒未发生完全反应。根据图 6.30 中微米钛粉最大爆炸压力对比结果，最大爆炸压力实验值低于理论值，主要原因是微米钛粉爆炸过程结束后仍存在部分未燃尽颗粒，即钛粉颗粒未发生完全反应，导致实验过程中爆炸体系的总放热量低于理论值，理论计算中认为所有的钛粉颗粒均完全发生了化学反应。根据图 6.31 中微米钛粉最大压力上升速率对比结果，理论值与实验值较为一致。根据图 6.32 中的理论与实验验证结果，粒径越大，颗粒转化率及化学反应速率越小，最大压力上升速率越小。

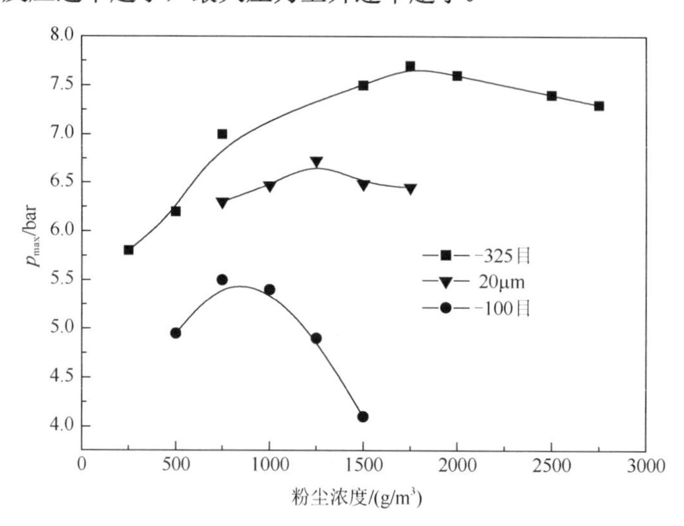

图 6.25　三种微米钛粉的最大爆炸压力对比

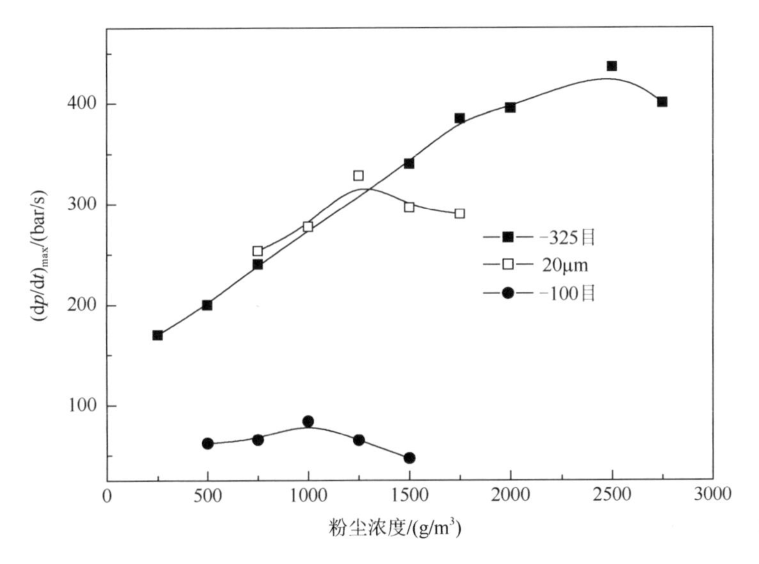

图 6.26　三种微米钛粉的最大压力上升速率对比

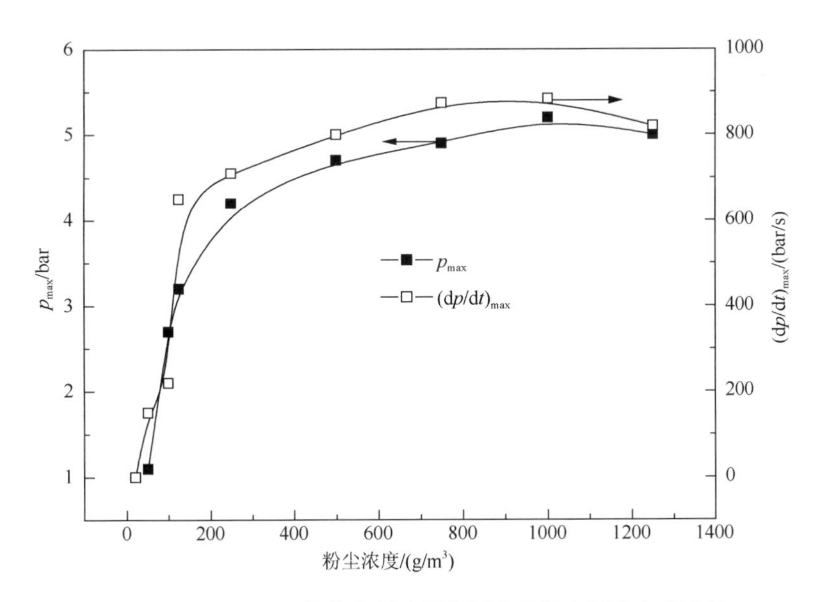

图 6.27　40～60nm 钛粉的最大爆炸压力及最大压力上升速率

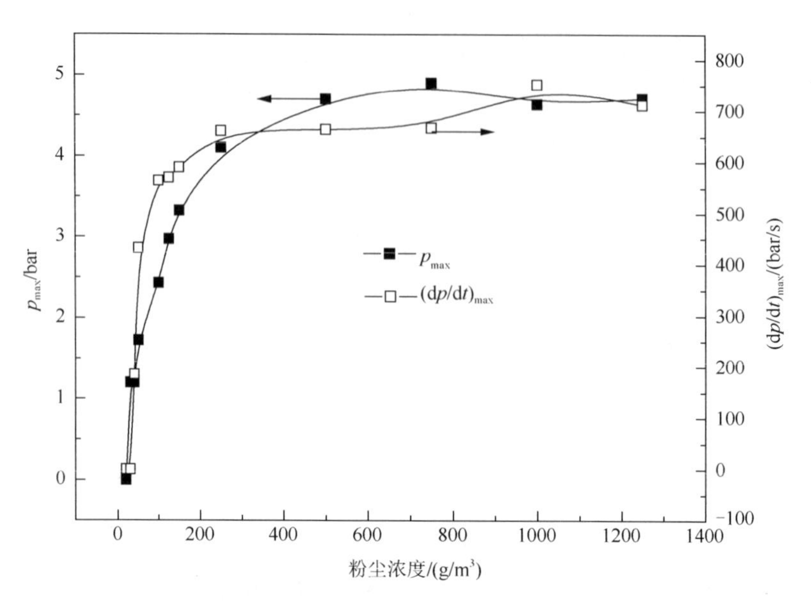

图 6.28　60～80nm 钛粉的最大爆炸压力及最大压力上升速率

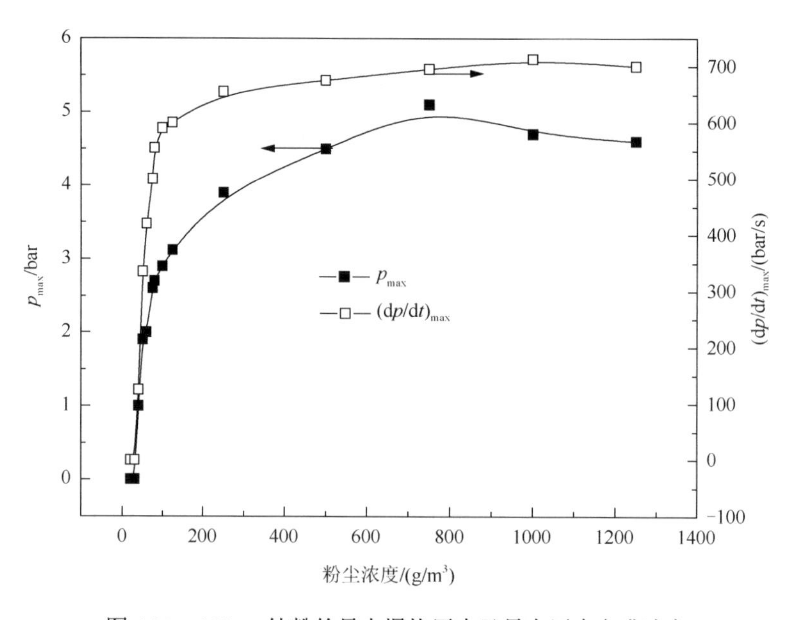

图 6.29　150nm 钛粉的最大爆炸压力及最大压力上升速率

表 6.7　钛粉最大爆炸压力及最大压力上升速率

钛粉	p_{max} /bar	$(dp/dt)_{max}$/(bar/s)
−100 目	5.5	84
−325 目	7.7	436
≤20μm	6.8	344
150nm	5.1	713
60～80nm	4.9	752
40～60nm	5.2	884

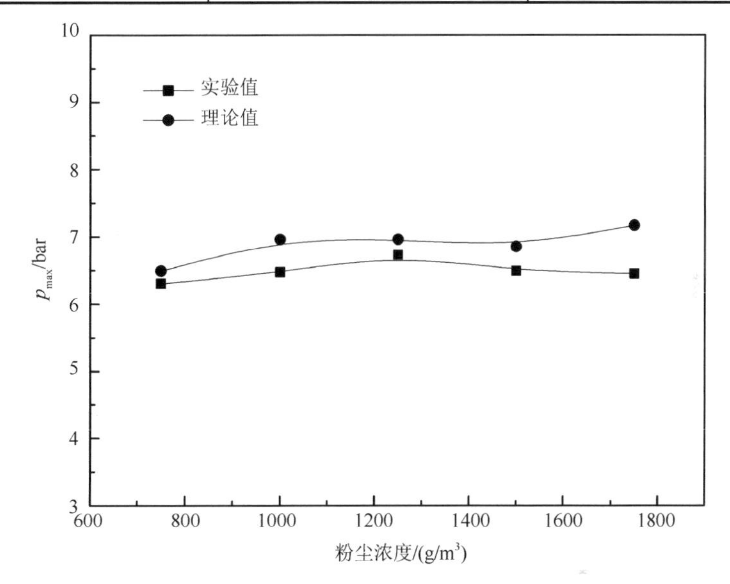

图 6.30　微米钛粉粉尘浓度对最大爆炸压力的影响

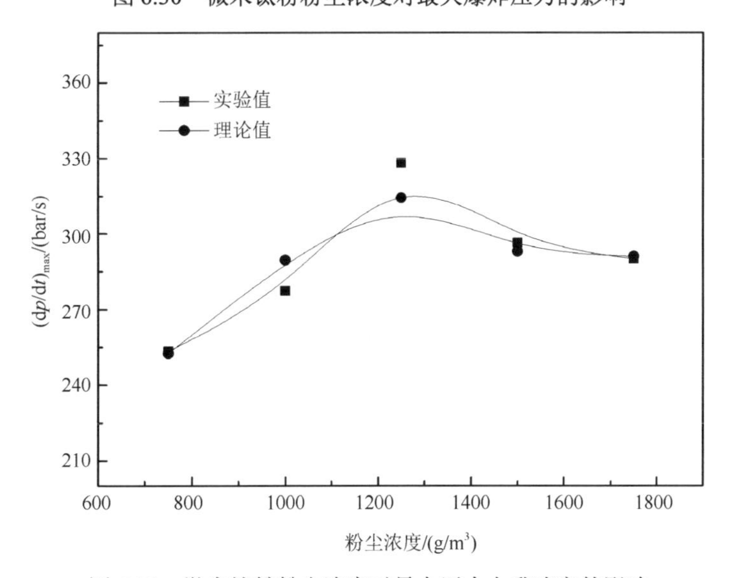

图 6.31　微米钛粉粉尘浓度对最大压力上升速率的影响

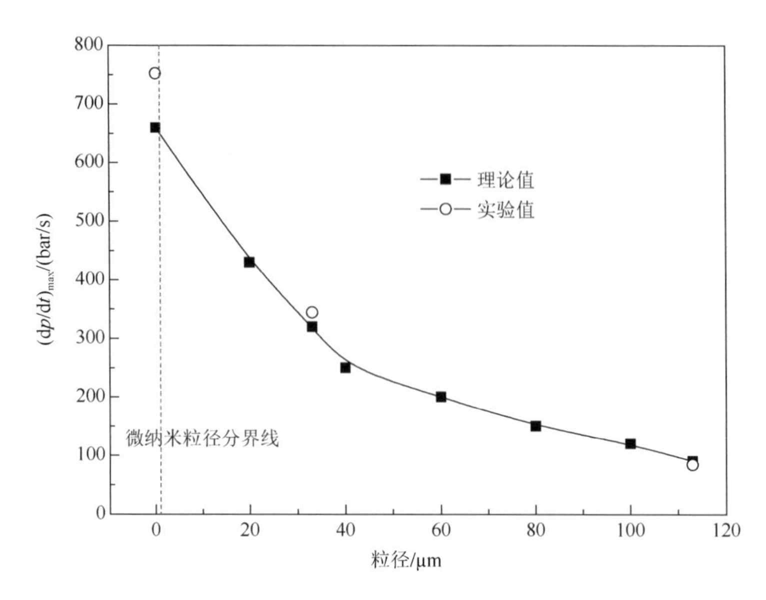

图 6.32　钛粉的最大压力上升速率实验与理论对比

对于纳米钛粉，喷吹后颗粒团块的粒径与密度均较小、颗粒在粉尘云中持续的时间较长且转化率较大，颗粒反应较为充分，故图 6.33 中最大爆炸压力实验值与理论值较为一致。由于分散后纳米颗粒团块转化率及化学反应速率与团块尺寸有关，与纳米粒子的初始粒径无关，三种纳米钛粉的最大爆炸压力受初始粒径的

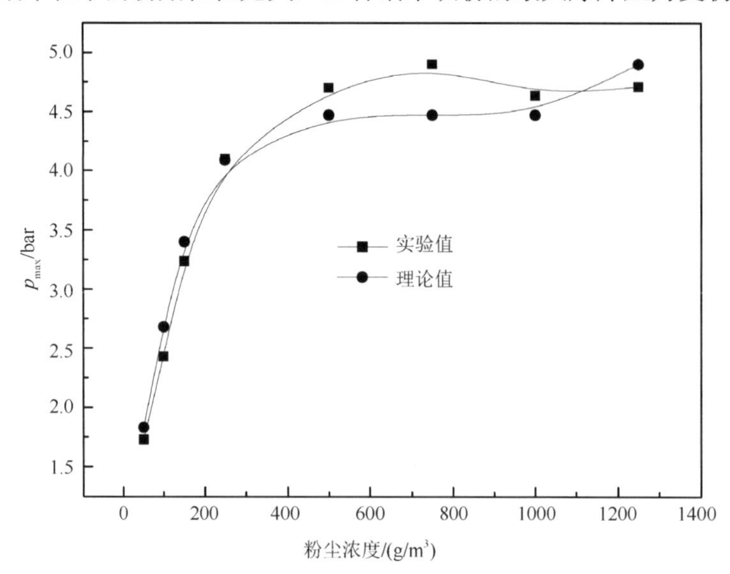

图 6.33　纳米钛粉的最大爆炸压力与浓度的关系

影响不大，均在 5.0bar 左右。根据表 6.7 中实验结果，纳米初始粒径对纳米钛粉的最大压力上升速率影响不大，最大压力上升速率在 800bar/s 左右。根据图 6.32 中对比结果，纳米钛粉理论最大压力上升速率低于实验值。主要原因是实验过程中的预着火现象使钛粉的化学反应提前至喷吹阶段，加速了纳米钛粉在 20L 球形爆炸测试装置内的反应过程，与理论模型中喷吹形成粉尘云后再开始化学反应不同[20-22]。

6.5.2　粉尘浓度对钛粉爆炸猛度参数的影响

由图 6.30 可知，随着粉尘浓度的增加，微米钛粉的实验最大爆炸压力先增加后降低，存在最佳粉尘浓度。理论计算中未考虑超过当量粉尘浓度的过量粉尘吸热的影响，当 20L 球形爆炸测试装置内氧气耗尽时，理论最大爆炸压力达到最大值，之后随粉尘浓度的增加保持在该最大值附近。根据图 6.31，微米钛粉的最大压力上升速率实验与理论计算结果随粉尘浓度的变化较为一致。

根据图 6.33，纳米钛粉的最大爆炸压力的实验值与理论值随粉尘浓度的变化较为一致。与微米钛粉不同的是，纳米钛粉在 125g/m^3 左右即达到了较大的爆炸猛度，而微米钛粉在 1500g/m^3 粉尘浓度才达到，主要原因是微米颗粒的粒径较大，要获得与粒径较小的纳米颗粒相同的比表面积，就需要更多的微米颗粒，即较大的粉尘浓度[20]。纳米钛粉化学反应速率较高且颗粒的转化率较大，在较低的粉尘浓度下即消耗了容器内有限的氧气，达到最大爆炸压力，之后随着粉尘浓度的增加一直保持较高的数值。根据图 6.31，随着粉尘浓度的增加，微米钛粉爆炸压力上升速率实验值与修正后理论值基本一致。

6.6　微纳米金属粉尘的可爆性

6.6.1　微纳米金属粉尘的最低可爆浓度

根据前述粉尘浓度对爆炸猛度参数的影响规律，当粉尘浓度较低时，随着粉尘浓度的降低，钛粉的爆炸压力及压力上升速率均逐渐减少。为确定可发生爆炸的最低钛粉浓度，本节按照 ASTM E1515—2014 标准，分别对较低粉尘浓度时微米及纳米钛粉的最大爆炸压力进行了进一步的实验研究。

由于微米钛粉不存在喷吹自发着火现象，最低可爆浓度可直接按照 ASTM E1515—2014 标准测试方法得到[21]，测试结果如图 6.34 所示。根据爆炸判断准则，三种微米钛粉的最低可爆浓度相差不大，介于 50～60g/m^3，具体如表 6.8 所示。

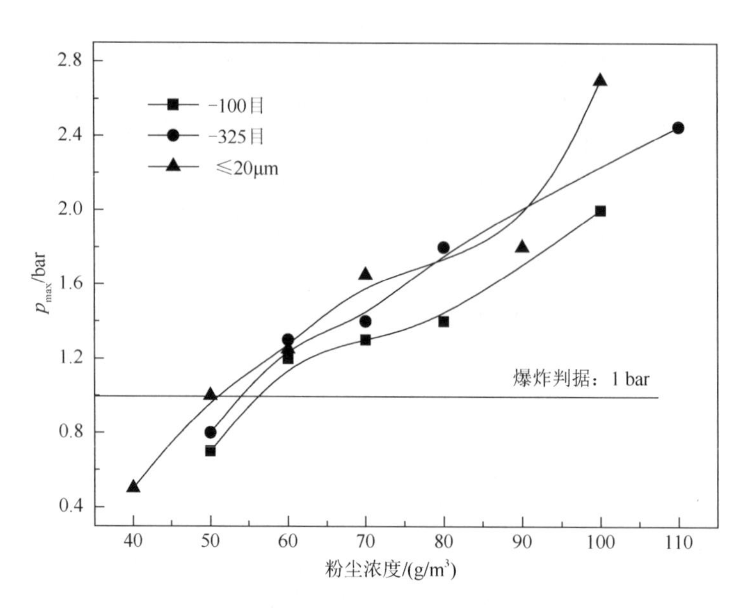

图 6.34　微米钛粉 MEC 测试

表 6.8　微米钛粉的最低可爆浓度

样品尺寸	MEC/（g/m³）
−100 目	60
−325 目	60
≤20μm	50

纳米钛粉测试时存在喷吹自发着火现象，导致喷吹压力上升过程和爆炸压力上升过程重叠。因此，压力上升曲线中的最大压力含有喷吹过程导致的压力上升，确定最大爆炸压力时需要扣除这一部分。以 150nm 钛粉为例，使用氮气喷吹，粉尘浓度低至 30g/m³ 时，没有发生喷吹着火现象。采用 5kJ 的化学点火头进行同样条件下的测试时，仍未发生爆炸。因此，150nm 钛粉的最低可爆浓度大于 30g/m³。当粉尘浓度增至 40g/m³ 时，喷吹自发着火时产生的爆炸压力为 1.64bar，减去由喷吹气流产生的压力 0.6bar，则爆炸产生的压力为 1.04bar。根据前述 1bar 的爆炸判断准则（即总压力大于 1.6bar），150nm 钛粉在 40g/m³ 发生了爆炸。因此，测试纳米钛粉爆炸下限时没有采用化学点火头，并以总压力 1.6bar 为爆炸判断准则。

对 60～80nm 钛粉和 40～60nm 钛粉进行最低可爆浓度测试时，出现了与 150nm 类似的实验现象。粉尘浓度为 20g/m³ 时，无喷吹着火现象发生。粉尘浓度为 30g/m³ 和 40g/m³ 时，均存在喷吹着火现象，但总压力小于 1.6bar，因此未判定为爆炸。粉尘浓度为 50g/m³ 时，两种纳米钛粉的总压力均大于 1.6bar，即发生了爆炸，具体如图 6.35 所示。根据图 6.35 中测试结果及爆炸判断准则，三种纳米钛粉的最低可爆浓度基本相同，介于 40～50g/m³，低于微米钛粉的最低可爆浓度，

具体如表 6.9 所示。

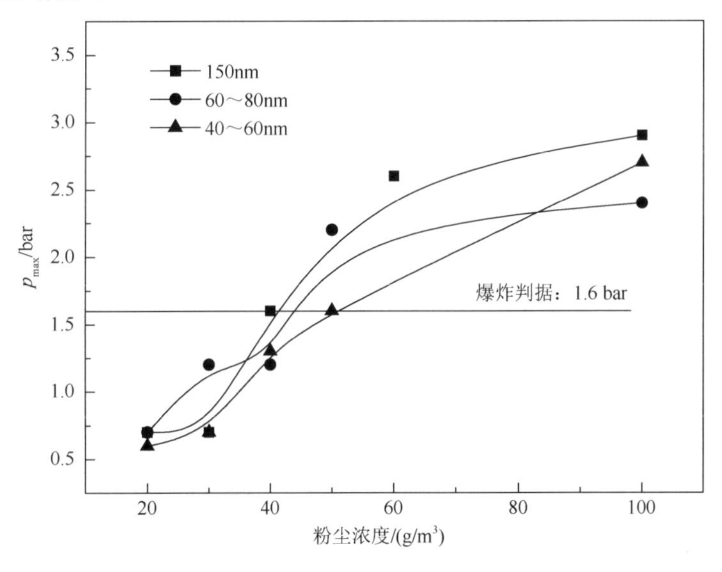

图 6.35 纳米钛粉 MEC 测试

表 6.9 纳米粉尘的最低可爆浓度

样品尺寸/nm	MEC/（g/m³）
150	40
60～80	50
40～60	50

6.6.2 粉末惰化介质对可爆性的影响

当系统内存在惰化介质时，惰化介质将不断吸收体系热量用于自热，从而导致加热剩余气体的热量减少，体系温度上升速率降低。粉末惰化时体系温度的上升速率可表示为

$$dT/dt = \frac{H(t)}{\left(C_{p,I} + \sum_{g,i} n_i C_{p,i} T(t)\right) dt} \tag{6.35}$$

式中，$C_{p,I}$ 为二氧化钛粉末惰化剂的热容。体系的温升降低将降低爆炸时的最大爆炸压力及最大压力上升速率，并最终导致惰化后的钛粉不可爆。为验证上述理论分析结果，本节以纳米二氧化钛为惰化介质，对纳米钛粉、微米钛粉的可爆性进行了进一步实验研究。

1. 纳米二氧化钛惰化时纳米钛粉的可爆性

以 150nm 钛粉为例，采用 10～30nm 二氧化钛为粉末惰化剂，实验研究了三种纳米钛粉在粉末惰化条件下的可爆性，以获得缓和纳米钛粉爆炸所需的粉末惰化程度。

实验过程中，首先采用了 10kJ（即两个 5kJ 的化学点火头），在 20L 球形爆炸测试装置内对纳米二氧化钛粉体进行了爆炸性测试，测试结果没有爆炸性。然后将纳米钛粉的浓度固定在 $125g/m^3$，进行不同惰化程度时的可爆性测试。考虑到纳米钛粉的喷吹自发着火现象，惰化测试时仍采用氮气作为喷吹介质。

根据图 6.36、图 6.37 所示的实验结果，当二氧化钛的质量分数在 40%以下时，纳米钛粉的最大爆炸压力与无惰化时基本相同，但压力上升速率略有增加，即惰性介质的加入不仅没有抑制纳米钛粉的爆炸，反而增大了爆炸时的压力上升速率。在喷吹过程中纳米二氧化钛的存在有助于增加纳米钛粉的分散性，从而使火焰传播速度加快，压力上升速率增加。对于 150nm 钛粉，惰化程度达 60%时仍会出现喷吹自发着火现象。在 65%及更高惰化程度下没有出现喷吹着火现象。因此，在该惰化程度下采用了 5kJ 化学点火头进行测试。当惰化程度达到 85%时，最大爆炸压力低于爆炸判据 1bar，即未发生爆炸。因此实现完全惰化的惰化程度为 85%。对于 40～60nm、60～80nm 钛粉，惰化程度高于 40%时，没有发生喷吹着火现象。采用 5kJ 化学点火头在 40%以上惰化程度下测试时，60～80nm 钛粉在 80%惰化程度可实现完全惰化，40～60nm 钛粉完全惰化所需的二氧化钛质量分数为 85%。

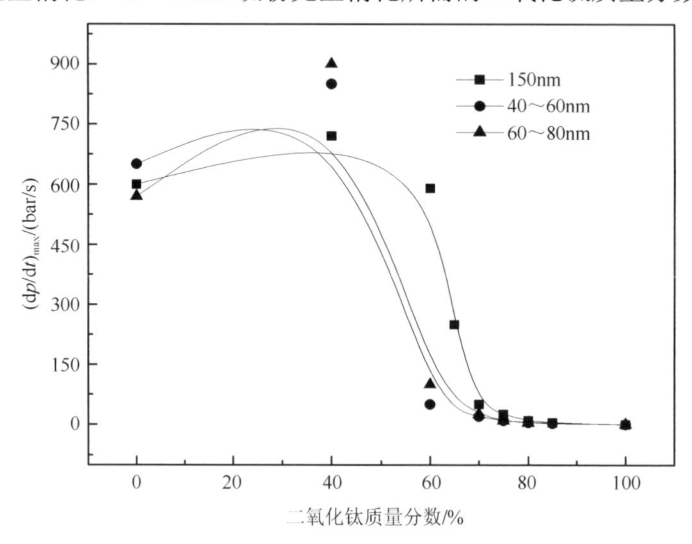

图 6.36　纳米二氧化钛惰化时纳米钛粉的最大压力上升速率

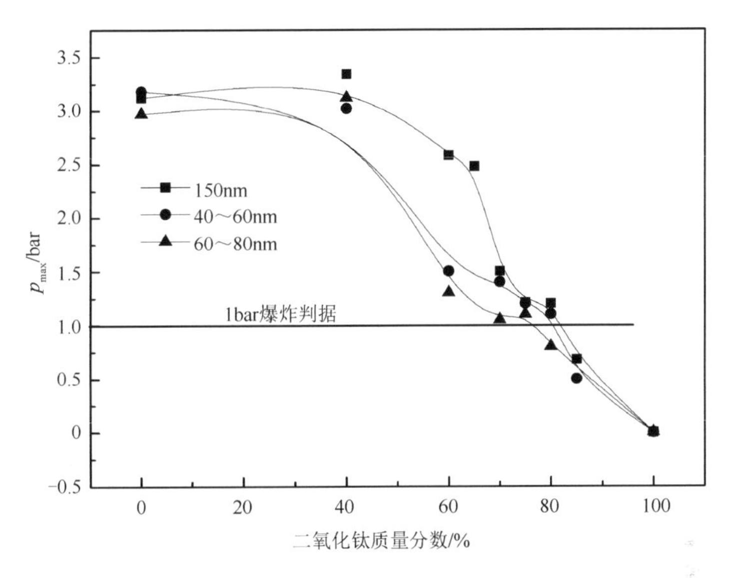

图 6.37　纳米二氧化钛惰化时纳米钛粉的最大爆炸压力

2. 纳米二氧化钛惰化时微米钛粉的可爆性

由于微米钛粉不存在喷吹自发着火现象且惰性混合物的 K_m 较低，采用 10kJ 的高能化学点火头将引起比实际过高的爆炸压力和压力上升速率（即过载现象），故测试时采用了 5kJ 的化学点火头[22]。测试时，微米钛粉的浓度保持在 125g/m^3 (即 2.5g)。由图 6.38 所示的测试结果可以看出，随着惰化剂含量的增加，最大压力上升速率逐渐降低，但最大爆炸压力仍保持较高的数值，如 30%TiO_2 混合物的最大爆炸压力与 10%TiO_2 混合物的非常相近，即该惰化程度的混合物仍具有较大的粉尘爆炸危险，最大爆炸压力及最大压力上升速率可分别达到 4.2bar 和 203.2bar/s。对于未惰化的纯钛粉颗粒，最大爆炸压力及最大压力上升速率分别为 5.9bar 和 218bar/s。当惰化剂的含量达到 70%时，虽然该混合物可被 1000mJ 电火花引燃，但引燃后的火焰传播速率很低，爆炸压力上升过程中的能量损失较大，最大爆炸压力低于 1bar。根据 1bar 爆炸压力判断准则，该惰性混合物视为未发生爆炸，即惰化程度达到 70%时，才能实现惰化。因此，即使采用纳米粉末惰化剂，实现完全惰化仍需要较高的惰化程度，同微米颗粒惰化剂相比，惰化效果没有优越性，如采用微米 MgO 粉末惰化铝-镁合金粉尘时，实现完全惰化所需的惰化程度约为 70%。当惰化剂的含量达到 80%时，惰化混合物未能被 1000mJ 的电火花引燃，在 20L 球形爆炸测试装置的可爆性测试中也没有发生爆炸。

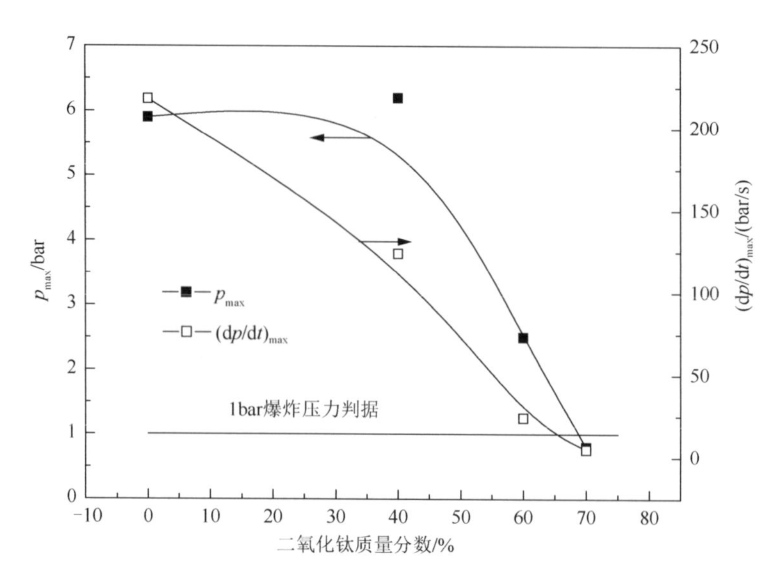

图 6.38　不同惰化程度下微米钛粉的爆炸猛度

参考文献

[1] 陶文铨. 传热学[M]. 西安: 西北工业大学出版社, 2006.

[2] 范宝春. 两相系统的燃烧、爆炸和爆轰[M]. 北京: 国防工业出版社, 1998: 5-8.

[3] Krause U, Kasch T. The influence of flow and turbulence on flame propagation through dust-air mixtures[J]. Journal of Loss Prevention in the Process Industries, 2000, 13(3-5): 291-298.

[4] Scheid M, Geißler A, Krause U. Experiments on the influence of pre-ignition turbulence on vented gas and dust explosions[J]. Journal of Loss Prevention in the Process Industries, 2006, 19(2): 194-199.

[5] Zhen G, Leuckel W. Effects of ignitors and turbulence on dust explosions[J]. Journal of Loss Prevention in the Process Industries,1997, 10(5-6):317-324.

[6] Kauffman C W, Srinath S R, Tezok F I, et al. Turbulent and accelerating dust flames[J]. Symposium on Combustion, 1985, 20 (1): 1701-1708.

[7] Callé S, Klaba L, Thomas D, et al. Influence of the size distribution and concentration on wood dust explosion: Experiments and reaction modeling[J]. Powder Technology, 2005, 157(1): 144-148.

[8] Silvestrini M, Genova B, Leon Trujillo F J. Correlations for flame speed and explosion overpressure of dust clouds inside industrial enclosures [J]. Journal of Loss Prevention in the Process Industries, 2008, 21(14): 374-392.

[9] Trunov M A, Schoenitz M, Dreizin E L. Effect of polymorphic phase transformations in alumina layer on ignition of aluminium particles[J]. Combustion Theory and Modelling, 2006, 10(4): 310-318.

[10] Kubaschewski O, Hopkins B E. Oxidation of Metals and Alloys[M]. London: Butterworths, 1962: 132-169.

[11] Binnewies M, Milke E. Thermochemical Data of Elements and Compounds[M]. 2nd ed. Weinheim: Wiley-VCH Verlag GmbH, 2002: 23-98.

[12] Stull D R. JANAF Thermochemical Tables[M]. 2nd ed. Washington:National Bureau of Standards, 1971: 25-95.

[13] Knacke O, Kubaschewski O, Hesselm O. Thermochemical Properties of Inorganic Substances [M]. Berlin: Springer Verlag, 1991: 78-146.

[14] Dufaud O, Traoré M, Perrin L, et al. Experimental investigation and modelling of aluminum dusts explosions in the 20 L sphere [J]. Journal of Loss Prevention in the Process Industries, 2010, 23(2): 226-236.

[15] Levenspiel O. The Chemical Reactor Omnibook[M]. Oregon, USA, Corvallis: OSU Book Stores, Inc. 1989: 45-108.

[16] Wu H C, Ou H J, Peng D J, et al. Dust explosion characteristics of agglomerated 35 nm and 100 nm aluminum particles [J]. International Journal of Chemical Engineering, 2010, Article ID 941349:1-6.

[17] 王佩怡, 杨春, 李来才, 等. $SrTiO_3$ 薄膜生长初期 Sr, Ti, O 原子分子反应机理的理论研究[J]. 物理学报,2008, 57(4): 2340-2346.

[18] Phuoc T X, Chen R H. Modeling the effect of particle size on the activation energy and ignition temperature of metallic nanoparticles [J]. Combust and Flame, 2012, 159(1): 416-419.

[19] 赵学庄.化学反应动力学原理（上册）[M]. 北京: 高等教育出版社,1984.

[20] Eckhoff R K. Dust Explosions in the Process Industries [M]. Boston: Gulf Professional Publishing, 2003, 50-398.

[21] Standard Test Method for Minimum Explosible Concentration of Combustible Dusts ASTM E1515—2014[S]. ASTM, 2007.

[22] Standard Test Method for Explosibility of Dust Clouds: ASTM E1226—2012[S]. ASTM, 2012.

附　　录

附录 A　粉尘云能量守恒方程的无量纲化

颗粒相：

$$mc\frac{\mathrm{d}T_S}{\mathrm{d}t}=q\cdot N\cdot S\cdot w-\frac{Nu_s\lambda}{d_p}\cdot N\cdot S(T_s-T_g)-\varepsilon_{\mathrm{eff}}\sigma\cdot S_T(T_s^4-T^4) \quad (\text{A.1})$$

气相：

$$m_g c_g\frac{\mathrm{d}T_g}{\mathrm{d}t}=\frac{Nu_s\lambda}{d_p}\cdot N\cdot S(T_s-T_g)-\frac{Nu_L\lambda}{D}\cdot S_T(T_g-T) \quad (\text{A.2})$$

令 $f(T_s)=T_s^4-T^4$，在 $T_s=T$ 处利用泰勒级数展开，则

$$f(T_s)=f(T)+f'(T)\cdot(T_s-T)+\frac{f''(T)}{2!}\cdot(T_s-T)^2+\cdots$$

即

$$T_s^4-T^4=0+3T^3\cdot(T_s-T)+\frac{f''(T)}{2!}\cdot(T_s-T)^2+\cdots$$

略去二阶的无穷小量，则

$$T_s^4-T^4\approx 4T^3\cdot(T_s-T)$$

因此，公式（A.1）可表示为

$$mc\frac{\mathrm{d}T_s}{\mathrm{d}t}=q\cdot N\cdot S\cdot w-\frac{Nu_s\lambda}{d_p}\cdot N\cdot S(T_s-T_g)-\varepsilon_{\mathrm{eff}}\sigma\cdot S_T\cdot 4T^3\cdot(T_s-T) \quad (\text{A.3})$$

令 $\theta_s=\frac{E}{RT^2}\cdot(T_s-T)$，$\theta_g=\frac{E}{RT^2}\cdot(T-T_g)$，$\mathrm{d}\theta_s=\frac{E}{RT^2}\cdot\mathrm{d}T_s$，$\alpha=\frac{RT}{E}$，同时，为书写方便，令 $w=A_1\rho_g^{v1}n_1^{v1}\cdot\exp(-E_1/RT_s)=k_0(\rho_g n_0)^v\exp(-E/RT_s)$，则

$$\exp(\frac{\theta_s}{1+\alpha\theta_s})=\exp(\frac{E}{RT})\cdot\exp(\frac{-E}{RT_s})$$

那么

$$w=k_0(\rho_g n_0)^v\exp(\frac{\theta_s}{1+\alpha\theta_s})\cdot\exp(\frac{-E}{RT})$$

则式（A.3）等号右侧第一项为

$$q\cdot N\cdot S\cdot k_0(\rho_g n_0)^v\exp(\frac{\theta_s}{1+\alpha\theta_s})\cdot\exp(\frac{-E}{RT})$$

第二项为

$$\frac{Nu_s\lambda}{d_p}\cdot N\cdot S(\theta_s-\theta_g)\cdot\frac{RT^2}{E}$$

第三项为

$$\varepsilon_{\text{eff}}\sigma\cdot S_T\cdot 4T^3\cdot\theta_s\cdot\frac{RT^2}{E}$$

将式（A.3）两侧同时除 $q\cdot N\cdot S\cdot k_0(\rho_g n_0)^v\cdot\exp(\frac{-E}{RT})$，则等式（A.3）右侧第一项为

$$\exp(\frac{\theta_s}{1+\alpha\theta_s})$$

第二项为

$$\frac{\frac{Nu_s\lambda}{d_p}\cdot N\cdot S\cdot\frac{RT^2}{E}}{q\cdot NS\cdot k_0(\rho_g n_0)^v\cdot\exp(\frac{-E}{RT})}(\theta_s-\theta_g)$$

第三项为

$$\frac{\varepsilon_{\text{eff}}\sigma\cdot S_T\cdot 4T^3\,\frac{RT^2}{E}}{q\cdot NS\cdot k_0(\rho_g n_0)^v\cdot\exp(\frac{-E}{RT})}\theta_s$$

等式（A.3）左侧为

$$\frac{mc\cdot\frac{RT^2}{E}}{q\cdot NS\cdot k_0(\rho_g n_0)^v\cdot\exp(\frac{-E}{RT})}\frac{\mathrm{d}\theta_s}{\mathrm{d}t}$$

令 $\psi=\frac{q\cdot NS\cdot k_0(\rho_g n_0)^v\cdot E\cdot d_p\cdot\exp(\frac{-E}{RT})}{Nu_s\lambda\cdot N\cdot S\cdot RT^2}$， $\eta=\frac{S_r Nu_s D}{S_T Nu_L d_p}$ $\omega_g=\frac{4\varepsilon_{\text{eff}}\sigma\cdot DT^3}{Nu_L\lambda}$，$\tau=\frac{qk_0(\rho_g n_0)^v S_r E\exp(-E/RT)}{mcRT^2}t$，则公式（A.3）变为

$$\frac{\mathrm{d}\theta_s}{\mathrm{d}\tau}=\exp(\frac{\theta_s}{1+\alpha\theta_s})-\frac{1}{\psi}(\theta_s-\theta_g)-\frac{\omega_g}{\psi\eta}\theta_s$$

同理，令 $M=\frac{mc}{mc+m_g c_g}$，则式（A.2）变为

$$\frac{1-M}{M}\frac{\mathrm{d}\theta_g}{\mathrm{d}\tau}=\frac{\theta_s-\theta_g}{\psi}-\frac{\theta_g}{\eta\psi}$$

附录 B　BAM 炉喷吹分散压力估算

采用 BAM 炉测试粉尘云的最低着火温度时，粉尘的喷吹是通过手动按压图 B.1 所示的椭球形气囊产生冲击气流实现的。在实验过程中，按压气囊所需的时间 t 约为 1s，气囊及其连接胶管的尺寸详见图 B.1。

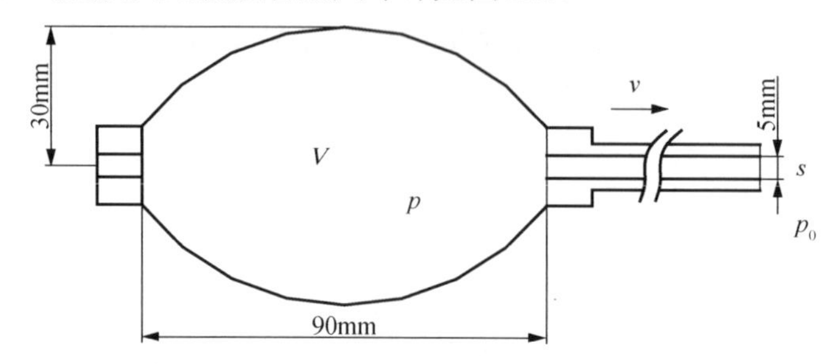

图 B.1　气囊及其连接胶管

根据椭球形物体的体积计算公式：

$$V = \frac{4}{3}\pi abc \tag{B.1}$$

式中，a,b,c 分别为椭球体的长轴、短轴及极半径。根据图 B.1，$a = 45\text{mm}$，$b = c = 30\text{mm}$ 代入式（B.1），得 $V = 1.7\times10^5\ \text{mm}^3$。

根据连接胶管的直径 d=5mm，可得气流截面积 S 为

$$S = \frac{\pi d^2}{4} = 19.6\text{mm}^2 \tag{B.2}$$

设按压过程中，胶管内气流的速度为 v，则

$$v = \frac{V}{S \cdot t} = 1.7\times10^5\text{mm}^3/(19.6\text{mm}^2\times1\text{s})$$
$$= 1.7\times10^5\text{mm}^3/(19.6\text{mm}^2\cdot\text{s})$$
$$\approx 8.7\times10^3\text{mm/s} = 8.7\text{m/s}$$

设按压过程中，气囊内绝对压力为 p，外界环境压力为 p_0。胶管两端满足伯努利方程，即

$$\Delta p = p - p_0 = \rho_g v^2 / 2 \tag{B.3}$$

式中，ρ_g 为空气密度，约为 1.2 kg/m^3。由式（B.3）可计算得出分散压力：

$$\Delta p = 4.5\times10^4\ \text{Pa} = 0.45\text{bar}$$

附录C　密闭容器内爆炸物质转化率的计算

根据第6章式（6.8）、式（6.7），计算中发现C随η变化较小，基本位于2～3。为推导方便，令$n_{\mathrm{Mg},0}=a$，$C\cdot n_{\mathrm{oxidant},0}=b$，且$\dfrac{\mathrm{d}C}{\mathrm{d}\eta}=0$，将式（6.8）代入式（6.7），整理后得

$$k(1-\eta)\frac{(a-b\eta)}{V}\mathrm{d}t+\mathrm{d}(1-\eta)=0 \tag{C.1}$$

令$E(t)=\exp\left[\dfrac{k}{V}(a-b)\mathrm{d}t\right]$，式（C.1）整理为

$$\ln E(t)\cdot\frac{(1-\eta)(a-b\eta)}{a-b}=\mathrm{d}\eta \tag{C.2}$$

即

$$\frac{\ln E(t)}{a-b}=\frac{1}{a-b}\left(\frac{1}{1-\eta}-\frac{b}{a-b\eta}\right)\mathrm{d}\eta$$

因此，有

$$\ln E(t)=\mathrm{d}\ln\frac{a-b\eta}{1-\eta} \tag{C.3}$$

令$F(t)=\dfrac{1-\eta(t)}{a-b\eta(t)}$，则式（C.3）为

$$\ln\frac{1}{E(t)}=\mathrm{d}\ln F_\eta(t)=\ln F_\eta(t+\Delta t)-\ln F_\eta(t)=\ln\frac{F_\eta(t+\Delta t)}{F_\eta(t)} \tag{C.4}$$

即

$$F_\eta(t+\Delta t)=\frac{F_\eta(t)}{E(t)} \tag{C.5}$$

因为

$$F_\eta(t+\Delta t)=\frac{1-\eta(t+\Delta t)}{a-b\eta(t+\Delta t)} \tag{C.6}$$

将式（C.6）代入式（C.5），得

$$\eta(t+\Delta t)=\frac{aF_\eta(t)-E(t)}{bF_\eta(t)-E(t)} \tag{C.7}$$

将a、b代入式（C.7）即得

$$\eta(t+\mathrm{d}t)=\frac{n_{\mathrm{Mg},0}\cdot F_\eta(t)-E(t)}{C\cdot n_{\mathrm{oxidant},0}\cdot F_\eta(t)-E(t)}$$

索　引

（按汉语拼音字母次序排列）

B

爆炸过程物料衡算 …… 217
爆炸五边形 …… 5
爆炸下限 …… 7
爆炸指数 …… 7
比电阻 …… 8
BAM 炉 …… 64

C

测试标准 …… 81
层流火焰传播速度 …… 19
层着火 …… 95
层着火表面燃烧 …… 120
常见点火源 …… 22
常见金属物化特性 …… 15
初始湍流 …… 9

D

氮气惰化 …… 40
当量直径经验公式 …… 17
点火电路 …… 204
点火源 …… 6
电气火花 …… 22
惰化 …… 12
惰化系数 …… 208

E

二次爆炸……5
20L 球形爆炸测试装置……78

F

防护性措施……11
粉尘……1
粉尘爆炸事故……20
粉尘爆炸下限分级……72
粉尘层表面受热抽象物理模型……95
粉尘层内部焖烧……122
粉尘层内温度分布理论模型……98
粉尘层热电偶……57
粉尘层着火判据……59
粉尘层着火温度测试装置……56
粉尘层着火温度非标测试装置……58
粉尘层着火温度分级……62
粉尘层最低着火温度研究……24
粉尘分散状态……9
粉尘浓度……8
粉尘湿度……9
粉尘相关标准……83
粉尘云爆炸指数分级……80
粉尘云点火能量分级……77
粉尘云着火判据……138
粉尘云着火温度分级……70
粉尘云最大爆炸压力、最大爆炸压力上升速率研究……39
粉尘云最低着火温度研究……25
粉尘云最小点火能量研究……29
粉尘自燃……22
粉体性质……8

G

隔爆……12

固体惰化粉末……38
Godbert-Greenwald 炉……28

H

哈特曼装置……71
混合性粉尘……1
火花等效直径……182
火花放电……171

J

极限氧浓度……7
机械摩擦与碰撞……22
金属粉尘爆炸事故……23
金属粉尘最小点火能值……30
金属环……57
金属颗粒保护膜……106
金属颗粒的反应模式……108
金属颗粒与氧、氮反应的自发性……105
静电放电……22
绝热火焰温度……182

K

抗爆……11
颗粒比表面积……195
可燃粉尘混合物……36

L

粒度分布图……16
粒径……15
临界着火温度……127

M

镁粉……85
明火……22
摩擦火花……172

MIE 装置 ……………………………………………………………… 74

N

纳米二氧化钛 ………………………………………………………… 90
纳米金属粉体燃爆特性研究 ………………………………………… 44
纳米颗粒堆积密度 …………………………………………………… 156
纳米颗粒结团模型 …………………………………………………… 158
纳米颗粒凝并特性 …………………………………………………… 156
纳米钛粉 ……………………………………………………………… 89

Q

器壁散热 ……………………………………………………………… 220
气相惰化因子 ………………………………………………………… 123
球磨法 ………………………………………………………………… 14

R

燃尽时间 ……………………………………………………………… 18
热爆炸理论模型 ……………………………………………………… 141
热表面 ………………………………………………………………… 22
热值 …………………………………………………………………… 22
乳化法 ………………………………………………………………… 14

S

扫描电镜样图 ………………………………………………………… 16
输运状态下气-粒两相能量守恒 ……………………………………… 136
输运状态下气-粒两相运动 …………………………………………… 133
瞬时温度模型 ………………………………………………………… 133
Semenov/Frank-Kamenetskii 模型 ………………………………… 96

T

Thomas 假设模型 ……………………………………………………… 98

W

外界条件 ……………………………………………………………… 9
微米钛粉 ……………………………………………………………… 87

微纳米金属粉尘最低可爆浓度 ······ 247
稳定触发电压······ 33
涡流粉碎法······ 14
雾化法······ 14
无机粉尘······ 1

X

铣削法······ 14
泄爆······ 12
悬浮状态下粉尘云能量守恒 ······ 148

Y

氧含量······ 9
抑爆 ······ 11
有机粉尘······ 1
预防性措施······ 9

Z

着火敏感性······ 21
撞击火花······ 173
最大爆炸压力······ 6
最大压力上升速率 ······ 6
最低着火温度······ 7
最小点火能······ 7